海带养殖生物学

段德麟 缪国荣 王秀良 等 编著

科 学 出 版 社
北 京

内 容 简 介

我国海带繁育及养殖技术的突破和产业化，促进了海带产业的大发展，经济、社会和生态效益显著，被国内水产界称为海水养殖业的“第一次浪潮”，这也为其他水产动植物的养殖提供了借鉴。《海带养殖学》一书从1962年的第一版到今天新版问世，经历了50多年。本书本着继承与发展的原则，在对已有的海带繁育、养殖技术的原理与方法进行更新补充改写的基础上，对相关的基础生物学研究成果，特别是海带繁育、养殖及加工技术所取得的最新进展也重新总结。

本书共分为三篇，第一篇为海带生物学基础，包括第一章至第十一章，分别介绍了海带分类地位与形态结构，海带繁殖、发生和生活史，海带细胞学特征，海带起源、分布及引种驯化，海带孢子体生长发育与环境条件，海带配子体生长发育与环境条件，海带的光合作用，海带对碳、氮、磷的利用与代谢，海带遗传机制研究，海带种质资源与利用，海带品种选育；第二篇为海带繁育及养殖，包括第十二章至第十七章，分别介绍了海带幼苗培育，幼苗暂养与分苗，养殖海区与养殖设施，海带养成形式、技术和管理，海带收割，海带的病害；第三篇为海带食品加工，包括第十八章至第二十章，分别概述了海带化学组分、海带食品加工及海带食品质量安全。

本书可作为海藻学、海藻养殖学等专业本科生、研究生的教材，亦可作为相近专业的教学、科研、生产等参考用书，对海藻养殖及相近专业的科技人员或相关行业的管理人员也有参考价值。

图书在版编目（CIP）数据

海带养殖生物学 / 段德麟等编著. —北京：科学出版社, 2015.6
ISBN 978-7-03-044557-5

Ⅰ.①海… Ⅱ.①段… Ⅲ. ①海带–海水养殖–生物学 Ⅳ.①S968.42

中国版本图书馆 CIP 数据核字(2015)第 124811 号

责任编辑：岳漫宇 / 责任校对：张怡君
责任印制：赵 博 / 封面设计：北京图阅盛世文化传媒有限公司

科学出版社 出版
北京东黄城根北街 16 号
邮政编码：100717
http://www.sciencep.com

北京中科印刷有限公司印刷
科学出版社发行 各地新华书店经销
*
2015 年 6 月第 一 版 开本：787 × 1092 1/16
2025 年 1 月第二次印刷 印张：15 3/4
字数：360 000

定价：98.00 元
(如有印装质量问题，我社负责调换)

《海带养殖生物学》编辑委员会

前　言

20 世纪 50 年代前，我国尚无海带产业。1927～1945 年，海带年产量仅有 60 t（干品）。新中国成立后，为解决当时国家战略需求，在政府的大力倡导和支持下，海藻科技工作者开展了一系列攻关，先后解决了海带繁殖、海带自然光低温夏苗培育、海带全人工筏式养殖、海带施肥及南移等技术工艺，突破了海带产业发展的瓶颈，使我国海带产业进入迅速发展的阶段。到 20 世纪 60 年代初，海带年产量达 4 万 t（干品），90 年代达 60 万 t（干品），形成了从种苗培育到养成再到加工销售的完整产业链，2013 年累计养殖量达 102 万 t（干品）。

根据我国海带养殖业的技术创建和产业规模的发展，可将海带养殖发展历史分为 4 个阶段。

1. 海底自然繁殖阶段（1927～1945 年）

1927 年，我国最早发现辽宁大连（北纬 39°）海底有自然生长的海带，遂进行了海底自然繁殖试验，证明在干潮线下 2～3 m 深处的海底，海带生长很好，但在 10 m 深处难以生长（在日本原产地一般在 10 m 深处一带生长）。这与我国大连海水浑浊度较高，在深水处海带得不到充足的光照有关。由于当时自然繁殖的海带越来越少，于是 1930 年又从日本本州北部的青森、岩手等地引进了一批种海带，在我国辽宁大连应用了“绑苗投石”法进行增殖，至 20 世纪 30 年代初期，在辽宁大连沿海一带，海带自然增殖获得初步成功。1940 年，由大连寺儿沟扩大到大沙滩、黑石礁等地。1942 年，海带的增殖从中试转入规模化生产。1943 年，在山东烟台芝罘湾内开始筏式养殖试验，但由于育苗时期（秋苗）海带结冰，大部分筏子被水流冲走而流失，秋苗未能培育成功。

2. 筏式人工养殖创始阶段（1946～1952 年）

1946年，在辽宁大连成立了水产养殖处，开始收割海底自然繁殖的海带，根据文献记载：1946年收割鲜海带147 t，1947年收割鲜海带10 t，1948年收割鲜海带120 t，1949年收割鲜海带241.5 t，1950年收割鲜海带4 t（因前一年有台风），1952年收割鲜海带72 t。另外，在山东烟台也成立了水产试验场，开展人工养殖。当时从大连移植海带到烟台进行人工育苗养殖试验，在海面设筏架和在海底礁岩上同时进行。1949年冬，在烟台港内进行了人工采苗筏式养殖，并首次养殖成功，获得许多幼苗。1950年春，将海带幼苗从竹枝上剥离下来，分别夹在绳上养育，这是首次进行幼苗分散尝试。1950年在山东青岛成立了水产养殖试验场，进行海带养殖试验，海带日平均生长3 cm 以上，3个月长到了2 m 多。1952年收获了62.2 t 鲜海带。

海带从自然增殖阶段进入了人工养殖阶段，实现了质的飞跃，而海带养殖产业的发展，也培养了一批技术力量。

3. 养殖技术大发展及其全国性推广阶段（1953～2000 年）

该阶段海带产量大幅提高，不仅满足了国内市场的需求（食品加工等），也逐渐开始出口。一系列重大技术成果体现在：①创建了海带夏苗培养法，实现了海带种苗的全人工集约化、工厂化培育，在国际海藻界开创了一项新技术；②创建了施肥养殖法，解决了贫瘠海区不能养殖海带的问题，扩大了养殖面积；③实现了海带南移养殖，打破了原来北纬 36°以南不能进行商品海带养殖生产的传统观点，扩大了养殖面积，现我国南方海带养殖产量已占全国产量 52%以上；④开展了海带遗传学的研究，应用自交系法、单克隆系法等进行新品种的培育，为海带养殖良种化的推进打下基础；⑤提出了一套较有效的措施，在一定程度上解决了预防海带繁育及养殖过程中病害发生的问题；⑥运用细胞工程技术，开展了海带克隆苗的繁育和杂交选育，为海带新品种（系）的开发及种苗繁育提供了方法借鉴。

4. 转型、创新阶段（2001～2013 年）

海带养殖进入了 21 世纪后，我国已形成南方以福建等为主、北方以山东、辽宁为主的养殖省份，养殖面积和养殖产量均有重大提高，为海带产业的发展发挥重要作用。但海带养殖业的发展依然面临着诸多新问题：①现有浅海养殖水域已趋于饱和，有的沿海地区其近海为了旅游业等的发展，限制了海带养殖；②海带养殖属劳动密集型产业，面临着劳动力价格不断上涨的困境，成本在不断提高。尽管如此，海带仍然是百姓喜欢的食品，也是其他行业需要的原料，这就迫使海带产业必须根据市场的需求及时转型，不断创新和发展，不仅提高海带产量，还要提高其质量和综合产出效益。

目前，90%以上的养殖海带用于食品漂烫菜或腌渍菜等半成品加工，包括用于鲍鱼活鲜饵料；仅有10%左右的海带用于晒干作为褐藻胶提取的原料，这对我国褐藻胶化工行业原料的供应提出了新的要求。随着海带精细加工的不断利用，医用级辅料、海洋药物等产品不断出现，相信海带养殖业会促进海藻精细化工、医药等领域向更高、更好水平发展。最近，中国科学院海洋研究所牵头完成的海带全基因组图谱，海带主要性状的高密度遗传连锁图谱的构建及主要性状数量性状基因座（QTL）分析，以及海带中一些重要代谢途径的遗传解析，也为海带产业的发展提供了理论参考和新的技术支撑。

我国海带养殖技术的突破和产业化发展，不仅取得了明显的经济、社会和生态效益，也被国内水产界称为海水养殖业的第一次浪潮，并为其他水产动植物养殖提供了借鉴。海带产业的健康稳定发展，也为渔民增收致富，提供了良好的就业机会，该产业为我国渔业健康可持续发展提供了典范，也促进了其他海洋与水产相关产业的提高和发展。

编著者

2014 年 12 月

目　　录

第二篇　海带繁育及养殖

第三篇　海带食品加工

第一篇　海带生物学基础

第一章 海带分类地位与形态结构

海带目（Laminariales）藻类是海洋植物中个体最长、产量最大的海藻类群，其中有盛产于美洲太平洋沿岸和南极海沿岸及其附近地区的巨藻（*Macrocystis pyrifera*），其藻体复杂、分枝繁茂，最长的个体可达 150 m 左右，往往密集形成面积达数十平方公里的漂浮在海面的藻场；也有广泛分布在寒带至冷温带海域的海带属（*Saccharina* 或 *Laminaria*）海藻，藻体为相对简单的叶状体，可分化为一条长而宽的叶片、柄部和假根状固着器 3 个部分。一般种类 2～3 m 长，有的种类可长达 20 m 以上。海带类植物在工业及食品加工业等方面具有极高的经济价值。在褐藻胶产业中，巨藻和海带属的褐藻是主要原材料。我国以往主要靠大规模养殖海带用于褐藻胶工业原料的制备，近年来，随着市场结构的调整及海带食品加工的大力发展，褐藻胶加工企业逐渐转向从南美等国进口大型褐藻用于褐藻胶的生产。

海带属全球约有 50 种，虽然不同种类之间的主要化学成分差别不大，但由于多数种类质地较粗、味道较差，因此具有食用价值的种类并不多，仅海带（*Saccharina japonica*）、糖海带（*S. latissima*）、萨哈林海带（*S. sachalinensis*）、虾夷海带（*S. yezoensis*）和狭叶海带（*S. augustata*）具有较高的食品开发及加工价值。海带是我国海藻养殖业中主要的经济种类。

第一节 海带分类地位

根据自然分类系统，海带属于：

褐藻门 Phaeophyta

褐藻纲 Phaeophyceae

海带目 Laminariales

海带科 Laminariaceae

海带属 *Saccharina*

我国人工养殖的海带，以及在我国北方辽宁、山东沿海地区已形成的地理海带种群，日本人称为“真昆布”。Tseng 和 Tang（1936）在烟台所采到的标本是一年生海带，叶片基部圆形，柄部和叶片都具有黏液腔道，属于典型的“真昆布”形态特征。

确定海带的种名并不简单，因为海带外部变异较大，有的像“真昆布”，但也有的像海带属其他的种。一般来说，我国所养殖的海带在幼期叶片基部多呈楔形，符合日本俗称的“利尻昆布”（*S.ochotensis*）特点，一年生长期内与“真昆布”难以区别，但等海带长成成体后，叶片基部则变宽阔，特别是二年生的海带叶片基部更为接近圆形，这才可区别开。在日本藻类学界，对叶片和柄部都具有黏液腔道的单片海带类（包括“真昆布”、“利尻昆布”等）的分类问题，一直存在着两个派别。一是宫部金吾一派，代表人物时田郁认为“真昆布”、“利尻昆布”和“鬼昆布”（*S. diabolica*）是3个不同的物种，分类的依据是叶片的厚薄、叶片基部的形状、叶片中带部的宽窄、假根的排列、柄的长短扁圆、藻体颜色等。二是冈村金太郎派，其认为这些“昆布”之间的差别只是变种而非不同种，因此，把“利尻昆布”、“鬼昆布”都列为“真昆布”的变种。曾呈奎等（1962）报道，海带外部特征随不同海水环境而变，海带（*S. japonica*）、利尻海带（*S. ochotensis*）、鬼海带（*S. diabolica*）和脆海带（*S. fragilis*）应属于同一物种，由于海带（*S. japonica*）是最早提出来的，因此，应统称为 *S. japonica*。不同海带间的表型变异属于变种或者形态种，由不同浅海生态环境造成，而非遗传性变异所致，是否真是这样，作者认为还需做深入研究。我国海带分类界认为，将海带分为3个变种（或形态种）较为合适，即模式变种 *S. japonica* var. *japonica*（真海带、脆海带）、楔形变种 *S. japonica* var. *ochotensis*（利尻海带）和碎缘变种 *S. japonica* var. *diabolica*（鬼海带），目前，我国人工养殖的海带基本属于模式变种（或形态种）。尽管如此，最近作者根据海带全基因组的测序，对比其他海带种类的重测序发现，利尻海带和真海带之间，基因组的某些结构依然存在区别，因此，难以支持把“利尻昆布”、“鬼昆布”都列为“真昆布”变种的说法。有关海带的种名、起源等问题，将在第四章中深入讨论。

第二节 海带孢子体形态及生长发育的分期

一、外部形态

肉眼所见的海带为孢子体，海带孢子体分为叶片、柄和固着器3部分（图1-1-1）。

图1-1-1 海带孢子体的外部形态

1. 叶片

叶片是海带光合作用的主要部位。海带成体的叶片为带状，无分枝，褐色富有光泽，有两条浅的纵沟贯穿于叶片的中部形成中带部。一年生的海带比二年生的海带纵沟明显，纵沟的凹面称为外面或向光面，凸面称为里面或背光面。纵沟的外侧为边缘部，呈波褶状，薄而软。海底野生海带的边缘部褶皱小而少；人工筏式养殖的海带边缘部褶皱大而薄，其宽度可达叶片宽度的1/2。我国人工筏式养殖的海带，叶片长度一般为3～4 m，宽度可达30～40 cm。海底一年生海带叶片较窄，一般15 cm左右，二年生的海带较宽，约30 cm，最宽可达50 cm以上。

经过人工选育的不同品种（系），其叶片的长、宽、厚均有较大变化。辽宁省海洋水产科学研究院选育的“大连平板菜”，叶片宽度可达 80 cm，而中带部与叶缘部没有明显区分；中国海洋大学选育的“海青系列”品系中的一株，叶片只有中带部而无边缘部。

海带生长部位于叶片的基部，藻体的长度在 1 m 以上的海带，生长部约为自叶片基部到距基部 10 cm 的部位。

2. 柄

柄呈椭圆形，位于叶片的基部，表面光滑而呈浓褐色，和叶片连接处稍呈扁圆形，一般 5～6 cm 长；有些藻体的柄与叶片的界限不甚明显。海底一年生海带的柄部断面呈圆形，而二年生的呈扁圆形，非常柔韧。筏式养殖的一年生海带的柄部，在生长的前期也是圆形，生长的后期逐渐变为扁圆形。

3. 固着器

固着器与高等植物的根不同，构造简单，只起固着作用，因此亦称假根。固着器位于柄的基部，是由许多自柄部生长出的多次双分枝的圆柱形假根组成，其末端各生有吸盘（图1-1-2）。藻体依靠固着器末端的吸盘吸附生长在石礁或人工养殖的苗绳等固体物上。固着器的大小、分枝数量因藻体个体的大小而异，幼小个体的固着器只有一个或少数几个分枝和吸盘，随着藻体的长大，在原有假根的上方逐渐自柄部的基部呈放射状地长出很多新的假根，用以加强藻体的附着能力。筏式养殖附着在苗绳上的海带，一般比海底自然繁殖的海带固着器发达。生长初期海带的固着器为褐色，柔韧；成熟期海带的固着器为黑褐色，较硬。

二、海带孢子体生长发育过程的分期

海带在不同的生长发育时期，不仅在个体的大小上有很大的差别，而且在外部形态、生理特征上也有很大差异，根据这些差异，将其划分为若干期，根据各期的特点，便于采取相应的养殖技术措施，从而使其生长发育始终处于长势状态，达到优质、高产的目的。以筏式养殖的一年生海带为对象，将其生长发育分为幼龄期、凹凸期、脆嫩期、厚成期、成熟期和衰老期 6 个时期（图 1-1-3）。

幼龄期：一般指幼孢子体形成到体长 5～15 cm 的小苗。这个时期的特点是叶片薄而平滑、无凹凸、无纵沟、淡褐色。从幼孢子体形成到体长 1～2 mm 时，叶片一般为单层细胞，柄和叶片的界限不明显。大于 1～2 mm 的幼孢子体，叶片细胞层数增多，柄和叶片的区分也逐渐明显。由于细胞层数的不同，幼龄期海带在叶片中下部形成深色小舌状部位。在海底自然生长的海带，其幼龄期随着环境条件的不同，生活时期也不同。而在人工培育苗种的室内，海带幼龄期只有 2～3 个月的生活期。

凹凸期：俗称小海带期。当小孢子体长度达到 10 cm 以上时，叶片的基部即出现纵列的两行凹凸，即进入凹凸期。凹凸分两列，纵列于中带部。凹凸是由于此时叶片中带部的表层组织分裂速度不均匀，有些部位的细胞分裂生长很快，而另一些细胞分裂生长较慢，因而出现了凹凸不平的现象。小海带的凹凸程度和凹凸期的长短，与光照强弱及

图 1-1-2 不同生长时期海带的柄和固着器形状

A. 凹凸期；B. 脆嫩期；C. 成熟期；D. 衰老期

营养供应密切相关。在营养盐较多的肥沃海区，光照适宜，藻体生长快，叶面上的凹凸部分可以较快地推向叶片的中上部，叶片逐渐长出平直的部分从而进入脆嫩期。相反，在营养盐较低的瘦区，如果光照较强，则藻体的凹凸更加明显，生长缓慢，凹凸部分不易推向梢部，藻体长期停留在凹凸期。人工养殖的海带自小苗从室内移到海上培育，直至分散养殖以后的一段时间，海带均处于凹凸期，在我国北方从 10 月中旬到翌年 1 月下旬，海带长度从 10 cm 左右到 1 m 以上。因此，在人工筏式养殖过程中，海带小苗下海

图 1-1-3　不同生长发育期海带外部形态的变化
A. 幼龄期；B. 凹凸期；C. 脆嫩期；D. 厚成期；E. 成熟期；F. 衰老期

后，就要加强管理，及时施肥和调节水层，促使藻体较快地度过凹凸期，从而为优质、高产奠定基础。

脆嫩期：俗称薄嫩期，是海带叶片长度、宽度快速生长的时期。当海带生长到 1 m 左右时，生长部和由生长部新形成的组织使叶片厚度逐渐增加，叶片基部变为平直，边缘波褶程度减轻，而原有的凹凸部分的叶片因生长的关系，逐渐被推向藻体梢部。此时，随着叶片长度的生长，叶片也逐渐长宽，柄长粗壮，固着器分枝发育。这个时期是叶片长度生长最快的时期，生长在筏架上的海带日生长可达 5 cm 以上。此时的海带，叶片的褐色逐渐加深，藻体含水量多，质地脆而嫩，叶片较薄，叶片基部呈楔形。在这个时期，生长部不应接受过强的光照，在强光下，叶片会出现保护性反应，即叶片出现卷曲。此时期的叶片尖端组织呈衰老状态，并逐渐脱落，其生长速度随着生长而加快。

厚成期：随着水温升高，叶片长度生长速度下降，光合作用所形成的有机物质在藻体内大量积累，水分含量相对减少，干重逐渐增加，叶片硬厚老成而富有韧性。表现为浓褐色，基部变为扁圆形。人工养殖的海带在厚成期的后期就可以进行收割。厚成期的海带对光照的要求较高，此时适时提升养殖水层，增加光照强度，可促进厚成。在厚成期的中期可采用间收的办法，减少水体中个体的数量，起到稀疏的作用，可改善藻体的受光条件，从而提高海带产品的质量和产量。

成熟期：人工筏式养殖的海带进入厚成期后期后，藻体不再继续生长，在叶片表面普遍产生孢子囊群，即进入性成熟期，成熟后，放散大量游孢子，进行后代繁殖。此时，为人工育苗提供种苗的海带称为种海带。

衰老期：海带孢子囊群大量放散游孢子以后，生活机能逐渐衰退，叶片表面粗糙，叶片呈黄褐色，局部细胞开始自然衰老死亡，固着器和柄部出现空腔，叶片逐渐腐烂，最后全部死亡。

三、一年生和二年生海带

海底自然繁殖的海带一般可以跨过 3 个年度，长成二年生的海带，但筏式养殖的海带由于环境条件，特别是光照条件的改变，一般只能跨过两个年度，长成一年生的海带。

海底自然繁殖的二年生海带一般在 10～11 月成熟产生孢子囊群（图 1-1-4），游孢子放散后经过两周左右形成孢子体，孢子体逐渐长大。但在我国黄海海区的自然情况下，海底的环境条件，特别是受光条件，相差甚大；在不适宜的环境下，孢子体生长很慢，在夏天到来之前，不能长成肥大的藻体，叶片长度只能达到半米左右。到了夏天，水温升高，长度生长速度下降，叶片梢部自然衰老部分出现组织脱落现象。在秋季，水温下降到 23℃以下时，部分叶片表面可以产生孢子囊群，并正常地放散游孢子，进行无性繁

日本北海道室兰海边一年生海带

俄罗斯南萨哈林岛（库页岛）海边二年生海带

图 1-1-4　野生一年生海带和二年生海带

殖。之后，随着水温的下降，藻体生长速度逐渐加快，在新生长的叶片和旧叶片之间出现一个明显的界限。生长速度到第三年的三四月最为快速，六七月藻体达到了最大的长度（3 m 左右）、宽度和重量，并在梢部产生孢子囊群。度夏时，由于梢部脱落，藻体的长度还要减小。秋季水温下降之后，叶片全面产生孢子囊群，在 10～11 月大量放散游孢子，此后海带叶片开始衰老，约在 12 月就基本衰老和死亡。

人工筏式养殖的海带，在 20 世纪 50～60 年代的早期，度夏前，叶片表面一般不产生孢子囊群，孢子囊群只在 10～11 月大量形成并放散游孢子，当时养殖者利用这些游孢子在海上培育秋苗，新长成的幼孢子体在第二年的三四月，生长速度达到最高峰，长度一般可达 2～3 m。到五六月，叶片尖部产生少量孢子囊群，可以正常放散游孢子。当夏季水温升高时，叶片梢部大量脱落，孢子囊群逐渐被破坏，不能继续放散游孢子。秋季水温下降到 21℃以下时，叶片大部分表面产生孢子囊群，在 10～11 月大量放散游孢子后，叶片迅速衰老而死亡。这样，20 世纪 50～60 年代筏式养殖的海带要跨 3 个年度，生活 11～14 个月。但到 20 世纪 70 年代后，随着我国人工筏式养殖技术的不断提高，尤其是夏苗的大量使用，养殖的海带在从冬季到第二年春季充分生长，到 6 月以后，叶片表面就产生大量孢子囊群，并能大量放散游孢子。而海带的成熟期，通过培育措施的调整，一直可以延续到水温上升到 23℃以前，在我国北方的大连、威海则可将人工采集游孢子的时间推迟到 8 月初到 8 月中旬，这样养殖海带的生活期则为 10 个月左右，其中幼体在室内低温培育两个半月左右，孢子体在海上养殖 7 个半月左右。在福建养殖的海带受水温的限制，其生活周期更短。

第三节　孢子体内部构造

海带孢子体是从有性生殖的卵受精后开始的，卵受精后很快就形成细胞壁，并由圆形变为椭圆形，经过 1 天左右的时间，即横分裂为 2 个细胞，到第三天横分裂为 4 个细胞。之后，由 7 个细胞分裂为 12～13 个细胞，再从单列细胞纵裂为 2 列细胞、4 列细胞（图 1-1-5）。随着细胞的不断分裂，幼孢子体基部的细胞分化成假根，附着的牢固程度也随之加强。当海带孢子体长到一定大小时，细胞开始分化为表层、皮层、髓部等基本组织和分布在这些组织中的一些特殊结构。

一、海带组织结构

海带细胞壁至少由两层组成（图 1-1-6），原生质体含有 1 个细胞核，核由核仁和核质组成，外包核膜。而胞壁骨架主要由纤维素构成。细胞壁中的无定形物质主要由褐藻酸和岩藻多糖组成，并且褐藻酸也是构成海带胞外黏液和表皮的主要成分。

褐藻酸是一种聚合物，主要由以β-1, 4糖苷键相连的D-甘露糖醛酸组成，其通过C-1和C-4键与数目不等的古罗糖醛酸单元相连接。褐藻酸存在于细胞间区及细胞壁中。而岩藻多糖主要成分为以α-1, 2糖苷键相连的硫酸岩藻糖单元（图1-1-7）。据分析，海带不同部位和在不同环境中生长的海带其褐藻酸及岩藻多糖的相对含量都有差异。

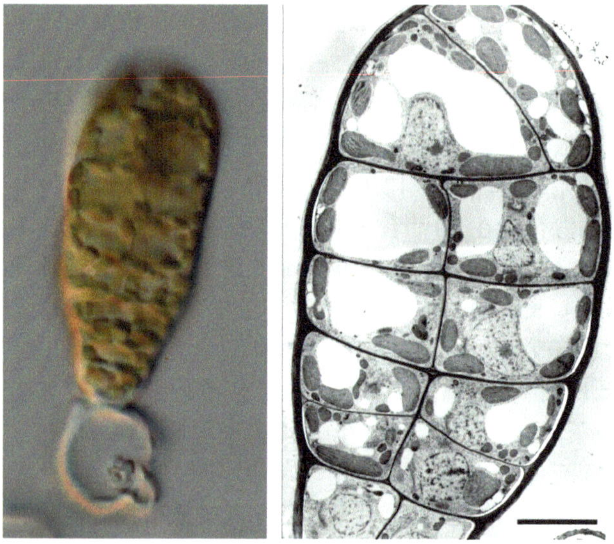

图 1-1-5　两列细胞的孢子体光学显微镜（400 倍）及电子显微镜照片（标尺 5 μm）

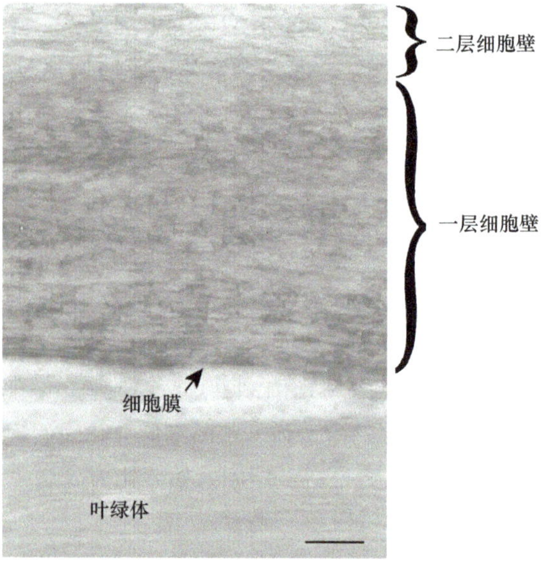

图 1-1-6　海带细胞壁结构（标尺 200 nm）

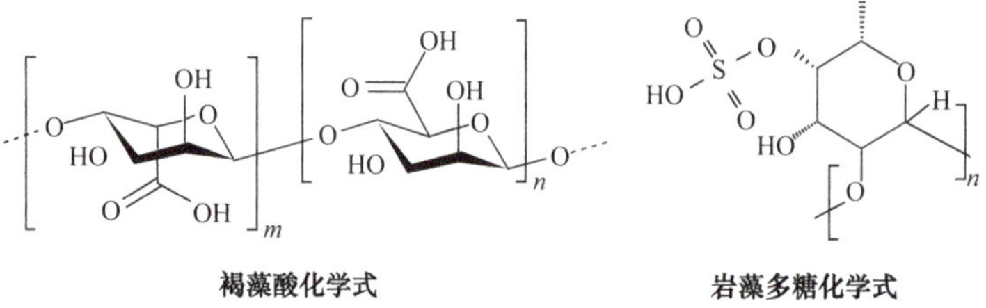

图 1-1-7　褐藻酸、岩藻多糖的结构单元

海带细胞内的基本质体是叶绿体，它是进行光合作用的场所。与其他褐藻相同，叶绿体为二次共生的细胞器，具有 4 层膜结构，内部的类囊体 3 层（图 1-1-8）。叶绿体内

质网为两层膜结构，其内质网的外膜与核被膜不相连。叶绿体内质网和叶绿体被膜不紧贴在一起，其间通常存在着一些膜包被的小管。海带细胞的质体内存在微纤维状 DNA，呈线状和环状，附着在类囊体膜上。叶绿体含有的叶绿素种类为叶绿素 a、叶绿素 c1 和叶绿素 c2，而主要的类胡萝卜素为岩藻黄素。

海带细胞内无淀粉核结构，光合作用产生的有机物质贮存于液泡中。长期的贮存产物为海带多糖，即以 β-1, 4 糖苷键相连的葡聚糖。D-甘露醇也是光合作用的积累产物。

二、海带组织结构

1. 表皮

孢子体最外一层组织是表皮分生组织（图1-1-9）。表皮分生组织的细胞个体小，整齐而紧密地排列在藻体表面，呈栅栏状。这是一层具有分生能力的组织，在藻体横切面上呈正方形，在纵切面上呈长方形。表皮细胞内除含有各种细胞器外，还含有数个粒状色素体，集中分布在藻体和外界接触的部位，这是海带孢子体光合作用的主要部位。表皮细胞上面覆盖有角质层，幼孢子体时期角质层较薄，角质层对海带表面起保护作用。

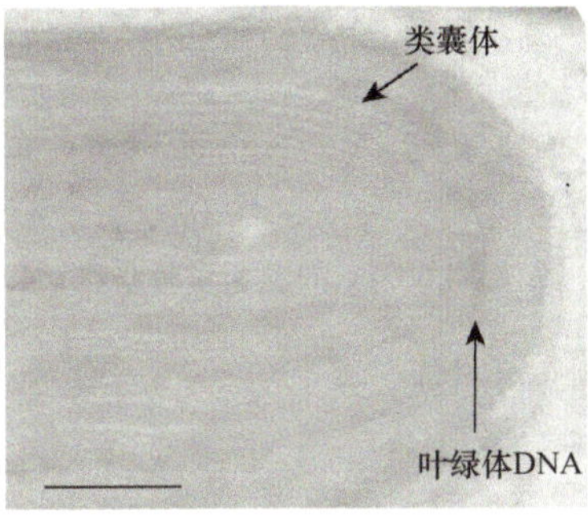

图 1-1-8　海带叶绿体结构（标尺 200 nm）

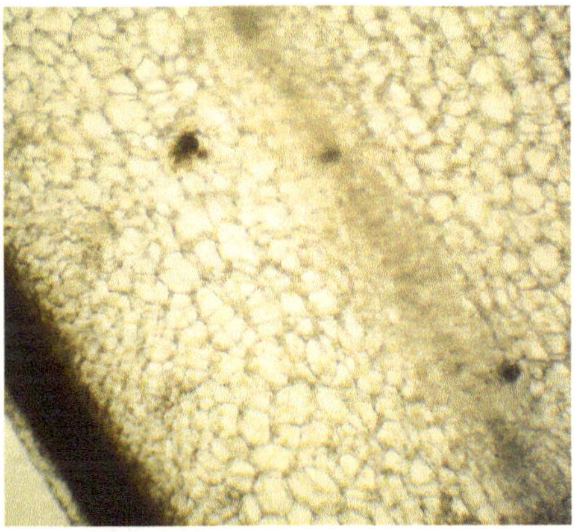

图 1-1-9　海带叶片组织结构观察（100 倍）

2. 皮层

表皮分生组织下面是皮层，皮层分为内皮层和外皮层（图 1-1-9）。外皮层细胞呈长柱形，大小不等，排列不整齐，细胞壁薄；内皮层细胞排列较整齐，大小相差不大，细胞壁含胶质较多。在生长的藻体中，电镜观察下，皮层细胞内色素体占细胞体积的比例减小，有一大的细胞核，为长形，该细胞最明显的特点是具有大的液泡，其中含有较浓厚的贮存物质和嗜碱性很深的圆球形或不规则的内含物，说明该层具有贮藏物质的功能。

3. 髓部

髓部主要由喇叭丝组成（图 1-1-10）。喇叭丝又称为筛胞（sieve cell），是由一列首层相连的内皮层细胞分化形成的管状组织。开始分化时，细胞先延长，继而在细胞连接处，细胞壁逐渐膨大，形成一个筛板，筛板上有很多小孔（图 1-1-11，图 1-1-12），孔径大小为 0.06～0.09 μm，孔上没有胼胝质，但筛胞中含有细胞核、液泡和线粒体。与此同时，细胞本身继续伸长形成一个细长的管状体，这样就形成了喇叭细胞。喇叭细胞彼此相连在髓部组成了管状体。5 cm 的小海带的喇叭细胞一般长 150 μm 左右，中部直径约 15 μm。喇叭丝有分枝，在两列喇叭丝之间可形成横向联系丝，该横切面联系丝可转变成喇叭丝，在喇叭丝的横切面上可观察到形状不同的壳纹。根据喇叭细胞筛板上存在的蛋白质物质，推测喇叭丝可能与营养物质的运输有密切关系。

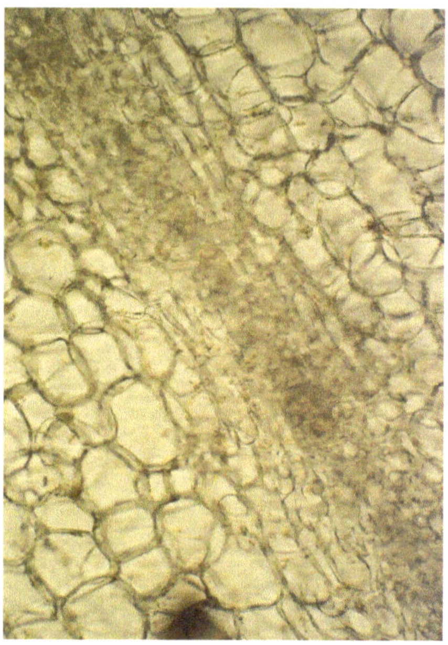

图 1-1-10　海带叶片组织髓部纵切面（100 倍）

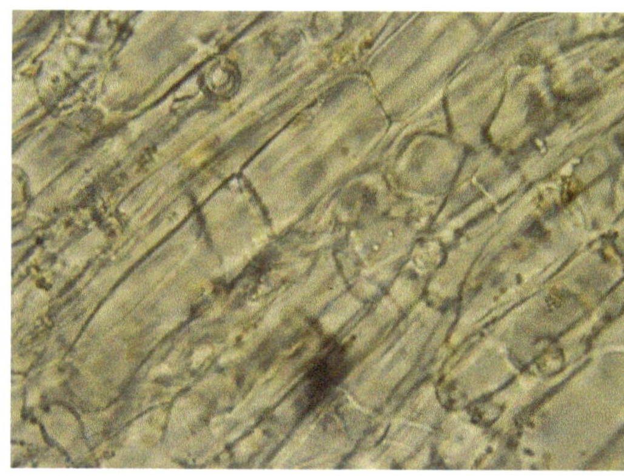

图 1-1-11　髓部组织喇叭细胞和横联系丝（400 倍）

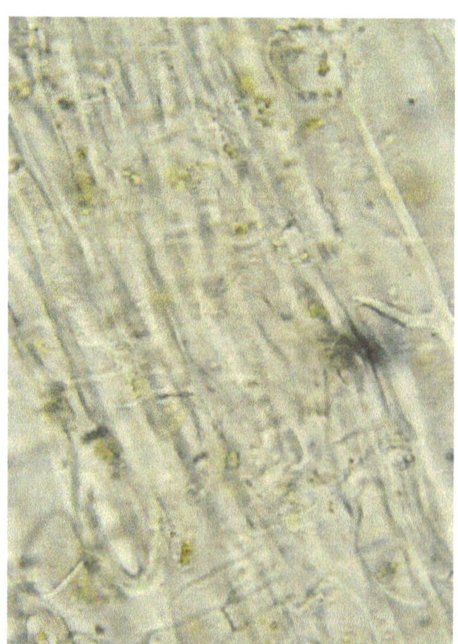

图 1-1-12　叶片髓部纵切观察（400 倍）

在内皮层内部，两列细胞形成横联系丝（图 1-1-11）。在横联系丝细胞的连接处，细胞壁消失，但细胞核并不融合。另外，内皮层细胞上还可直接分裂出一种髓丝，这是许多细胞首尾相连而成的丝状体，其顶端直接插入髓部，可看到一较大的核位于细胞的中央，沿细胞膜周围分散有许多线粒体，近核附近有高尔基体及大小泡囊不成熟的色素体，色素体内类囊体仅数条，这间接说明髓部不是进行光合作用的场所，故色素体处于较简化的程度。细胞质内有脂质体与大小不同的液泡，有的液泡内又有膜结构，各种液泡内含物不同，贮藏物质有所不同。

三、特殊结构

1. 黏液腔

黏液腔是一种能分泌黏液的圆形中空的腺体（图 1-1-13），分布于叶片、柄和固着器的外皮层内。黏液腔由许多分泌细胞组成，分泌细胞具有较大的细胞核和丰富的细胞质，能分泌黏液。黏液腔上端呈管状，开口于表皮细胞层的上部，其内有保护层，并与黏液腔道相连。黏液腔道为网状，分布于表层分生组织中，并能不断分泌黏液（图 1-1-13）。在幼孢子体中，黏液腔在表皮分生组织下，表皮分生组织不断分裂增加外皮层的细胞，使得黏液腔的位置逐渐下移。在较大的孢子体中，黏液腔深埋于外皮层中。有时几个黏液腔连接在一起，形成一个形状不规则的大黏液腔。

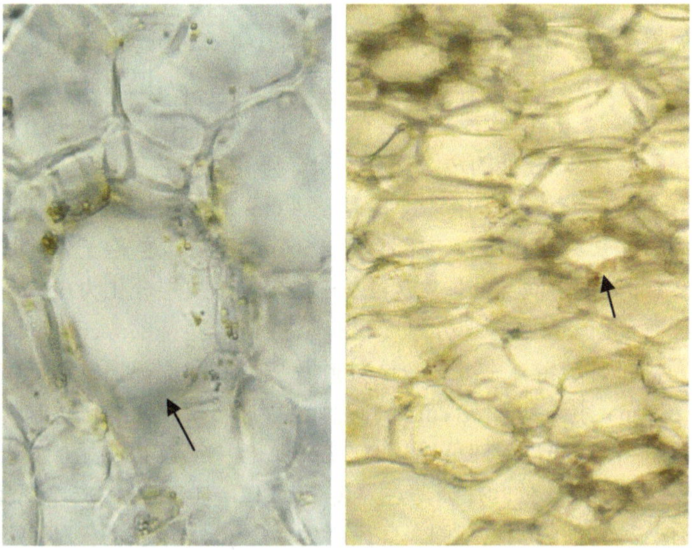

图 1-1-13 海带基部组织横切黏液腔观察（400 倍）

2. 孔纹

孔纹是细胞壁上的一些小孔（图 1-1-14），在叶片、柄和固着器的细胞上都有它们的存在。孔纹的形状不同，有的圆形，有的瓜子形，呈放射状排列。孔纹在表皮分生组织、皮层与髓部都有分布，但以皮层最多，内皮层细胞上更为明显，大孢子体的孔纹多而明显。

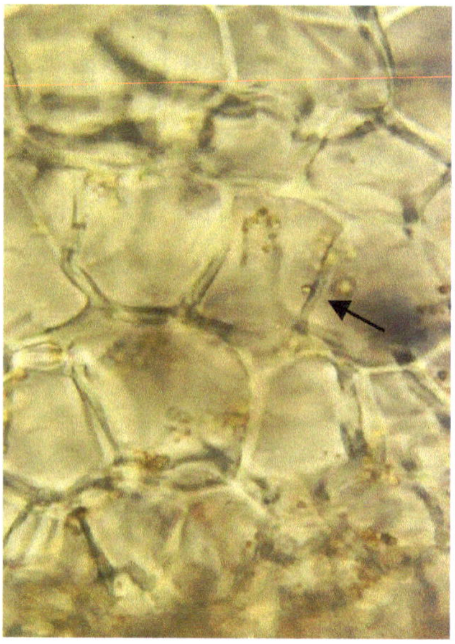

图 1-1-14　海带内皮层细胞壁上的孔纹（400 倍）

四、内部组织的分化

1. 叶片

不同大小的海带叶片组织的分化情况是不同的，1 cm 的孢子体叶片尖端由一层表皮细胞组成，细胞直径 16～18 μm；叶片中部边缘部分也是一层细胞，但中间部位是两层细胞，细胞直径 11～12 μm；叶片基部已有皮层细胞的分化，厚度约 10 μm。5 cm 的孢子体，其叶片在距基部 2 cm 处的边缘部分由上、下两层表皮细胞组成，厚度约 25 μm，中部增至 55 μm，并开始有髓部的分化。距基部 4 cm 处的细胞较大，髓部由喇叭丝组成，但数量很少，喇叭丝长约 150 μm，中部直径 15 μm。10 cm 的孢子体叶片细胞分化更为明显；距基部 2 cm 处的中间部分厚度为 1.9～2.2 mm，皮层分化为内皮层和外皮层；髓部发达，喇叭丝数量很多；边缘部分厚度仅有 1.3 mm。距基部 4 cm 处叶片厚度为 1.5～1.6 mm，皮层及髓部都较薄。在 6～8 cm 处叶片皮层和髓部都很发达，喇叭细胞较大，中部直径 22～25 μm。距离基部 10 cm 处叶片厚度为 1.5～1.8 mm，髓部厚 50 μm。15 cm 处叶片厚度为 1.2～1.5 mm；髓部虽然只有 37 μm，但喇叭丝很明显，并没有分枝；中部直径 30 μm。距基部 25 cm 处叶片渐薄，厚度仅有 1.0～1.2 mm，皮层及髓部都不发达，喇叭细胞中还有一种大型的喇叭细胞，直径可达 44.8 μm。成长的藻体尖部，皮层细胞壁薄，叶片中部和基部的皮层细胞壁较厚，其中以基部为最厚。当海带快速生长时，生长部的表皮和皮层细胞个体小，细胞核大，细胞壁薄。这些形态上的特征说明这部分细胞分裂机能是很强的。

根据大小不同的海带，可以观察到细胞分化的情况。当海带幼小时，叶片细胞分化极不明显，5 cm 以下的海带组织简单，叶片顶端及边缘部分均为单层细胞，只在叶片基部开始有皮层细胞的分化。5 cm 以上的小海带有髓部的喇叭丝出现。10 cm 以上的海带，组织结构逐渐完善，生长部附近皮层及髓部均较为发达，越向顶端越是早期形成的组织，皮层及髓部越不发达，而皮层细胞体积逐渐加大，细胞壁薄。这种细胞体积的增大可能是海带生长部以外叶片生长的主要方式之一。

2. 柄部

柄部和叶片一样，也由表皮分生组织、皮层和髓部组成（图 1-1-15）。皮层分内皮层和外皮层。幼小海带柄部的髓部不发达，在长大过程中，由于皮层细胞不断分裂出许多喇叭丝和髓丝，充实了髓部。在成体海带组织细胞中，髓部充满喇叭丝和髓丝，但胶质很少。

3. 固着器

海带固着器（假根）由表皮分生组织和内皮层、外皮层构成，无髓部（图 1-1-16）。其形成过程是：柄和基部表皮分生组织和外皮层细胞开始分裂，产生一个小突起，突起逐渐长大，形成由表皮分生组织和外皮层组成的尖端双分枝的，且分枝顶端有吸盘的假根。

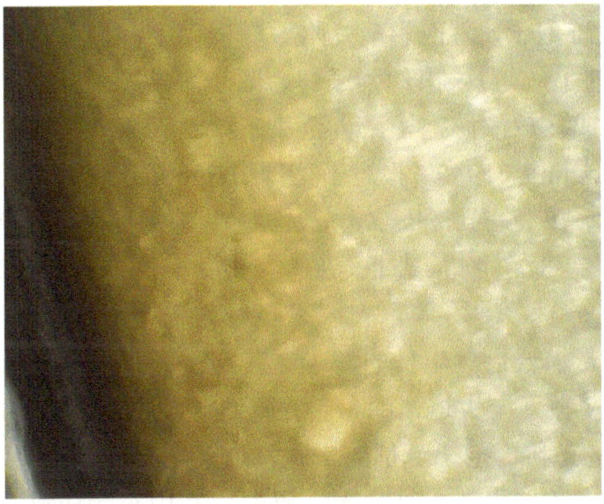

图 1-1-15　柄部横切面（100 倍）

图 1-1-16　假根横切面（100 倍）

第二章　海带繁殖、发生和生活史

当海带孢子体生长到厚成期时，进行干物质的积累，在光照、水温等条件适合的情况下，叶片表面就产生孢子囊群而进入繁殖期，先进行无性繁殖，产生配子体世代，然后进行有性繁殖，最终完成世代交替的生活史循环。

第一节　海带繁殖期和繁殖习性

一、海带繁殖期

远藤吉三郎（1911）报道，在海带原产地之一的日本北海道沿岸自然生长的海带，其繁殖期为10～11月，成熟海带大量放散游孢子，游孢子最终附着在岩礁上并发育为配子体。雌、雄配子体经卵式生殖，到翌年的1～2月长出幼孢子体，即小海带，到当年的8～9月海带长度可达2～3 m，10～11月成熟放散游孢子，直至第三年秋天第二次成熟放散游孢子，然后藻体腐烂死亡而流失。Lüning（1980）报道了德国Helgoland附近生长的3种海带孢子囊形成的时间，其中掌状海带（*Laminaria digitata*）是在8～12月初，糖海带（*Saccharina lattisima*）是在9月末至翌年3月中旬，极北海带（*Laminaria hyperborea*）则在11月至翌年3月。

目前，在我国北方沿海（山东、辽宁）水域自然生长的海带，其孢子囊群出现的繁殖期是在夏末秋初，并延长至初冬。例如，在辽宁大连沿海一带主要在9月左右，海带叶片表面开始出现孢子囊群，并随着水温的下降，孢子囊群越来越多，直至10月孢子囊群遍布海带叶片的中带部，进入成熟期并放散游孢子，进行无性繁殖。在山东荣成海带养殖主产区，养殖海带则从5月开始就有少量的孢子囊群出现，到7月底，根据海带目标性状的要求进行选择，及时进行切边和切尖，留作种菜，用于8月初的海带夏苗生产。

在南方福建海带主产区（莆田、连江），一般在4～5月就有孢子囊群的出现，除了在5月初收割海带外，选择目标性状的海带留作种菜，然后移植到深海暂养，在7月中旬，进行第二次选种菜，选择没有孢子囊的种海带，移到室内，低温条件下进行暂养，直到9月底，诱导种海带孢子囊大量形成，用于海带的种苗生产。

我国人工筏式养殖的海带，由于其生长发育所需环境条件的改变，幼孢子体经过5个多月的生长就能进入厚成期，其后在海带叶片上出现孢子囊群，5～7月就进入成熟期放散游孢子，进行第一次繁殖（表1-2-1）；海带在海上渡夏后，到10～12月叶片上又能形成大量孢子囊群，进行第二次繁殖。在我国南方人工筏式养殖的海带，在自然海区中虽然不能安全渡夏，但在渡夏前，海带叶面上也能形成孢子囊群，并能放散游孢子。例如，在浙江枸杞岛，5月初孢子囊成熟；在福建，3月就有个别海带已进入成熟期。但在南方海区随后的水温条件下，游孢子难以正常生长发育，因此，在海底难以形成海带自然地理种群。

表 1-2-1　人工筏式养殖海带成熟情况（缪国荣，未刊资料）

调查时间	养殖海区	成熟情况			
		总棵数	成熟棵数	成熟棵数占总棵数的百分比/%	孢子囊群面积占叶片面积的百分比/%
1980 年 7 月 10 日	青岛太平湾	150	100	66.7	30 左右
1980 年 7 月 20 日	荣成俚岛湾	100	95	95.0	60 左右
1980 年 7 月 30 日	荣成俚岛湾	120	103	85.8	38 左右

不同品种的养殖海带，其孢子囊出现的时间差异较大，在生产上称为“早熟”和“晚熟”品种，有的晚熟品种在渡夏前，海带叶片上也不产生或很少产生孢子囊群。荣成海带育苗场在 20 世纪 80 年代选育的‘荣杂 1 号’是一个典型的早熟品种，该海带在 3 月下旬就有 87%的个体在叶片梢部产生孢子囊群，到 5 月整个叶片上均能布满孢子囊群，进行繁殖；由中国科学院海洋研究所等选育成功的‘35X’新品种，则是一个晚熟品种，到 7 月收割海带时，藻体已完成厚成期的生长，但只有少数个体的叶片上产生孢子囊群，要获得大量孢子囊群则要在渡夏后的秋季。

二、海带繁殖习性

1. 孢子囊群形成与水温的关系

在自然条件下，在孢子囊群形成前，海带都经历过一段低温期，但一直培养在10℃水温以上的海带也能形成孢子囊（图1-2-1），因此，低温并非是孢子囊群形成的必要条件。根据浙江省海洋水产研究所的报告，渡夏的种海带在人工控制的13～18℃水温内，14天内在叶面上就可以形成孢子囊群。而在自然水温较高的条件下，需等水温下降到20℃以下，才能产生孢子囊群，这说明20℃以上的高水温可能是限制海带孢子囊形成的一个因子。

图 1-2-1　海水中海带孢子囊膜观察

福建省的一些海带育苗单位，在室内 10℃的条件下培育种海带，15 天左右在叶片上就可大面积形成孢子囊群（图 1-2-2），20～25 天就可大面积成熟，用于采游孢子和进行海带苗种培育。

图 1-2-2　不同孢子囊形成的面积

中国水产科学研究院黄海水产研究所根据自然海水水温的变化，将其分成 0～5℃、5～10℃、10～15℃、15～20℃和 20～25℃ 5 个温度范围，在每个范围内同时用体长 200 cm、150 cm 和 100 cm 的海带分别挂在水深 50 cm、100 cm 和 200 cm 处培养，观察温度对孢子囊群形成的影响。结果表明，培养在水温 5℃以下的海带，出现孢子囊群的个体很少，其面积也小；随着温度的升高，孢子囊群出现的个体数越来越多，面积也越来越大；当培育水温上升到 15～20℃时，出现孢子囊群的个体数最多，面积最大，说明这个温度范围是孢子囊大量出现的最适宜温度；当培育水温达到 20～25℃时，出现孢子囊群的个体逐渐减少，甚至不再形成新的孢子囊群。该结果与在中等营养的海区和肥区养殖的海带孢子囊群出现的现象基本一致，即水温 15～20℃是孢子囊群大量形成的最适温度，到 23℃以上，海带叶片上就不再形成孢子囊群。

在自然条件下，渡夏后的海带，在秋季水温下降到 23℃以下后，叶片表面就开始形成孢子囊群，水温下降到 20℃以下时，便大量形成孢子囊群，以后随着水温的逐渐下降，形成孢子囊群的个体逐渐减少，形成的面积也越来越小。

木下虎一郎等（1936）对海带属不同种的孢子囊发生的适温期进行了调查（表 1-2-2），结果表明，海带属的不同种，其孢子囊群形成的适温范围有差别，其中真海带（*S. japonica*）的上限是 9.0℃，下限是 0.8℃，比我国沿海海带孢子囊群形成的温度范围小得多。

表 1-2-2　海带孢子囊群形成的适温范围（木下虎一郎等，1936）

种名	上限温度/℃	下限温度/℃	观察地点与发生上限的时间
利尻海带 *S. ochotensis*	10.0	1.0	日本沓形，11 月下旬
皱海带 *S. religiosa*	10.0	1.0	日本寿都，11 月下旬
真海带 *S. japonica*	9.0	0.8	日本惠山，12 月上旬
脆海带 *S. fragilis*	9.0	0.8	日本室兰，11 月下旬
卷边海带 *S. chorioides*	7.0	3.0	日本宗谷，11 月下旬

由上述可见，对海带孢子囊群形成与温度的关系，中日学者观察到的结果差异较大，作者认为日本学者所观察的海带均是自然生长的，而我国的海带主要是以人工筏式养殖为主。海带的生长和成熟与自然生态环境条件关系很大，海带在筏式养殖条件下，在渡夏前就能完成其生长，藻体达到厚成期并能大面积形成孢子囊群。

2. 海带孢子囊群的形成与光照的关系

光照是海带孢子体发育的重要条件之一。海带孢子囊群一般先在叶片的背光面形成，而后在向光面形成。这说明了孢子囊群的形成是和光照的强弱、光照时间的长短相关的。在人工筏式养殖中，可看出海带孢子囊群的形成与养殖水层之间的关系。南方海区透明度较小，如浙江舟山海区的透明度在清水期也只有50 cm 左右，孢子囊群只出现在1 m 水层以上的藻体上。中国科学院海洋研究所在浙江枸杞岛海域的试验结果表明，只有海带养殖在水深66 cm 以上时，海带才能形成孢子囊群，越接近表层，海带孢子囊群出现的时间越早，而且产生孢子囊群的个体占总株数的百分比也越高，这说明孢子囊的形成要求一定的光照强度，并且需要经过一定时间（表1-2-3）。我国北方海区，由于海水较清，透明度较大，生活在2 m 以上水层的藻体也能形成孢子囊群。汪进兴和薛龄鹤（1959）在室内用1000～1500 lx 强度的自然光照就可诱导出孢子囊群。在福建省连江、三沙等地区的海带育苗场，早在1970年就成功地进行了室内低温、自然光培育种海带，促进其孢子囊群的发育，并应用于育苗生产。

表 1-2-3　在不同水层中海带孢子囊出现的株数

分散日期	1956 年 12 月 7 日				1957 年 2 月 13 日			
孢子囊出现株数百分比/% ╲ 培育水层/cm 检查日期	0	33	66	100~250	0	33	66	100~250
1957 年 4 月 5 日	11	0	0	0				
1957 年 4 月 15 日	89	77	25	0				
1957 年 4 月 23 日					44	80	0	0
1957 年 4 月 25 日	100	80	25	0				
1957 年 5 月 2 日					78	80	0	0
1957 年 5 月 6 日	100	80	25	0				
1957 年 5 月 13 日					67*	100	0	0
1957 年 5 月 15 日	100	80	25	0				
1957 年 5 月 20 日					78	100	33	0
1957 年 5 月 25 日	100	80	50	0				
1957 年 5 月 29 日					67*	100	42	0

* 孢子囊群位于藻体的梢部，在生长过程中尖端组织自己脱落，所以具有孢子囊群的藻体的株数比 5 月 2 日少了

海带是否成熟并形成孢子囊群的关键与海带的长、宽无直接关系，而与海带在孢子囊群形成的适温期是否已进入厚成期密切相关。如果海带已进入厚成期，说明其已充分生长发育了，已具备进入成熟期的条件。相反，即使海带藻体长得很长、很宽，而藻体

还处于脆嫩期，尚未充分生长发育，未进入成熟期，此时的海带叶片上也难以形成孢子囊群。例如，有的“小海带”，虽然体长只有 50 cm，但其鲜干比（鲜重与干重的比值）已达 7∶1，说明该藻体已进入厚成期，叶片表面同样能形成孢子囊群。一般认为只有当藻体的宽度超过 6～8 cm 时，才有可能进入形成孢子囊群的成熟期，但根据作者观察，孢子囊群形成时的藻体宽度要小得多，如观察到一株海带体长不超过 35 cm、体宽仅 3 cm，其叶片上已形成孢子囊。

第二节　孢子囊的形成、游孢子产生与萌发

海带成熟后，叶片表面就产生形状不规则的隆起的孢子囊群。具有孢子囊群的海带，在生产上称为种海带。国外主要是对狭叶海带（*S. augustata*）和长海带（*S. longissima*）的游孢子发生的研究较多。西林长郎和猪野俊平（1956）报道了狭叶海带在游孢子形成时的核分裂过程，并报道了海带类植物游孢子发生的比较生物学研究。根据作者对我国海带孢子囊发生的切片和幼体培养的观察，以及与国外有关资料的对比来看，海带属的各个种，孢子囊的发生和游孢子的形成过程基本一致。

海带属的褐藻，整个叶片表面都具有产生孢子囊群的能力，在繁殖盛期，孢子囊群能布满整个叶片。但不同的种间有差异。殖田三郎等（1963）报道，孢子囊群在叶片上出现的部位具有种的特征，一般是从叶片的基部逐渐向中央和梢部发展。狭叶海带和其变种的孢子囊在叶片中带部和距边缘部 1 cm 左右的部位，各产生两条带状的孢子囊群，边缘部不产生孢子囊群。我国人工养殖的海带整个叶面上都能产生孢子囊群，包括边缘部，在 5～7 月的成熟期里一般首先出现在叶梢，而后在叶片各处无规则地出现孢子囊群。渡夏后的海带，秋季成熟时，孢子囊群首先出现于生长部，此后再向中部和梢部发展。

一、孢子囊的形成

成熟的海带孢子体，在叶片表面发育形成条带状孢子囊斑（图1-2-3）。孢子囊斑与藻体颜色略微不同，为深褐色，突出于叶片表面，易于分辨。在显微镜下观察，海带目物种的孢子囊斑由大量条状单室孢子囊（图1-2-4）及隔丝细胞组成。

图 1-2-3　海带成熟的孢子囊斑

图 1-2-4　海带单室孢子囊（400 倍）

在孢子囊发育的初期阶段，叶片表面的分生表层细胞纵向伸长，大量多酚氧化物在细胞质中积聚，在叶绿体中能够观察到大量质体小球。

在分生表层细胞伸长过程中，纤维层和无定形基质堆积于细胞壁和分生表层细胞之间，形成隔丝细胞的黏液帽结构，该结构富含岩藻多糖。伸长的分生表层细胞经横向分裂，形成一个位于基部的孢子囊母细胞和一个位于顶部的隔丝原始细胞。隔丝原始细胞不进行细胞分裂，而是纵向伸长生长，细胞上部圆柱形而下部细长，细胞质内含物全部移至细胞上部。在隔丝细胞之间，孢子囊母细胞伸长为卵形，每个细胞中有 8 个叶绿体，分布于细胞质边缘，且每个叶绿体中有 6～12 个三层类囊体片层纵向延伸，片层中质体小球的数量比隔丝细胞叶绿体的质体小球少。在孢子囊母细胞进行减数分裂初期，细胞中内质网结构逐渐发育，高尔基体分泌大量囊泡。经减数分裂的两次核分裂，孢子囊母细胞发育为 4 核细胞阶段，细胞质中内质网高度发达，多层内质网结构围绕于细胞核，且细胞质内质网与叶绿体内质网相连接。孢子囊继续发育，细胞核进行 3 次有丝分裂，且有丝分裂过程与叶绿体具有紧密的联系。细胞核进行第 3 次和第 5 次核分裂的同时，叶绿体进行自我复制并分裂。最终，细胞核经 5 次核分裂形成 32 个细胞核，而叶绿体经 2 次有丝分裂形成 32 个叶绿体，在孢子囊中形成的 32 个游孢子母细胞中，每个细胞内含有 1 个细胞核和 1 个叶绿体。

当孢子囊母细胞完成一系列的核分裂过程后，在孢子囊顶部发育形成富含岩藻多糖的帽结构，与此同时，32 个游孢子母细胞的鞭毛结构开始发育形成。在微管的牵引下，一对中心粒移动至细胞质膜并分化为一对并列排列的鞭毛基础小体结构。在鞭毛伸长初期，前、后鞭毛的基础小体即进行分化，其中前鞭毛的基础小体分布有 7 根微管组成的前鞭毛根结构。从鞭毛基础小体开始，前、后鞭毛同时生长发育，当前、后鞭毛长度达到 5 μm 时，前鞭毛的生长速率开始略高于后鞭毛。随着鞭毛结构的发育，其他细胞器也相继发生变化，内质网扁囊形成大量纤维状物质，高尔基体活跃，分泌囊泡，大的脂粒颗粒分裂为小颗粒，位于细胞质边缘的杯状叶绿体移动至中间部位，将细胞核包裹于其中。通过细胞膜的分裂，每个孢子囊中发育形成 32 个独立的游孢子。

二、游孢子的放散及显微结构

为了在实验室条件下观察海带游动孢子的放散过程及结构特征，将带有孢子囊斑的海带孢子体用过滤海水反复冲洗，切成长、宽均为 3～5 cm 的小块，用吸水纸吸除藻块表面的水分并置于玻璃培养皿中，遮光、5℃条件下放置 12 h 之后，将培养皿取至室温并倒入冷却过滤海水。经低温干燥诱导的成熟孢子囊，由于孢子囊顶部的帽结构破裂，因此在重新浸入海水中时能够放散大量游孢子（图 1-2-5）。

未放散的游孢子无游泳能力，但当游孢子由帽结构放散至外部环境时，游孢子的细胞骨架结构发生变化，原先平行排列的鞭毛基础小体在鞭毛根及与其相连接的细胞内部微管的共同牵引下，变为具有 110°夹角的空间排列。两个鞭毛基础小体均侧插于游孢子的腹部，但前鞭毛基础小体向前伸展，与游泳方向一致，后鞭毛基础小体则伸向相反的一方。与此相对应，游孢子的前、后两根鞭毛伸向两个不同的方向。游孢子在这两根鞭毛的作用下，在放散 1～2 s 之后即能够进行游动。与前、后鞭毛纵向伸长方向相一致，游孢子的腹部一侧分别有浅沟状的鞭毛小袋结构。由于细胞骨架结构的变化，游孢子的细胞形态由放散之前的 4 μm×8 μm 变为梨形的 5 μm×7 μm（图 1-2-6）。

图 1-2-5 大量游孢子

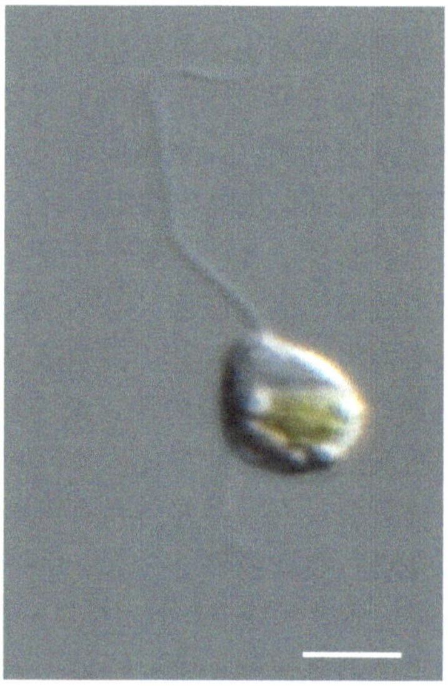

图 1-2-6 海带游孢子（标尺 5 μm）

游孢子无细胞壁结构，细胞质基质及细胞器均由双层膜包裹。细胞核球形，直径 3 μm，无核仁结构，内部有明显的异染色质。内质网及高尔基体分布于细胞核周围。细胞核位于细胞的中间部位，被一个杯状的叶绿体折叠围绕，外层核膜与叶绿体内质网膜相连。在细胞器的空间分布上，叶绿体的一部分靠近游孢子腹部的细胞膜，与其他典型褐藻的游泳细胞不同，海带目游孢子的叶绿体在该位置无眼点及淀粉核结构，因此海带目的游孢子无趋光性特征。另外，多个卵圆状线粒体分布于细胞前腹部，管状线粒体嵴中含有丝状内含物，该内含物相互连接，具有分枝，延伸方向与线粒体嵴的轴向平行，在海带目营养细胞的线粒体中无此内含物。

与其他细胞器相比，鞭毛是游孢子最重要的特征细胞器，其前、后鞭毛在形态结构和生理功能方面均具有显著的异质性。前鞭毛由两部分构成，一部分靠近鞭毛基础小体，长 22 μm，表面覆盖有绒毛，横切面为真核生物共有的“9+2”轴丝结构；而另外一部分长 17.5 μm，无绒毛，横切面只有两根中心微管对结构。后者在实验室制备的样品中极易断裂，很难观测到。绒毛为不等长鞭毛类生物特有的结构，其作用在于与水流产生反向流体作用力，使游泳细胞的前进方向与前鞭毛的伸长方向一致。在孢子囊生长发育过程中，绒毛蛋白在内质网中合成，通过高尔基体的加工运输，附着于前鞭毛长度 1/3 的鞭毛膜表面，而在最终放散出的游孢子中，绒毛重新排列至前鞭毛具有“9+2”结构的部分的全长。研究表明，组成绒毛的蛋白质有信号肽序列，能够指导其蛋白质由内质网到前鞭毛的运输途径。发育成熟的绒毛由 3 部分组成：基部、中间轴部及细丝状的末端部。其中，基部与前鞭毛轴丝结构直接相连；中间轴部为管状，直径 15 nm，长度 1.4 μm；末端部长 0.8 μm。后鞭毛的表面无绒毛覆盖，长度 12 μm，轴丝同样为“9+2”的微管排列，鞭毛末端与前鞭毛相同，由两根中心微管对组成，但长度只有 3～4 μm，且在实验室制备过程中易于保存和观察。游孢子在前、后鞭毛的作用下，能够自主游动，前、后鞭毛具有完全不同的运动特征。前鞭毛的摆动频率为40～50 Hz/s，摆动轨迹呈现类似正弦曲线的波形，提供游孢子向前游动的主要推动力。后鞭毛的摆动频率低，无明显周期性，且摆动轨迹为单方向侧面摆动，后鞭毛的摆动使游孢子的游泳方向发生改变，在游孢子直线游动时后鞭毛停止摆动。

三、游孢子附着

海带的游孢子从孢子囊内放出后，一般在 2 h 左右即可附着。游孢子游动时间的长短与海水的温度有着密切的关系。温度低，游动时间长；温度高，游动时间短。根据试验，海水温度在 5℃左右时，一些游孢子能游动 48 h；如果将海水温度提高到 15～20℃时，游孢子只能游动 5～10 min，就要附着下来，如果此时人为地不让它附着（如不停地搅动海水），游孢子就失去了附着能力。船野隆（1980）在对北海道产的海带（*S. japonica*）进行的生态研究报告中指出：在自然海区游孢子能持续游动 1～2 天，游动 20～40 m，在光照强度低、水温低的条件下游动时间长，胚孢子在海水中可以漂浮一周。另外，游孢子游动时间的长短与游孢子本身的质量也很有关系。一些成熟不好或成熟过度的种海带，放散出来的游孢子大多数不健康，很快就要附着下来，或很快就丧失游动和附着能力。

海带的游孢子在富含褐藻多糖的黏液中可游动长达 24 h，然而在海水或培养液环境中只能游动数分钟。游孢子附着于基质的过程与前鞭毛密切相关。前鞭毛末端具有黏性，能够吸附于基质上，细胞在前鞭毛的牵引下逐渐靠近基质，与此同时，前鞭毛的鞭毛膜与细胞膜融合，鞭毛轴丝结构或从细胞表面直接融进细胞质，或从鞭毛基础小体回收至细胞质（图 1-2-7）。

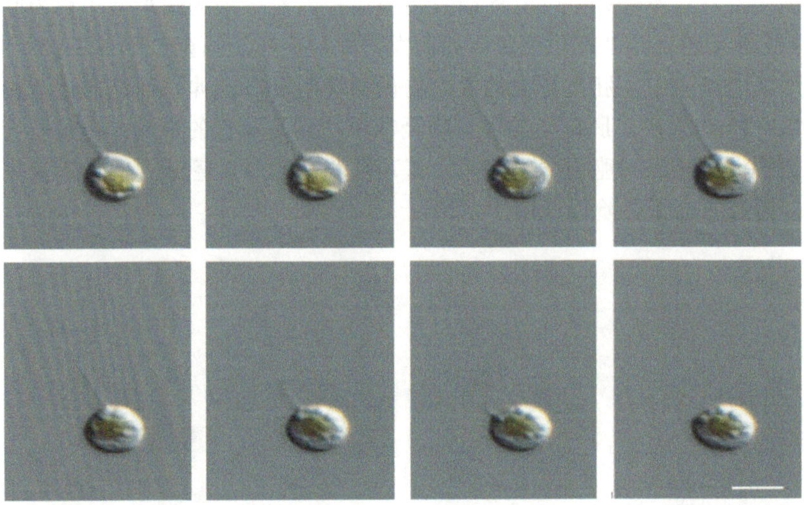

图 1-2-7　前鞭毛回收至细胞内部（每图的时间间隔为 5 s；标尺 5 μm）

当前、后鞭毛的轴丝结构完全回收至细胞质中时，细胞骨架发生变化，细胞变为球形并通过胞吐作用分泌大量黏性囊泡，在细胞膜与附着于细胞表面的黏性囊泡之间，形成细胞壁。当细胞壁完全合成之后，前、后鞭毛的轴丝结构断裂并分散于细胞质基质中，相关蛋白质被分解并重新用于营养细胞的生长。

我国人工养殖的海带，每个孢子囊内形成 32 个游孢子。当一棵海带成熟时，一般有数十亿到上百亿个游孢子。长谷川由雄（1963）报道狭叶海带成熟的叶面上的孢子囊数为 8.1×10^5 个/cm^2。KцpeeBa 和 ЩaAoBa（1938）观察，每棵海带能产生 1.1898×10^9 个游孢子，掌状海带能产生 2.5719×10^{10} 个游孢子。

海带孢子囊群的成熟是连续不断的，当孢子囊群成熟后，表皮破裂放出游孢子，而未成熟的则又继续成熟。由于海带有孢子囊群不断成熟、不断放散游孢子的特点，因而从一棵种海带上可采得多批游孢子（图 1-2-8，图 1-2-9）。

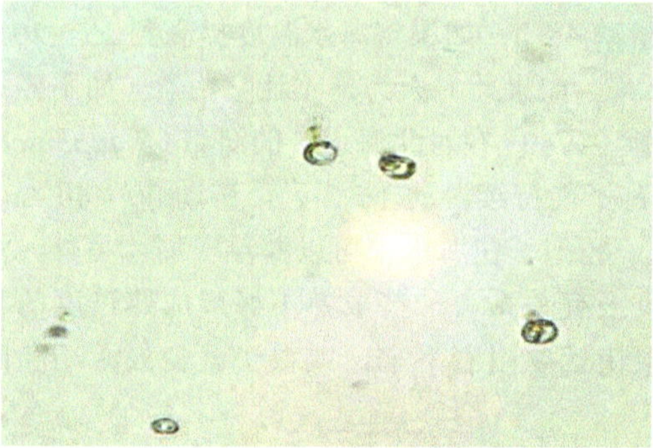

图 1-2-8 海带游孢子的附着萌发（100 倍）

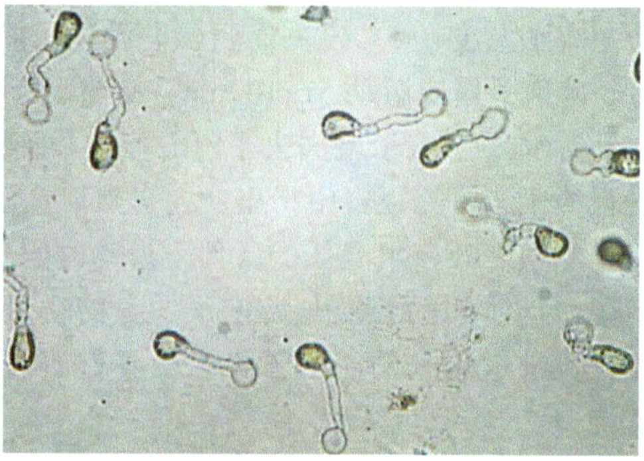

图 1-2-9 海带游孢子的萌发初期（100 倍）

四、游孢子的萌发

游孢子附着下来变成球状后，就进入胚孢子阶段。胚孢子无细胞壁，只有原生质膜。海带的游孢子附着后不经休眠，立即萌发，故而把附着下来的圆形孢子称为胚孢子。附着 4 h 后，胚孢子的表面就产生突起开始萌发，此后突起逐渐延长形成长管状的萌发管。在萌发管形成的过程中，胚孢子内的内含物也随着萌发管的伸长而流向逐渐膨大起来的萌发管顶端，2～3 天后，胚孢子的内含物全部流动到萌发管的顶端，在萌发管顶端出现细胞横隔把膨大而充满细胞内含物的萌发管顶端和空的萌发管分开，这样就完成了游孢子的萌发，而进入配子体阶段（图 1-2-10）。

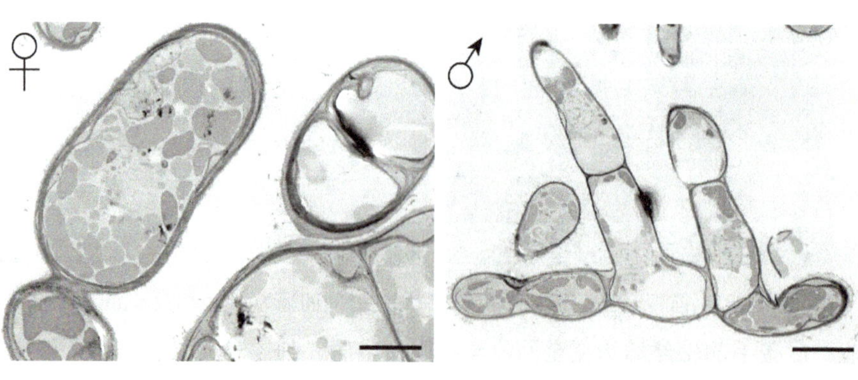

图 1-2-10 雌、雄配子体电镜照片（标尺 5 μm）

根据作者对不同萌发时期的胚孢子染色的观察，其内含物上移时，色素体和原生质先向上移动，细胞核稍后上移。海带的配子体具有细胞壁。在适宜的培养条件下，由游孢子萌发到出现细胞壁而形成配子体，一般不超过 3 天。

第三节　海带配子体及有性生殖

一般正常发育的海带孢子体没有雌雄分化，但当游孢子萌发后，逐渐形成雌、雄配子体的分化，在形态上逐渐形成差异。海带雌、雄配子体的形态与培养条件有密切的关系，如在分离培养条件下，在连续光照及不同 pH 等培养条件下，配子体的形态都有很大差异。

一、雌配子体

成长的雌配子体多数为一个细胞的藻体，球形或梨形，直径 11～22 μm（图 1-2-11）。在雌配子体形成后，细胞不分裂，逐渐长大，在前 10 天内，细胞由 4.2～10 μm，逐渐长大到 11～22 μm。最初几天，色素较淡，此后色素加深，迅速变为棕褐色。当雌配子体长大到 11～22 μm 时，细胞开始转化为卵囊，细胞就不再长大。卵囊形成时，由配子体的一个地方产生突起，突起部分细胞壁变薄，色素体变成粒状分散于细胞内。成熟时，突出部分细胞壁呈透明状。排卵时，突起部分细胞壁破裂，卵经破口排出。

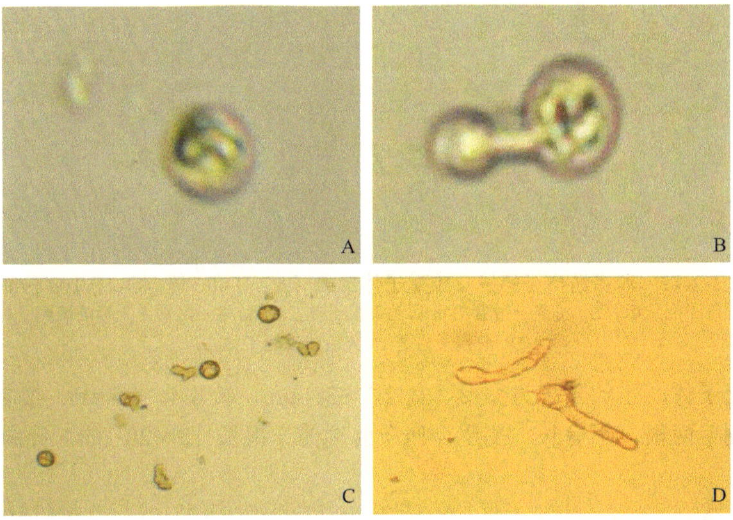

图 1-2-11　海带游孢子萌发及雌配子体形成（A、B 400 倍，C、D 100 倍）
A. 游孢子附着；B. 游孢子附着 73 h 后的雌配子体；C. 游孢子附着 7 天后的雌配子体；D. 游孢子附着 10 天后的雌配子体

海带属雌配子体的形态，大部分是多细胞的丝状体，具有分枝，与雄配子体相似，只是细胞比较粗大，细胞数目比较少而已。Sauvageau（1918）认为曲茎海带（*Laminaria flexicaulis*）的雌配子体是多细胞的丝状体；神田千代一（1935）也认为海带雌配子体属于多细胞丝状体（图 1-2-11）。作者研究发现，海带雌配子体在适宜培养条件下，很快就完成营养生长，而进入形成卵囊的发育阶段，这时雌配子体是单细胞的；如果培养条件不适合，雌配子体则进行营养生长，推迟或直至不形成卵囊，在此情况下雌配子体就生长成多细胞的丝状体，甚至长成簇状体。单细胞雌配子体成熟时，只形成一个卵，而丝状的雌配子体可形成数个卵，分枝末端的细胞都具有发育为卵囊的能力。

二、雄配子体

海带雄配子体一般是多细胞体，从几个细胞到十几个细胞（图 1-2-12）。雄配子体的细胞较小，直径为 5～8 μm，色素较淡。当游孢子萌发形成配子体后，雌配子体只增加细胞的体积，而雄配子体则进行细胞分裂，增加细胞数目，细胞个体也逐渐长大。雄配子体成熟时产生精子囊。精子囊最初出现于分枝的顶端细胞，顶端细胞产生突起，成熟时突起部分的细胞壁变薄，色素体分裂成粒状分散在细胞内。排精时，突出部分呈透明状，最后壁破裂，精子从破口游出。

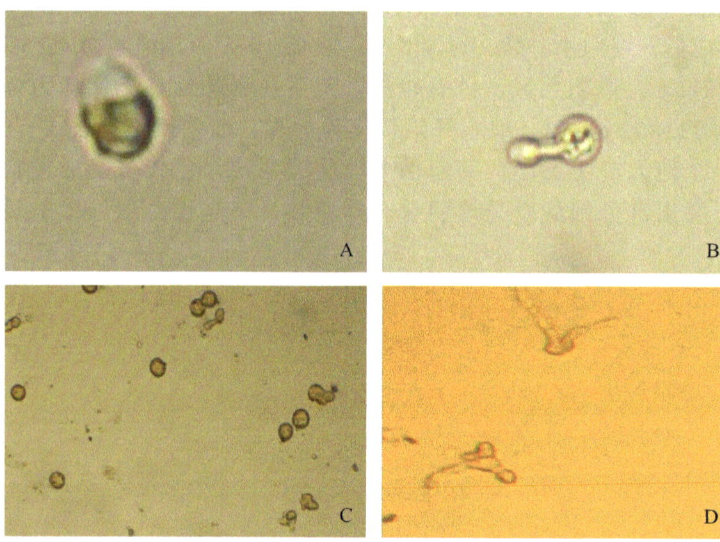

图 1-2-12　海带游孢子萌发及雄配子体形成（A、B 400 倍，C、D 100 倍）
A. 游孢子刚放散；B. 游孢子附着 73 h 后的雄配子体；C. 游孢子附着 7 天后的雄配子体；
D. 游孢子附着 10 天后的雄配子体

海带雄配子体产生的精子为梨形，宽 2.7～3.4 μm，长 4.4～6.2 μm，细胞内有 1 或 2 个色素体；鞭毛两根，不等长，侧生，伸向前端的一根长 15～20 μm，伸向后端的一根长 50 μm。

三、配子体的有性生殖

海带配子体在正常培养条件下，15 天左右就能达到性成熟，雌配子体向外排卵，雄配子体向外排放精子，并进行受精。卵的排放与黑暗有关，而精子的排放又和排卵有密切关系。一般是先排卵，后排精。精子排出后用鞭毛在水中游泳，并很快向卵子游去。一般一个卵子四周聚集着数十个精子，这时如果附近又有一个新排出的卵子，一部分精子又向新卵子游去。在排卵的同时，雌配子体分泌出一种诱导激素，称为海带烯（lamoxirene），在该激素诱导下，几秒钟后，精子就从精子囊中释放出来，并向卵子游动，加速受精。海带烯的化学成分为 1-(1′,2′-cis-ep-oxibut-3′-enyl)-cyclohepta-2,5-diene，分子质量为 162 Da，化学式为 $C_{11}H_{14}O$。

精子和卵子接触处被细胞膜中的酶溶解后，精子内含物就流入卵细胞内，其后完成这两个细胞核的结合从而完成受精过程。受精过程一般在 5 min 内完成。受精后，合子立即形成细胞壁，5～10 min 以后，合子开始延长。有些卵子的受精则需大于 10 min。卵子受精后，多余的精子就离开。有一些受精卵在受精后，在精子进入的地方产生一个突起，突起约在 1 h 后消失（图 1-2-13）。

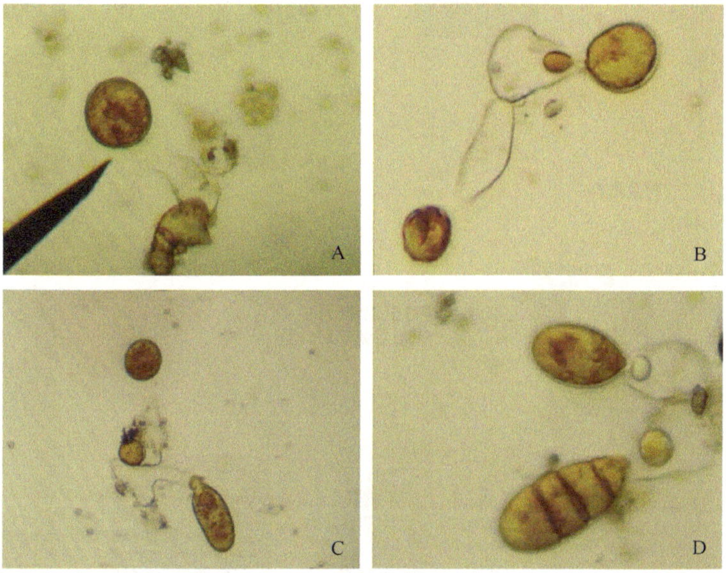

图 1-2-13　海带有性生殖（400 倍）
A. 雌配子体排卵、雄配子体排精；B. 受精；C. 合子；D. 合子萌发形成幼孢子体

综上所述，在海带生活史的单相世代（配子体）中，从形态上看，可分为 3 个时期：①游孢子产生到胚孢子和配子体的形成时期，在正常培养条件下，该时期约需 3 天；②配子体生长时期，从配子体形成到配子体停止生长、分裂为止，在正常培养条件下，该时期约需 6 天；③卵囊、卵、精子囊、精子的形成和排卵、排精时期，在正常培养条件下，该时期需 2～3 天。因此，在人工正常培养条件下，海带配子体生活的时间有 12 天左右。而在自然条件下，由于环境条件的限制，海带配子体生活的时间则要长很多。

第四节　海带生活史

海带是一种有明显世代交替的二年生褐藻，其生活史中包括无性世代的孢子体和有性世代的配子体两个阶段，孢子体世代的核相是二倍的，配子体世代的核相是单倍的。孢子体与配子体在世代交替过程中，伴随着核相的交替。

海带生活史属于不等世代型，在整个生活周期中，孢子体世代大而明显；孢子体一般能长到 3～4 m 长，而配子体只有在显微镜下才能看到。孢子体成熟时，进行无性繁殖，在叶片表面产生孢子囊，减数分裂在孢子母细胞第一次分裂时进行。游孢子放散出来后，萌发成为配子体，配子体世代是雌雄异体。雌配子体成熟后形成卵囊，雄配子体成熟后形成精子囊，排卵和排精后，精、卵结合形成合子，合子萌发成幼孢子体。幼孢子体长成大孢子体后又能进行无性繁殖，完成整个生活史（图 1-2-14）。

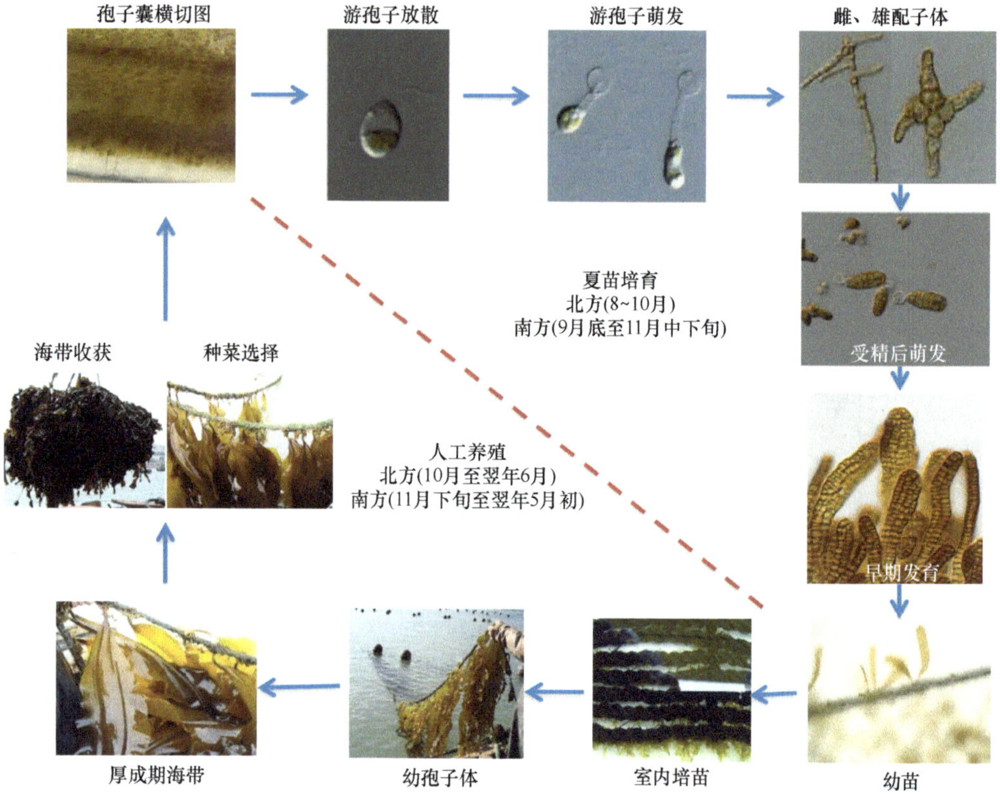

图 1-2-14 海带生活史

在海带生活史中，其配子体存在时间很短。人工室内培养，一般是 15 天左右。但在一些特殊培养条件下（如雌、雄配子体分离培养），配子体也能生活很长时间。作者获得了在室内培养了多年以上的配子体所产生的孢子体。孢子体生活的时间较长，在自然生长条件下，可生活两整年，进入第三年；人工筏式养殖条件下能生活一整年，跨入第二年。

作者总结出海带生活史的模式如图 1-2-15 所示。

该模式图中主要有几个新观点：①海带孢子体既可以是无性的，又可以是有性的；②雌性孢子体只产生雌配子体，但雄性孢子体能否产生雄性配子体，有待进一步证实；③配子体可通过营养繁殖产生配子体，不一定来自孢子体；④雌配子体通过孤雌生殖产生雌性孢子体；雄配子体可通过无配子生殖产生雄性孢子体；⑤孢子体的游离细胞，经过脱分化和再分化过程，不经过减数分裂，可直接长成新的植物体，形成“克隆”。

海带生活史中小循环的成因是：①体细胞的营养繁殖。在培养条件下，海带幼孢子体其叶片中部，甚至尖端部会长出数条假根，说明幼龄期孢子体的体细胞还具有分化能力；在外界干扰下，孢子体体细胞还会再分化，在其愈伤部位会逐渐形成类似愈伤组织或脱分化的细胞团，由此重新长出新的植株。②配子体的营养繁殖。海带配子体对黑暗有较高的耐受力，能以很低的基础代谢来维持其最基本的生理需要。Kain（1969）和 Lüning（1980）研究了欧洲的 3 种海带配子体，发现其在黑暗条件下能生存 80 天和 5 个月（培育水温 10℃），仍不丧失生长和发育能力。将弱光（50 lx）培养（5～10℃）保存两年多的配子体，通过诱导，仍可进入正常分化状态；但在弱光、高温下，海带雌、雄配子体都趋向于进行营养繁殖，由单细胞个体长成复杂的多细胞分枝体，甚至簇状的球体。③雌配子体的孤雌生殖及雄配子体的无配子生殖，可被认为能在自然条件下完成。作者曾在杂种群体中进行单株采苗，获得的配子体后代均为雌性，推断该株海带是由孤雌生殖而产生的。这一现象在其他海藻，如褐藻——水云（*Ectocarpus* sp.）中也经常存在，除了正常的世代交替的“大循环”以外，还有两个“小循环”，一个是多室孢子囊中的游孢子，不经过减数分裂，产生二倍体的“中性孢子”，此时游孢子不萌发为配子体，而是直接长成了孢子体；另一个是雌、雄配子不结合，进行“单性生殖”分别萌发成单性生殖孢子体，这和海带的“孤雌生殖”、“无配子生殖”相似。

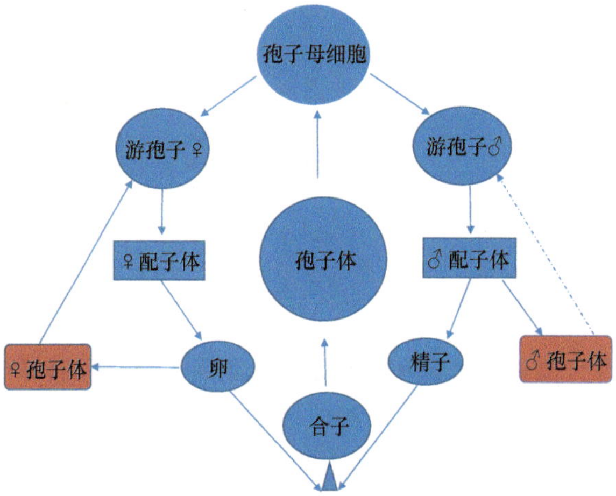

图 1-2-15　海带生活史模式图

在对海带生活史的研究中，认识到低等植物适应海洋生态环境具有多样性和复杂性，无论是繁殖策略、生理变化，还是遗传表型、发育途径等均存在多样性、可塑性，这也为探讨低等水生植物海藻的生活史、世代交替、繁殖方式、发育途径等提供了独特的材料。在整个植物界的进化过程中，经历了由简单到复杂、由低级到高级的演化过程。例如，属于原核生物的蓝藻发现于距今 32 亿年的地层中，而真核生物的出现约在距今 9 亿年的地层中，也许是在此时才开始出现世代交替。经历如此漫长的进化和演化，海藻已具备多样化、多变性的适应海洋生态环境的能力，因而能在海洋生态环境中长期生存下去。海带生活史的多种循环也可看作适应海洋环境多样性的一个例子。

冷水性的海藻，在秋末、冬初释放的游孢子，在光照强度很低的高纬度地区以配子体的形式度过冬季，到翌年春季来临时便迅速发育、成熟、排卵、受精并长成孢子体进入下一世代的生活。海带作为冷水性褐藻，如果其成熟的配子体得不到受精机会，则可通过单性生殖的方式来完成其生活史，延续后代。因此，作者认为海带生活史中“小循环”的存在，是该类褐藻适应低温等海洋环境，延续其物种的本能。

第三章　海带细胞学特征

第一节　海带染色体

染色体数目和大小是鉴别物种、判断物种亲缘关系的重要依据之一。海带属等褐藻染色体的数目，不同物种甚至同一物种的报道结果也不尽相同（表 1-3-1）。对于海带（*S. japonica*）而言，不同时期的报道结果也不一致。Yabu（1973）及戴继勋和方宗熙（1976，1977）对海带配子体细胞进行压片观察，认为其只有 22 条染色体。Yabu 和 Yasui（1991）认为海带配子体细胞约有 32 条染色体，与皱海带（*S. religiosa*）（Yabu and Yotsukura，1995）、远滕海带（*S. yendoana*）（Yasui，1992）及掌状海带（*L. digitata*）、糖海带（*S. latissima*）、楔基海带（*S. ochroleuca*）（Naylor，1956）的比较接近。通过方法改进，Zhou

表 1-3-1　海带属主要物种的染色体数目

物种	单倍体	文献来源
狭叶海带	22	Nishibayashi and Inoh，1956
	32	Yabu and Yasui，1991
鬼海带	22	Yabu，1958
鬼海带 *S. longipes* 变型	32	Yabu and Sanbonsuga，1990
掌状海带	13	Magne，1953
	8	Walker，1954
	27～31	Naylor，1956
	31	Evans，1965
极北海带	31	Evans，1965
海带	22	Yabu，1973
	32 或 34	Yabu and Yasui，1991
	31	Zhou et al.，2004
	31	刘宇等，2012；Liu et al.，2012b
奥霍海带	32	Yabu and Yasui，1991
长柄海带	约 30	Ohmori，1967
楔基海带	27～31	Naylor，1956
	31	Evans，1965
皱海带	32	Yabu and Yasui，1991
糖海带	13	Magne，1953
	27～31	Naylor，1956
	31	Evans，1965
远藤海带	约 30	Ohmori，1967
	32	Yasui，1992

等（2004）观察到海带配子体细胞具有 31 条染色体，与掌状海带、糖海带、极北海带（*L. hyperborean*）及楔基海带等几个物种单倍体的染色体数目一致（Evans，1963，1965，1966）。作者认为，这些不同观察结果可能与海带染色体大小及所采取的制备技术或方法有关。据 Evans（1963，1965）报道，海带属染色体的大小为 0.4～1.7 μm。Yabu 和 Yasui（1991）所提供的海带染色体图片也说明其染色体较小，呈点状。看来海带染色体小是无法改变的事实，因此，要想获得比较理想的海带染色体结果必须借助新的技术或方法。为此，刘宇等（2012）及 Liu 等（2012b）利用纤维素酶、果胶酶、鲍鱼酶等多种酶预处理海带配子体及孢子体细胞，结合 4′, 6-二脒基-2-苯基吲哚（4′, 6-diamidino-2-phenylindole，DAPI）这种灵敏度高、特异性强的 DNA 荧光染料，获得了噪声低、染色清晰的高质量染色体图片。结果（图 1-3-1）显示海带雌、雄配子体的染色体各为 31 条，孢子体染色体为 62 条，大多为短杆状或者点状；雌配子体染色体的大小（表 1-3-2）为 0.773～2.612 μm，稍大于雄配子体的染色体（大小为 0.567～2.160 μm）（Liu et al.，2012b）。由于海带染色体小，未能观察到染色体臂和着丝点的位置，因此海带染色体的分型及核型分析还有待进一步完善。

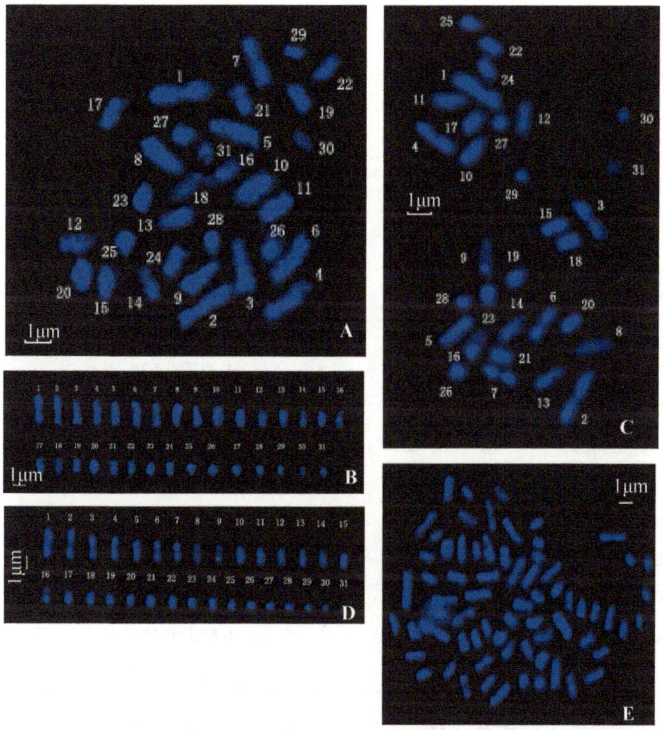

图 1-3-1　海带染色体（刘宇等，2012）

海带雄（A）、雌（C）配子体的染色体及其核型分析（B 和 D），E 是孢子体染色体

第二节　海带细胞分裂

Abe（1962）和 Yabu（1973）做过海带细胞分裂的观察，戴继勋和方宗熙（1979）也用海带雌配子体和幼孢子体，观察了其细胞的有丝分裂过程。海带细胞分裂可大致描述如下。

表 1-3-2　海带雌、雄配子体的染色体长度（Liu et al.，2012b）

根据长度的染色体编号	雄配子体的染色体长度（平均值±标准差，*n*=5）		雌配子体的染色体长度（平均值±标准差，*n*=5）	
	绝对长度/μm	相对长度（占总长的百分比）/%	绝对长度/μm	相对长度（占总长的百分比）/%
1	2.160±0.010	5.53	2.612±0.113	5.57
2	1.983±0.149	5.08	2.397±0.115	5.11
3	1.902±0.128	4.87	2.149±0.150	4.58
4	1.792±0.140	4.59	2.109±0.159	4.50
5	1.724±0.162	4.42	2.014±0.178	4.29
6	1.636±0.138	4.19	1.877±0.220	4.00
7	1.607±0.130	4.12	1.784±0.121	3.80
8	1.481±0.140	3.79	1.751±0.151	3.73
9	1.432±0.134	3.67	1.724±0.162	3.68
10	1.387±0.131	3.55	1.686±0.169	3.59
11	1.324±0.0698	3.39	1.657±0.186	3.53
12	1.316±0.0712	3.37	1.619±0.163	3.45
13	1.299±0.0580	3.33	1.588±0.194	3.39
14	1.267±0.0604	3.25	1.567±0.193	3.33
15	1.222±0.0719	3.13	1.513±0.192	3.23
16	1.184±0.0489	3.03	1.463±0.220	3.12
17	1.174±0.0499	3.01	1.441±0.215	3.07
18	1.146±0.0679	2.94	1.419±0.216	3.03
19	1.115±0.0587	2.86	1.301±0.213	2.77
20	1.108±0.0584	2.84	1.289±0.201	2.75
21	1.089±0.0575	2.79	1.257±0.186	2.68
22	1.072±0.0432	2.75	1.237±0.185	2.64
23	1.039±0.0295	2.66	1.217±0.176	2.59
24	1.028±0.0285	2.63	1.202±0.183	2.56
25	0.951±0.0483	2.44	1.158±0.187	2.47
26	0.927±0.0578	2.37	1.120±0.197	2.39
27	0.867±0.0818	2.22	1.098±0.207	2.34
28	0.826±0.0484	2.12	1.041±0.169	2.22
29	0.776±0.0606	1.99	0.979±0.181	2.09
30	0.638±0.0243	1.63	0.853±0.184	1.82
31	0.567±0.0153	1.45	0.773±0.142	1.64

间期：未进行细胞分裂的细胞核（图 1-3-2），染色质呈小颗粒状，多数有 1 个核仁，也有 2 个核仁的，甚至还有 3 个核仁。幼雌孢子体（由雌配子体染色体自然加倍形成的孢子体）细胞核比雌配子体的细胞核染色深。在雌配子体发育的不同时期，细胞分裂处于活跃时期，间期核的染色较深。当配子体开始形成卵囊时，细胞核染色较浅，核内染色质颗粒较小。

前期：细胞核逐渐增大，早前期，染色体开始由细线连接成念珠串状，并逐渐缩短、变粗，呈线条状或柄状。晚前期，染色体继续收缩，大部分呈椭圆形，并从核内移向核膜。同时核仁消失。

中期：在早中期，核膜消失，染色体近于球形，染色单体隐约可见。其后可看到染色体密集地排列在赤道板上，纺锤体出现。从侧面观，有时可见两个染色单体略微分离，染色体呈哑铃状。由于海带的染色体都很小，难以数清其个数。

后期：染色单体继续分离，完全分开成两组。可观察到1～2个染色体桥，这些染色体移向两极时稍有推迟。分开后的染色单体成为一个子染色体，逐渐移向两极，其间偶尔可见纺锤丝。

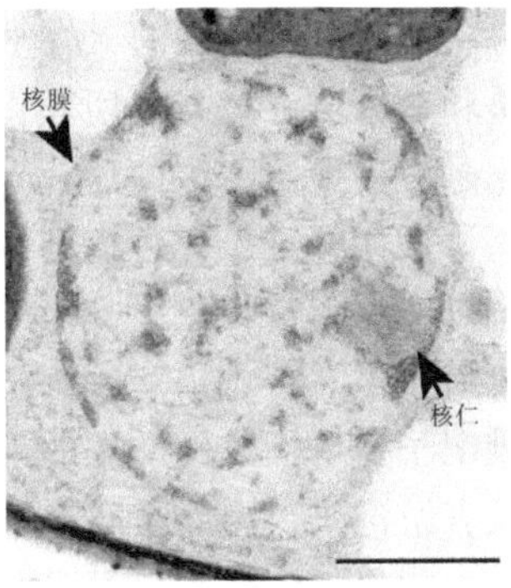

图 1-3-2　海带雄配子体有丝分裂间期细胞核形态（标尺 1 μm）

末期及胞质分裂：染色体逐渐松懈变长，核膜形成，核仁开始出现，细胞器完成分裂，细胞内的横隔板逐渐形成，最后产生两个子细胞。

第三节　海带性别遗传

海带游孢子随着早期的萌发和发生，出现雌雄差异，即有性的分化，这与游孢子在放散前后可能存在性别决定的性染色体或性别决定区有关，其在不同发生时期的表达逐渐显现出来，相关机制有待于深入研究和探讨。Evans（1963）曾观察到欧洲产的几种海带雌配子体有一个较大的染色体，推测其是性染色体，但目前尚未得到证实。我国在海带单倍体遗传育种中，也发现由单性生殖所产生的孢子体的性别是可以区分的。

海带生活史具有明显的异型世代交替。孢子体成熟时，叶片上孢子囊群的孢子母细胞经过减数分裂及多次有丝分裂，产生32个单倍性侧生双鞭毛的同型游孢子；其在释放后不久附着于基质上，当生长环境适宜时，分别发育成雌、雄配子体，且性别比接近1∶1（Schreiber，1930）。这个性别比结果预示着海带中可能存在类似高等植物单性花那样的性别决定系统。为此，Evans（1963，1965）对掌状海带（*L. digitata*）等进行染色体研究，在雌配子体中发现两个较小和一个较大的染色体，并推测那个较大的染色体可能是它们的性染色体。另外，大量单性生殖的实验结果（戴继勋和方宗熙，1976；方宗熙等，1978；Motomura，1991；戴继勋等，1992；Lewis et al.，1993）证实，海带雌配子体经无融合单性生殖产生的孢子体能形成孢子囊和游孢子，且这些游孢子均能正常发育为雌配子体，说明海带普遍存在着“孤雌生殖”现象。根据这些研究结果，方宗熙等（1978）推测海带存在类似X/Y性别决定系统，其中二倍性的孢子体为XY型，而单倍性的雌、雄配子体分别为X型和Y型。但遗憾的是，戴继勋和方宗熙（1977）、Yabu和Yasui（1991）及刘宇等（2012）在利用细胞学方法观察海带染色体时，均没有在雌配子体中发现显著的大型性染色体。据此可以推测，海带可能存在性染色体，但它与常染色体在形态上没有明显的差异。这些结果进一步表明仅利用常规的染色体核型分析难以判断海带配子体的雌、雄性别，并且难以判断海带孢子体是由正常的卵式生殖还是由单性生殖方式产生的。

海带雄配子体经无配子的“孤雄生殖”也能产生大孢子体，与“孤雌生殖”的后代一样也能产生游孢子并发育成配子体，但不同的是，据蒋本禹和唐志洁（1979）报道“孤雄生殖”所产生配子体的雌、雄性别比接近1∶1。如果这个结论是正确的，那么方宗熙等（1978）所推测的 X/Y 性别决定系统将面临严峻的考验。但有一点值得深思，即蒋本禹和唐志洁（1979）所获得的“孤雄生殖”大孢子体的来源：它是否一定是雄配子体经无融合生殖所产生的后代？因为蒋本禹和唐志洁（1979）当时没有提供染色体的直接证据。假如经过染色体核型分析，性染色体与常染色体形态差异难以区分，则该结果可能难以令人置信。更为复杂的问题是，在对海带雄配子体单性生殖发育成的叶状体进行研究后，虽然蒋本禹和唐志洁（1979）认为该孢子体是可育的，但戴继勋等（1997）认为雄配子体单性生殖产生的孢子体是单倍体，虽然其能够正常发育，但是不能产生孢子囊，没有游孢子，因而是高度不育的。

如果能够获得与海带配子体性别相连锁的分子标记，将分子标记与细胞学技术相结合，研究这些标记在亲代与子代之间的遗传规律，将有助于上述问题的深入探讨。对此，Liu 等（2009b）根据地钱（*Marchantia polymorpha*）Y 染色体特异序列（GenBank 登录号 AB069714）设计引物，从海带雌配子体中扩增出一条差异片段，并在国际上率先将该片段成功转化为一个命名为 FRML-494 的序列特异性扩增（sequence characterized amplified region，SCAR）标记；并利用荧光原位杂交（fluorescence *in situ* hybridization，FISH）技术，首次成功地将该标记定位在海带的染色体上（Liu et al.，2012b）。同时还利用简单序列重复间隔区-序列特异性扩增（inter simple sequence repeat-sequence characterized amplified region，ISSR-SCAR）标记技术，又开发了海带雌配子体的另一个分子标记 FRML-1488，也被定位于海带染色体上（Gu et al.，2014）。这两个分子标记已被共同定位于海带孢子体的染色体上（图 1-3-3）（Bi and Zhou，2014）。这些结果为进一步探讨海带孢子体细胞是否具有性染色体等提供了新的思考，尽管目前这些分子标记是否与性别相连锁还有待于进一步证实。

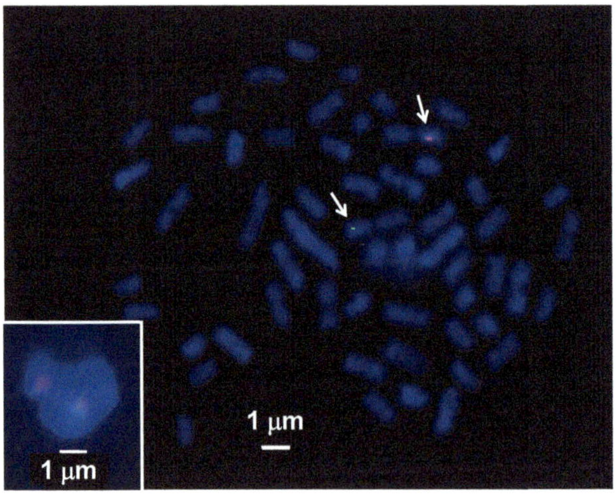

图 1-3-3　海带雌配子体特异标记 FRML-494（红色）及 FRML-1488（绿色）在孢子体中期染色体上的共定位（Bi and Zhou，2014）

第四章　海带起源、分布及引种驯化

第一节　海带起源、自然分布、系统进化与演化

海带起源于白令海和鄂霍次克海的亲潮寒流流域的俄罗斯千岛、日本北海道和本州北部太平洋沿岸一带，在第四纪日本海形成以后又发展到对马岛暖流末端的北海道西岸和俄罗斯萨哈林岛（库页岛）及日本海西部的里门寒流流域，包括朝鲜元山以北地区。从海带属性看，其属于一种亚寒带海藻。

海带（*S. japonica*）是北太平洋西部特有的地方种，在自然分类系统上，海带隶属于褐藻门（Phaeophyta）褐藻纲（Phaeophyceae）海带目（Laminariales）海带科（Laminariaceae）海带属（*Saccharina*）。根据分子系统学研究，综合细胞核、叶绿体和线粒体DNA序列的多基因分析结果，Lane等（2006）将原来的海带属（*Laminaria*）分为*Laminaria*和*Saccharina*，海带的种名由原来的*L. japonica*更改为*S. japonica*，该更改在国际分类中得到认可和采用。对叶片和柄部都具有黏液腔道的单片海带属褐藻的分类问题一直存在着争议，主要分为两个派系：以宫部金吾为代表的一派认为*S. japonica*、*S. religiosa*、*S. ochotensis*、*S. diabolica*等为不同的物种，分类依据为叶片的厚薄、基部的性状、中带的宽窄、假根的排列及柄的长短扁圆等（Miyabe，1902；川岛昭二，1989）；以冈村金太郎为代表的一派则认为这些差别只是变种的而不是物种的，而且这些差别可随着环境变化而发生改变（Okamura，1896）。曾呈奎和吴超元（1962）也认同冈村金太郎的观点，认为海带的外部特征是随着不同环境而有所变异，*S. japonica*、*S. ochotensis*、*S. fragilis*、*S. diabolica*及*S. religiosa*都应属于同一物种。北海道大学Yotsukura等（2008）根据形态学、发育学及分子系统学3方面的研究数据将*S. japonica*、*S. religiosa*、*S. ochotensis*、*S.diabolica* 4个种归为1个种，即*S. japonica*。由于没有直接证据，目前国际海藻分类中还没有广泛认可将上述4个物种归为1个种的说法。近年来，随着海带全基因组、线粒体基因组、叶绿体基因组等数据的公开（Yotsukura et al.，2010；Wang et al.，2013），相信会为海带某些种分类地位的确定提供更多、更有利的佐证。

海带自然分布于日本本州的金华山北至俄罗斯千岛南部、鄂霍次克海沿岸、南千岛（日本称“北方领土”）西北岸、北海道西岸、俄罗斯萨哈林岛（库页岛）西岸及鞑靼海峡沿岸至朝鲜元山附近。根据不同的分布海域及形态差异，将海带分为模式种（*S. japonica*）、皱形变种（*S. japonica* var. *religiosa*）、楔形变种（*S. japonica* var. *ochotensis*）和碎缘变种（*S. japonica* var. *diabolica*）（曾呈奎和吴超元，1962；Petrov，1972；Selivanova et al.，2007；Yotsukura et al.，2008，2010）（图1-4-1）。模式种主要分布在日本本州太平洋沿岸金华山以北和北海道的渡岛和振旦地区；皱形变种主要分布在本州太平洋沿岸金华山以北和北海道西岸渡岛以北至留萌地区；楔形变种主要分布于北海道西岸留萌以北至北岸知床半岛，俄罗斯鞑靼海峡沿岸至朝鲜元山之间，萨哈林岛（库页岛）南岸与西

岸及国后岛与择捉岛；碎缘变种主要集中分布在北海道东岸的根室和钏路地区，在国后岛、择捉岛、色丹岛及齿舞群岛也有分布（曾呈奎等，1962；川岛昭二，1989；Vrisch，2007）（图1-4-2）。

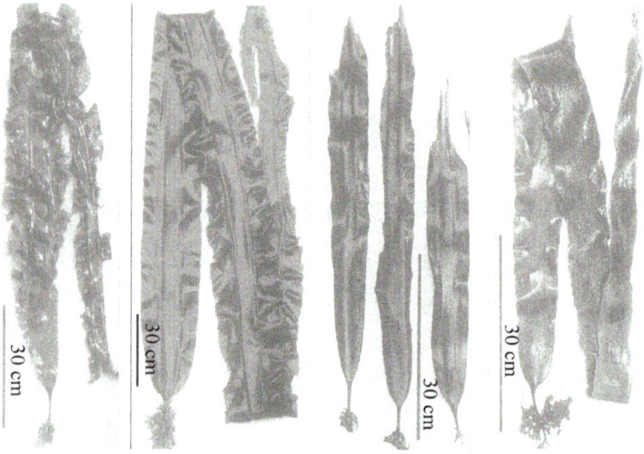

图 1-4-1　海带 4 种变种的外部形态特征（川岛昭二，1989）

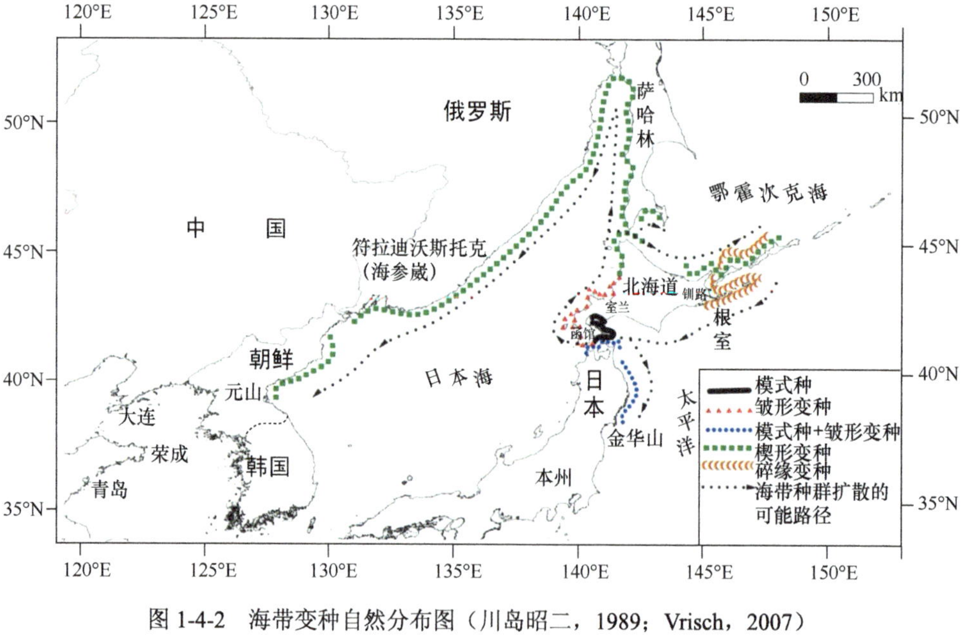

图 1-4-2　海带变种自然分布图（川岛昭二，1989；Vrisch，2007）

曾呈奎和吴超元（1962）根据洋流情况（图 1-4-3），初步推断海带原始种为碎缘变种，发源于北海道东岸，顺着亲潮寒流向南面的北海道东南岸和本州北部发展，在金华山附近，由于黑潮暖流的影响，海水表面温度升高，阻止了海带向南发展，第四纪日本海形成后，对马暖流的一支经津轻海峡流入太平洋，极大地提高了该海区表面水温，逐渐形成了适应较高水温的模式种。另外，海带从北海道南岸向日本海发展，沿着对马暖流向北分布，经过北海道西岸、北岸分布到国后岛与择捉岛的西岸及萨哈林岛（库页岛）的南端，并沿萨哈林岛（库页岛）西岸逐步向北扩散，在里门寒流的影响下，又向南分布到鞑靼海峡沿岸至朝鲜元山之间，这个分布区在对马暖流和里门寒流的影响下，形成了楔形变种，这样形成了“碎缘变种→模式种→楔形变种”的进化历程。但从海带自然分布图（图 1-4-2）上可以看出，在北海道南部及本州太平洋沿岸有模式种与皱形变种共同分布。另外，从地理分布上看，在模式种与楔形变种之间存在一个较大的地理间隔区（北海道西南部沿岸），这个地理间隔区正是皱形变种的分布区，如果海带只是进行了“碎缘变种→模式种→楔形变种”的进化历程，则很难解释这个现象。因此，作者认为在海带自然种群进化过程中，模式种与楔形变种之间应该还有皱形变种这个阶段，海带经历了“碎缘变种→模式种→皱形变种→楔形变种”的进化历程（图 1-4-2）。

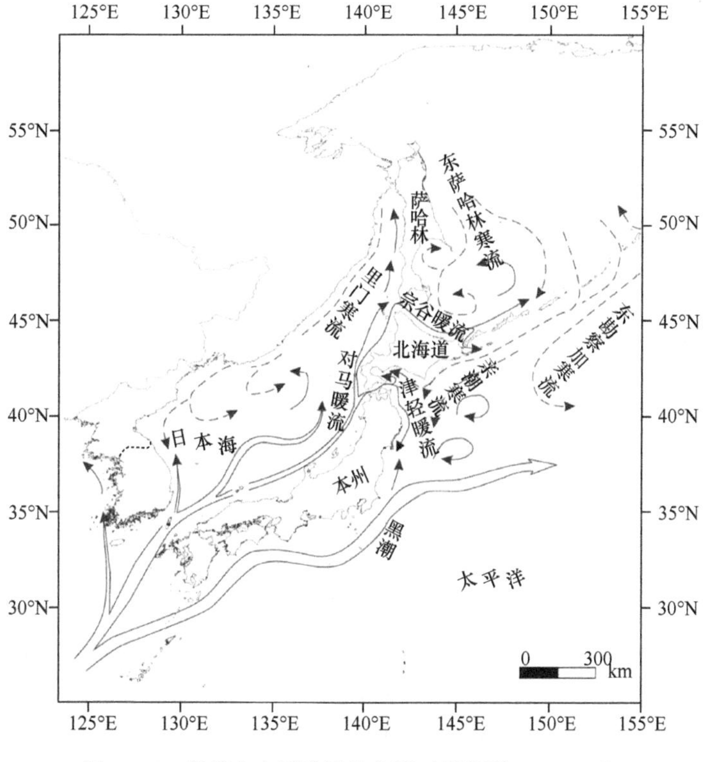

图 1-4-3　海带分布区洋流分布图（川岛昭二，1989）

古地质与海洋学研究成果也为海带的起源、地理种群分布形成机制等研究提供了支持。结合板块构造、火山岩石学及古生物等多方面因素的综合分析推测晚三叠世时期（200 Ma），日本列岛与东亚大陆相连；晚白垩世后期（80 Ma），在板块碰撞的回弹力等动力作用下，日本板块裂离；古近纪-新近纪（65～5 Ma），在太平洋板块构造运动作用下，日本陆地向东南方向漂移，大约于中新世晚期（5.4 Ma）逐渐形成现在的日本海（Otofuji et al., 1985；孙革和杨涛，2010）。Silberfeld 等（2010）利用分子钟推测海带目褐藻平均分化节点时间为距今 84.4 Ma，此时日本海还未裂开，其认为海带起源于日本海沿岸的可能性较小，但日本海的形成过程对海带地理种群的分布是否产生了影响？产生了怎样的影响？除了地质变化以外，地球在长期的演化过程中，会形成温度较低的冰期，冰期的气候物理条件会对生物的分布和扩散产生很大的影响，对现代生物类群影响较大的是第四纪冰期，地球表面物理与气候条件发生了显著的变化，冰川期温度比现在低 10～15℃，海平面下降 120～140 m（Lambeek et al.，2002），这些浅海环境条件的改变对海带的分布范围及种群大小等方面产生了什么影响？是否存在海带的冰期避难所？如果只是通过古地质与海洋学、海带资源分布调查结果研究分析，其中还有不少其他问题没有解决：模式种与皱形变种有部分分布区是重叠的，它们是同时形成，还是有先有后？皱形变种与楔形变种分布区也有部分重叠，是否会对海带地理种群进化关系分析造成干扰？由于海洋化石资料的缺乏，海带的起源、不同地理种群间的系统进化关系和分布形成机制等结果尚处于推测阶段，依然缺乏有力的证据支持。另外，海带几个变种外部形态相似性较大，特别是在共同分布区及邻近分布区，仅从外部形态较难准确判断海带的变种类型，造成海带变种的地理边界划分不清。

近年来，系统地理学研究与分子生物学技术不断交叉，使人们研究物种进化、物种传播路径及遗传变异在空间上的分布等更加深入。另外，溯祖理论在居群动态分析中也不断应用，使分子系统地理学得到了极大的完善（Hudson，1991）。目前，分子系统地理学已广泛用于动植物的物种起源、系统发育关系、种内系统地理格局形成机制及追溯和揭示种群进化历程等问题的研究（Larson et al.，2005；Manuel et al.，2011；Huang et al.，2012）。近年来，藻类分子系统地理学研究也逐步开展起来。Hoarau 等（2007）基于硅藻属分子钟模型，通过对齿缘墨角藻（*Fucus serratus*）不同种群光系统Ⅱ叶绿体蛋白 D1 基因（*psbA*）序列对比分析，推算出了不同种群的进化节点时间，根据线粒体基因间区序列构建了系统进化树，分析了各地理种群间的进化关系及其系统地理格局形成过程，确定了该物种的冰期避难所的位置。Hu 等（2010，2011）对皱波角叉菜（*Chondrus crispus*）各地理种群线粒体 *cox1* 及核基因 *ITS* 进行了分析，探讨了其系统地理格局形成机制及遗传变异在空间上的分布情况。Chi 等（2010）选择了核基因 *ITS2*、叶绿体 Rubisco 大亚基区域和线粒体 *TrnW-L* 间区等分子标记，研究了半叶马尾藻（*Sargassum hemiphyllum*）在西北太平洋的传播分布机制、种群的进化历程及地理种群的分化时间节点。Lane 等（2006）运用基因谱系，重建了海带目（Laminariales）种群间等位基因（*ITS*、*LSU*、*rbcL*、*rbcS* 和 *nad6*）的进化关系，探讨了该目不同种间的遗传变异，以及其在地理和进化上的关系；同样，其还构建了海带科下的翅藻属（*Alaria*）和裙带菜属（*Undaria*）部分物种的基因谱系关系，分析了相关物种地理分布及进化上的关系（Lane et al.，2007；Uwai et al.，2007）。Silberfeld 等（2010）将来自核、线粒体及叶绿体的 10 种不同基因序列合并作为分子标记，研究了褐藻纲（Phaeophyceae）不同目部分物种间的系统发生关系，构建并检测了褐藻纲分子钟系统，估测了褐藻纲不同目部分物种的分化节点时间。Martin 和 Zuccarello（2012）将核、线粒体及叶绿体的 5 套基因组的有关序列，合并成系列分子标记，分析了澳大利亚和南美地区的海带目 *Lessonia* 9 个种间的系统发生关系，研究了各褐藻间的分化节点时间。Silberfeld 等（2013）将来自核、线粒体及叶绿体的基因序列（*rbcL*、*cox3* 和 *psaA*）作为分子标记，探讨了网地藻目团扇藻属（*Padina*）不同物种间的系统发育关系，利用建立的褐藻纲分子钟系统，估测了各物种间的分化节点时间。

最近，作者以海带线粒体基因 *cox1* 和 *TrnW-L* 为参数，研究了海带的起源、不同地理种群间的系统进化关系及地理分布格局等，基于线粒体基因 *TrnW-L* 单倍型的地理分布分析表明（图1-4-4），日本北海道地区海带地理种群的单倍型多样性最高。中国和北海道地区的野生地理种群之间存在共享单倍型，说明我国引种海带中有一部分来自日本北海道地区。

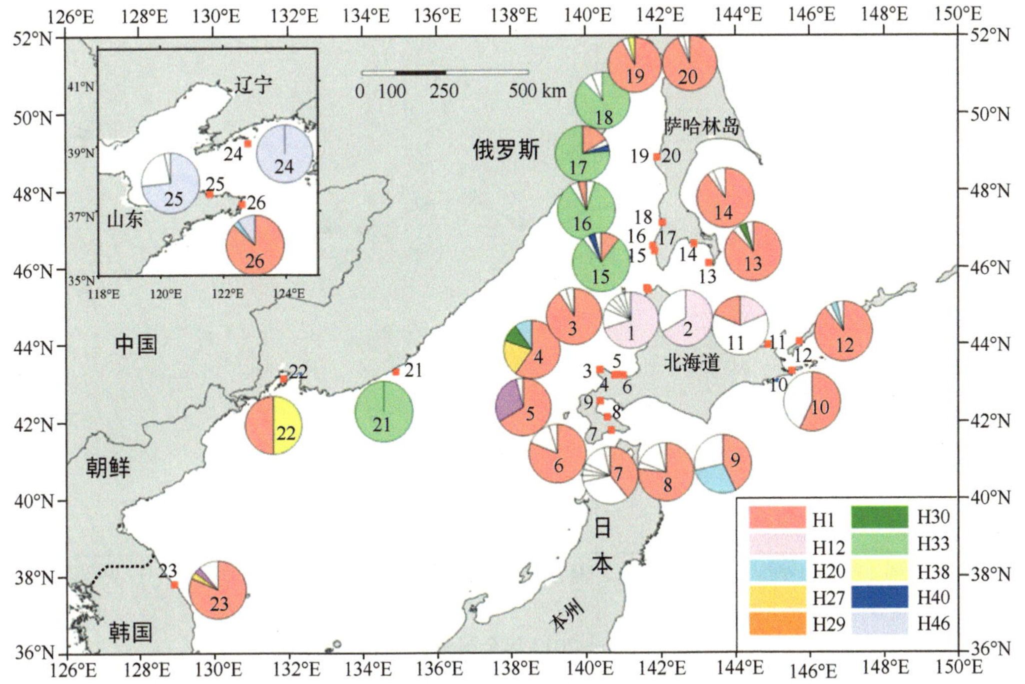

图 1-4-4　海带线粒体基因 *TrnW-L* 单倍型在 26 个地理种群中的分布图

1～11. 日本地理种群；12～22. 俄罗斯地理种群；23. 韩国地理种群；24～26. 中国地理种群；H 为单倍型的缩写，白色代表私有单倍型，其他颜色代表共享单倍型

第二节　中国沿海海带的养殖区及自然分布

一、养殖海带主产区

1956～1957 年，通过海带南移养殖系列试验，到 1958 年海带南移到江苏、浙江、福建和广东东北部沿海的亚热带海区（北纬 23°）并养殖成功，1959 年我国海带产量达到 2.4 万 t。20 世纪 70 年代末期以来，海带品种培育工作的深入开展，进一步提高了养殖效益，促进了海带养殖迅速发展，养殖面积从 1978 年的 1.8 万 hm^2 发展到 2013 年的 3.8 万 hm^2。养殖产量也逐步增加，1981～1985 年，我国海带成品产量仅为 20 万～25 万 t；1990～1995 年，我国海带成品产量由 24.43 万 t 激增至 64.45 万 t，这是良种海带养殖的应用发挥了主要的作用；1996～2007 年，除 1999 年全国海带成品产量达到创纪录的 89.48 万 t 以外，海带产量基本在 85 万 t 左右；2007～2013 年，全国海带产量一直处于上升趋势，2013 年全国海带产量达到了 102 万 t（图 1-4-5）。海带养殖产量占我国藻类养殖总产量的 64.65%，位于我国海水养殖品种产量的第 3 位（金振辉等，2009；岳昊等，2013）。

我国海带养殖主产区有：辽宁、山东、江苏、浙江、福建、广东。根据《2014 中国渔业统计年鉴》，福建、山东、辽宁 3 个省的海带养殖产量共占了全国海带年产量的 99%，其中仅福建就占了57%，山东占了24%，辽宁占了18%（图1-4-6）；福建、山东、辽宁3个省的海带养殖面积共占了全国海带养殖面积的96%，其中福建占了44%，山东占了37%，辽宁占了15%（图1-4-7）。

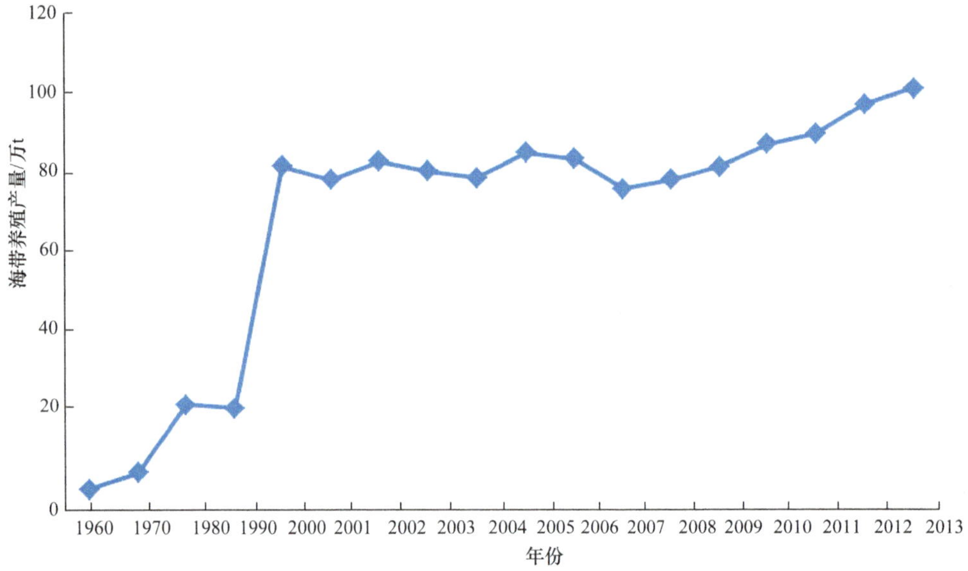

图1-4-5 1960～2013年全国海带养殖产量情况
数据来源：《中国渔业统计年鉴1949—1978》及1980～2014年各年单行本

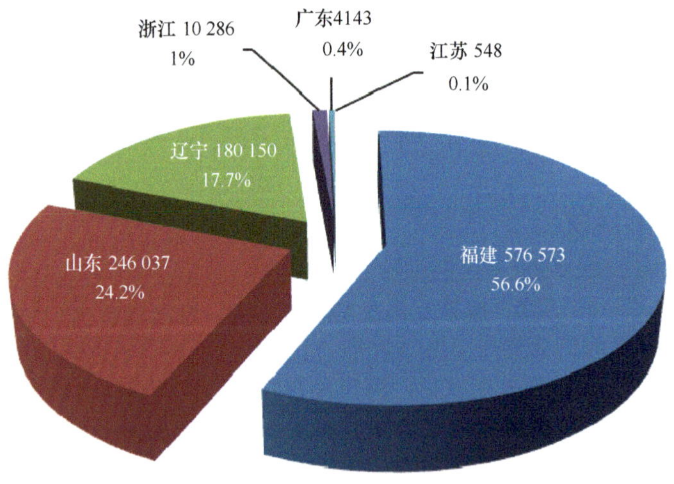

图1-4-6 2013年福建等省海带养殖产量及占比（单位：t）
数据来源：《2014中国渔业统计年鉴》

我国南方海带养殖主产区是：福州（连江县、平潭县、福清市）、莆田、宁德（福鼎市、霞浦县）、泉州（惠安县、石狮市）、漳州（漳浦县、东山县）。根据《福建统计年鉴-2009》，福州、莆田、宁德的海带产量分别占福建总产量的39%、27%、26%，其中连江县海带产量占福州的67%，秀屿区海带产量占莆田的84%，霞浦县海带产量占宁德的76%（程艳等，2011）。福建海带养殖面积超过4万hm^2，产量达到47万hm^2。

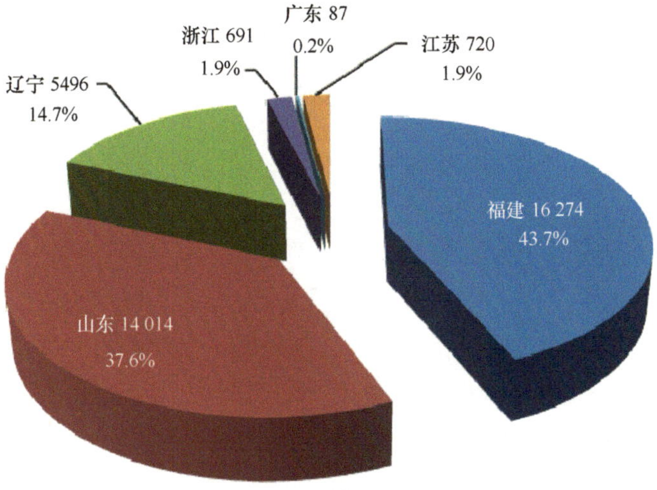

图 1-4-7　2013 年福建等省海带养殖面积及占比（单位：hm^2）
数据来源：《2014 中国渔业统计年鉴》

北方地区海带养殖的主产区是山东和辽宁。山东海带养殖主要产区：烟台（长岛县、蓬莱市）、威海（荣成市、环翠区）、青岛（胶南市）、日照。山东海带养殖面积超过 2 万 hm^2，产量超过 22 万 t。辽宁海带养殖主要产区在大连（旅顺口区），海带养殖面积约 2 万 hm^2，年产量约 20 万 t。

二、中国海区海带地理种群分布

由于我国海带人工养殖的大量开展，目前我国部分海带养殖区的近岸岩礁海区也有海带固着生长，分布面积广且生物量大，主要包括辽宁的大连，山东烟台、威海环翠区及荣成地区，而浙江、福建、广东等海带养殖区没有海带在海底自然繁殖。海底自然繁殖的海带一般可以跨 3 个年度，长成二年生海带，海底自然繁殖的二年生海带一般在 10～11 月成熟产生孢子囊，游孢子放散后经过两周左右形成孢子体，孢子体逐渐长大，由于受到自然繁殖海区光、温等环境因素的影响，与养殖海带相比，自然繁殖海带生长很慢，在第二年夏天来临之前，不能长成肥大藻体，叶片长度只能达到 1 m 左右甚至更小；到了夏天，水温升高，长度生长迅速下降，叶片梢部白化并逐渐脱落；当秋季水温下降到 23℃以下时，一般在 10～11 月部分叶片可以产生孢子囊，并正常地放散游孢子，之后生长速度逐渐加快；至第三年三四月生长最为快速，六七月藻体达到了最大的长度（3 m 左右）、宽度和重量；并在梢部产生孢子囊群；渡夏时，由于梢部的脱落，藻体长度还要减小，秋季水温下降之后，叶片全面产生孢子囊群，在 10～11 月大量放散游孢子，此后叶片迅速衰老，12 月左右流失而死亡（曾呈奎等，1962）。2010 年 6～7 月，作者对荣成湾及周边海域野生海带的分布情况进行了详细的调查研究。2010 年荣成湾海域主要岩礁底质海区都有野生海带分布，很多码头也有野生海带分布（图 1-4-8），特别是海带养殖区附近的海域，野生海带生物量特别大（图 1-4-9）。初步统计，荣成湾周边海域野生海带分布面积为 6.22 km^2，野生海带分布疑似区面积为 12.37 km^2（图 1-4-10）。

目前，我国黄海、渤海海区也形成了能够繁殖的海带自然种群，夏季 8 月的平均表

图 1-4-8　荣成码头海区野生海带分布

图 1-4-9　荣成养殖海域野生海带分布

面水温高于 26℃，这高于在海带原产地日本、俄罗斯海区 8 月的最高海水表面温度 23℃；说明经过几十年的自然选择海带已基本适应了我国大连、烟台及威海等沿海环境，人工养殖又不断地对自然分布海带种群进行数量补充，这些因素相互作用，使我国的海带自然繁殖种群能够得以维持。从 1950 年青岛地区开始移植海带，短时间内就可在青岛海区自然繁殖形成巨大种群，遮蔽海底岩礁，但 20 世纪 70 年代末期在青岛海底难以找到野生海带（李宏基，2013），这与青岛海带养殖的变化密切相关，20 世纪 50～70 年代，青岛地区海带养殖迅速发展，并且形成一定的规模，而 70 年代末期，由于种种原因，海带养殖业逐渐退出青岛。青岛 8～9 月海水表面平均温度都高于 26℃，海区自然繁殖的海带很难度夏，于是自然分布的海带种群逐渐消失，现在青岛海岸已很难找到自然固着生长的海带了。

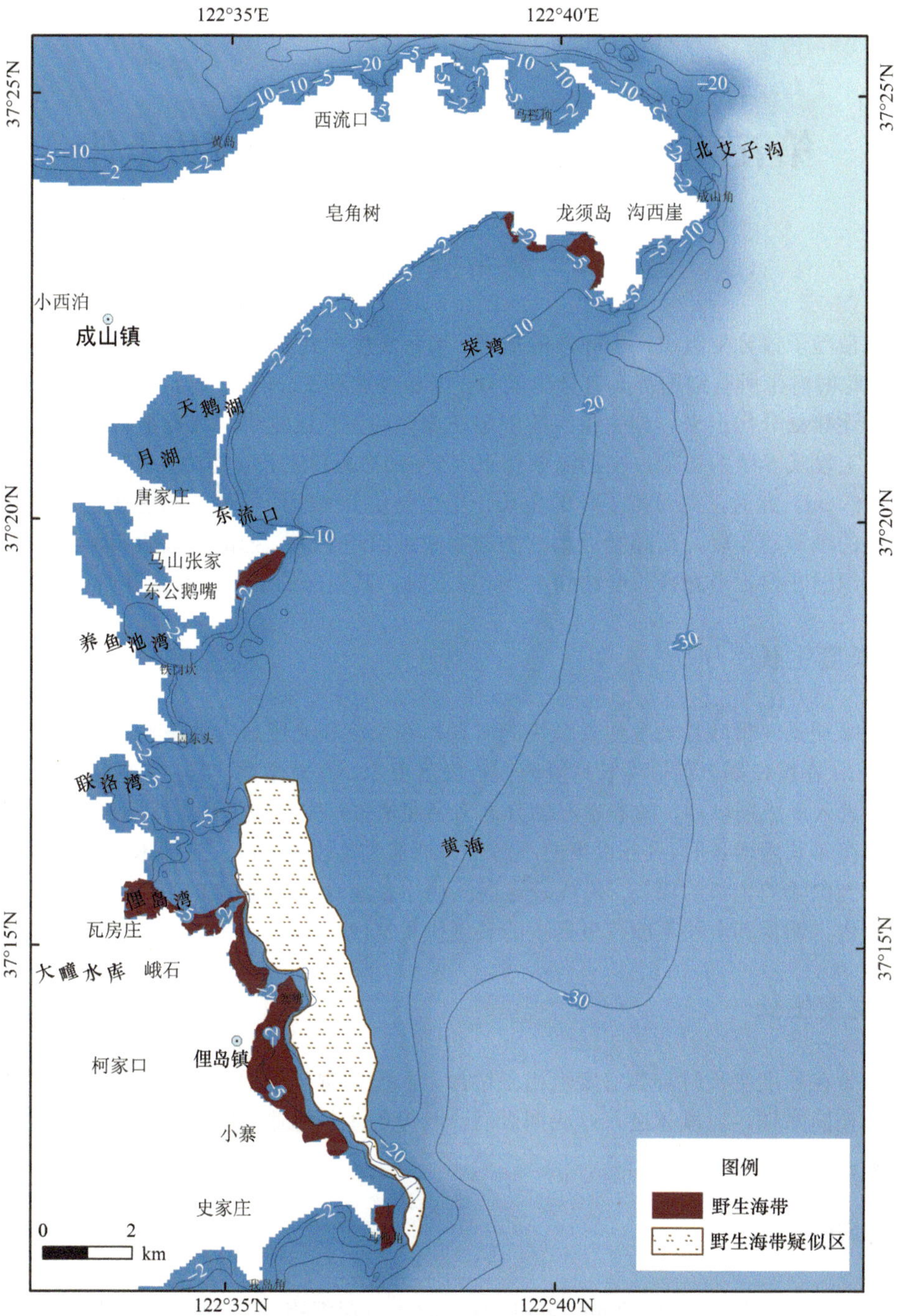

图 1-4-10　荣成湾海区野生海带分布图

第五章　海带孢子体生长发育与环境条件

第一节　海带孢子体生长特征

海带孢子体分生组织位于叶片的基部。海带长度不到 5 cm 时，分生组织还没有分化出来，此时海带所有细胞都具有分生能力。当长度达到 5 cm 以上时，分生组织就在柄和叶片的连接处分化出来。分生组织的细胞在藻体的生长过程中，具有很强的分生能力。我国人工筏式养殖的海带，在适温条件下（5～10℃）日生长可达 2.5～3.0 cm，最快可达 5～6 cm。此时，海带孢子体的生长，主要是由分生组织向梢部推进增长，越接近分生组织的细胞越年轻，而越接近梢部的细胞和组织越老化，梢部细胞的新陈代谢也不如分生组织的旺盛。当海带长度达到 1.5 m 以上时，其梢部的衰老组织就开始自然脱落。

一、长度生长

脆嫩期是海带叶片长度生长最快的时期，在温度和光照适宜的条件下，日生长可达 3～4 cm；在脆嫩期以前，生长速度较慢，脱落很少。在脆嫩期，其生长速度要超过脱落速度。进入厚成期以后，随着水温的升高，光照增强，生长缓慢，脱落速度加快。因此，在测量海带长度增长时，1 m以下的小海带，梢部脱落较慢，可认为基本上不脱落，自叶片基部到尖端的全长的增长，可代表这期间的生长速度。1 m以上的海带，由于梢部脱落速度加快，测量其全长不能代表真正的长度生长情况。

二、宽度生长

海带在长度生长时，其宽度也相应增加，长度与宽度的增加是一致的，宽度的快速增长也在脆嫩期。当藻体进入厚成期以后，长度的生长迅速下降，同时，宽度生长也逐渐下降。

三、厚度增长

从幼孢子体生长到 1～2 mm 时，叶片一般为一层细胞。当幼孢子体生长到 1 cm 时，叶片尖端只由一层细胞组成，在叶片中部边缘部分也是由一层细胞组成，而中间部分则是由两层细胞组成。这时叶片基部已有皮层细胞的分化。在 5 cm 幼孢子体，距基部 2 cm 处的边缘部分也是由一层细胞组成，中部已有髓部的分化，距基部 4 cm 处已有喇叭丝的形成。海带厚度的增加，也是伴随着长度的生长而增加的。海带越长，叶片的厚度也就越大。在叶片同一长度的地方，中带部分比边缘部厚。在厚成期以前这种差别更为明显。

四、重量增长

当幼孢子体生长之后，随着细胞不断分裂，海带藻体不断增大，重量也不断增长。进入脆嫩期后，其生长速度加快，梢部脱落也逐步加快。在我国北方海带养殖主产区，5月上旬，海带生长速度趋于平衡，鲜重也接近最大值，此时海带含水量较大，有机物质积累少，鲜干比大，干重增加得少。随着水温的升高，生长速度减慢，脱落速度加快，当脱落速度略大于生长速度时，鲜重开始下降，但此时干重增长较快。干重的增长要比鲜重的增长重要，因为干重是褐藻胶、甘露醇等有机物质积累的重要参数。到6月上旬时，海带干重达到最大值。以后，随着海水水温继续升高，有机物质仍有积累，但海带腐烂、脱落也加快，因此，根据海带加工的不同需要，适宜选择其收割时间十分重要。

五、海带组织培养及再生

Saga等（1978）、Saga和Sakai（1983）以狭叶海带为材料，从游离的单细胞中获得“克隆”，将其置于海藻组织培养培养基PESI液里，经诱导和培养，产生类愈伤组织，通过继代培养，单个细胞进行第一次细胞分裂，在移植后的第3～4天开始进行第二次分裂，生长成单列丝状的植株，并出现假根，获得再生的孢子体，这表明海带类愈伤组织细胞具有全能性。有关海带目海藻的组织培养及愈伤组织的研究进展，如表1-5-1所示。作者认为，海带目的组织培养及全能性的研究，还需进一步加强与深入。

表1-5-1 海带目海藻组织培养研究进展（Notoya and Aruga，1990）

种名	组织	结果	文献
Ecklonia stolonifera	叶部	类愈伤组织	Notoya，1988
	茎部	类愈伤组织	Notoya，1988
	假根部	类愈伤组织	Notoya，1988
E. cava	叶部	类愈伤组织→孢子体	Notoya and Aruga，1989a，1989b；Kawashima and Tokuda，1990
	茎部	类愈伤组织→孢子体	Kawashima et al.，1992
E. radiata	茎部	类愈伤组织	Heather et al.，1989
Egregia menziesii	茎部	类愈伤组织	Polne-Fuller and Gibor，1987
Eisenia bicyclis	茎部	类愈伤组织→孢子体	Notoya and Aruga，1990
Laminaria angustata	培养藻体幼叶	类愈伤组织→孢子体	Saga et al.，1978
	茎部	类愈伤组织	Saga and Sakai，1983
L. digitata	叶部	类愈伤组织→雌、雄配子体→孢子体	Fries，1980
L. hyperborea	叶部	类愈伤组织→雌、雄配子体→孢子体	Fries，1980
L. japonica	叶部	类愈伤组织→孢子体	Fang et al.，1983；Yan，1984
	培养藻体幼叶	类愈伤组织→雌、雄配子体→孢子体	Notoya，未发表数据
L. saccharina	茎部	类愈伤组织→雌、雄配子体→孢子体	Lee，1985
Macrocystis pyrifera	茎部	类愈伤组织	Polne-Fuller and Gibor，1987
Undaria pinnatifida	叶部	类愈伤组织→孢子体	Fang et al.，1983；Yan，1984
	茎部	类愈伤组织→孢子体	Notoya，未发表数据
	培养藻体幼叶	类愈伤组织	Notoya，未发表数据

第二节　温度对海带孢子体生长发育的影响

海带原产于太平洋西岸的冷温带海域，其夏季水温一般低于 20℃，冬季海水结冰，海带长期适应此温度条件，所以其生长发育要求一定的低温环境。人工养殖海带，应根据不同季节海水水温条件，合理采取相关措施。

一、温度对海带孢子体生长的影响

海带在不同的生长发育阶段对温度的要求是不一样的。曾呈奎等（1957）确定了海带孢子体的适宜生长温度为 1～13℃，其中低适温为 1～5℃，高适温为 10～13℃，最适宜温度为 5～10℃。在最适宜的温度范围内，海带生长速度最快，藻体长度的日生长达 3 cm 以上，最快可达 5～6 cm。在低适温和高适温条件下，海带也能生长，但生长速度因藻体大小而异，一般来说，小型孢子体（2.5 m 以内）耐高温的能力要强于大型藻体（2.5 m 以上），1 m 左右的海带在 18～19℃时仍能生长，而大型藻体在 15℃时即逐渐停止生长。藻体越大，停止生长的温度越低，藻体越小，停止生长的温度越高，一般认为海水水温 20℃是海带孢子体生长的温度上限。小型海带不仅在高温条件下的生长速度较大型藻体快，而且比其在低温下的生长速度也快。对大型海带来讲，在高温下，其生长速度远低于低温环境。试验结果表明，在 0℃以下，海带仍能生长，在–1.35℃时海带日生长平均速度可达到 1.98 cm，说明海带最低生长温度在 0℃以下。

20 世纪 50 年代中期以前，我国仅在大连和青岛等地有人工养殖海带，后来随着南移的成功，逐渐推广到江苏、浙江、福建等地区，甚至到广东汕头，特别是在福建三沙、连江、莆田等地形成规模化育苗和养殖。这些地区夏季表层水温可达 30℃以上，海带难以渡夏，每年只有 4 个月的适温期在 13℃以下，可进行海带人工养殖。另外，南方海域的水质相对肥沃。尽管海带生长的适温期短，但仍可保证其正常生长和发育成熟。

幼苗来源不同的海带，其适温范围不同。在水温较高的厦门海区，配子体在 10～15℃条件下培养长大的海带，生长适温期只有两个月左右；而配子体在 18～21℃条件下培育的海带，生长适温期可延长至 2.5～3 个月，孢子囊的成熟期也延长了 1 个月。因此，在配子体时期连续进行高温培育，可提高海带孢子体时期耐高温的能力。

在生产养殖中，习惯上将海带分苗到收割之间的生长划分为 4 个时期，即第一生长适温期、低温生长减缓期、第二生长适温期和高温厚成期。在我国北方沿海，海带分苗一般在 11 月。受南下寒潮的影响，从 12 月到次年 1 月中旬，海水温度变低，适宜海带生长，这一时期即为第一生长适温期。此后的两个月左右，海水温度更低，一般低于 5℃，部分海面甚至会发生结冰现象，因而海带生长减缓，称为低温生长减缓期。3 月中旬至 5 月中旬，受气温的影响，海水的温度由低变高，海带又进入快速生长期，此时海带藻体大，生长快，为第二生长适温期。之后至 7 月，随着海水温度不断升高，海带的生长逐渐停止，梢部的脱落速度加快，褐藻胶、甘露醇等有机物质大量积累，干重逐渐增加，该时期为海带的高温厚成期。在生产中，根据不同时期海带的生长情况而采取不同的管理措施，满足海带对生长条件的要求，因而能够取得较好的增产效果。但 20 世纪 80 年代以后，由于夏苗培育技术的不断成熟和提高，海带分苗期大大提前。在第一个生长适温期内长度即可快速生长，进入低温生长减缓期时，海带已达到较大长度，可继续保持较快生长速度。进入第二适温期时，海带已完成长度生长，因而生长速度减缓，第二个生长适温期实际上已经不存在了。

二、温度对海带孢子体发育的影响

海带孢子体进入厚成期后，在叶片表面上便产生大块隆起的孢子囊群。水温对孢子囊群的产生有影响。根据浙江省海洋水产研究所（1959）的研究报告，自然海域高温下渡夏的种海带，只有水温降低到 20～22℃以下，才能形成孢子囊群；而在人工控制 13～18℃的条件下，渡夏的种海带在 14 天即可形成孢子囊群，这说明高温是影响海带孢子囊形成的重要因素。刘恬敬等（1960）的试验结果证明，在 5℃以下出现孢子囊群的海带个体很少，在 15～20℃出现孢子囊群的个体最多、面积最大，因此，认为 15～20℃是海带孢子囊形成的最适温度。

第三节 光照对海带孢子体生长发育的影响

一、光照对海带孢子体生长的影响

1. 光照对海带孢子体不同生长发育阶段的影响

在幼孢子体阶段，海带只有几十个细胞，其能耐受较强的光照。随着孢子体的逐渐长大，所需的光照减弱。在自然条件下，1～2 cm 以下的孢子体能适应较强的光照；而当孢子体超过 2 cm 时，生长就要求适宜的光照强度，如果继续培养在浅水层，其生长就会因过强的光线而减缓。另外，光照强度是否合适与水流等因素也有关。例如，在室内静水条件下培养时，幼孢子体在 4000 lx 条件下生长良好。而随着孢子体长大，强光照会导致色素变淡及海带死亡，光强超过 3000 lx 可使幼孢子体全部死亡（表 1-5-2）。但在自然光条件下育苗时，在流水、气体交换好的条件下，4000～6000 lx 的光强对海带幼孢子体的生长也不会造成明显的不良后果。因此，在海带自然光育苗中，通常光照控制在 2500 lx 左右，到后期可提高到 4000 lx，以适应自然海区的强光照环境（曾呈奎和吴超元，1962）。

表 1-5-2 不同光强下的夏苗生长情况（长×宽，μm）（曾呈奎和吴超元，1962）

光强/lx	观察时间（1958 年）					
	7 月 27 日	8 月 2 日	8 月 9 日	8 月 15 日	8 月 30 日	9 月 5 日
500	109×36	146×55	218×73	287×98	正常	487×127
1000	127×46	214×64	346×100	623×150	正常	846×137
2000	123×55	264×105	473×137	769×187	正常	1026×218
3000	146×73	340×103	710×182	874×209	20%死亡	全部死亡
4000	137×46	410×127	728×182	50%死亡	全部死亡	全部死亡

在凹凸期和脆嫩期，光照过强能使海带孢子体生长减慢。海带主要依靠生长部位进行细胞分裂，增加体积。所需要的营养物质主要靠中上部运输下来，其本身光合作用所需的光照强度比较弱，因此海带生长部位不需强光。当海带生长部受到遮被时，其长度生长可超过生长部位不被遮挡的海带，遮被的部位越多则长度的增长越明显。从形态上看，生长部位旺盛的海带色泽鲜嫩，这间接反映出其代谢比较旺盛。在人工养殖条件下，一般海带根部朝上而叶片朝下，海带生长部位所处的水层比叶片浅，易受强光照射而产生光损伤。因此，要适时调节养殖水层，使海带既保持良好的生长，又不受强光的损伤，并使其在适宜光照的水层中达到最大的生长。

在厚成期，海带的长度生长基本停止，主要是进行厚度的增长和有机物质的积累。这时光合作用强度增强，光的强弱是海带厚成的关键因子。在海水温度不适宜厚度生长时，光照只能促进部分海带厚成，通常同一根苗绳上，上端几棵海带受光强，厚成快，而下面的海带则因遮光而厚成不好。这时应该把上面的割去，改善下面海带的受光条件，使其能很快厚成。当海水温度上升到适宜海带厚度生长时，不仅受光好的部位厚成快，其他部位厚成也较快。在考虑利用光线促进海带厚成的同时，也要考虑海水的温度。

在成熟期，海带藻体内主要进行碳水化合物的积累，高光强能够增强光合作用，增加有机物质的积累。浅水层培育的海带，其孢子囊群面积比深水层的大得多，这说明光照促进海带孢子囊群的形成。因此，需要合理调节养殖水层，以满足海带生长发育所需，达到优质、高产的目的。

2. 光照对海带孢子体不同生长部位的影响

海带孢子体各部位对光的要求不同。自然生长的海带从生于海底，叶片漂浮向上，这样光合作用强的叶片中、上部能最大限度地吸收较强的光照；而生长部位于水层下部，则需弱光。人工筏式养殖改变了海带原来的生活状态，其根和生长部在上层，而叶片则在中、下层。强光对生长部的照射会抑制海带的生长，如果适当遮光，生长速度会显著加快。因此，在养殖实践中，分苗后的海带，其初挂水层要适当深些，以避免强光照对生长部的刺激，其后随着海带的生长，生长部对光照逐步适应后再稳步地提高水层，促进其光合作用。悬挂在筏架上的海带，叶片的中、上部被水流冲起，使叶片漂浮于水中，能接受到较强的散射光。据观察，在海带快速生长时期，叶片中、上部的光合作用强度要比生长部的高 2～3 倍，这里主要是有机物合成的地方，其通过髓部喇叭丝向生长部输送有机物，供给生长部细胞分裂、生长所需，并进行物质的贮存，因此，叶片的生长部要比叶片的中、上部肥厚。

根据海带对光利用的特点，可合理调节光照强度，实现养殖增产的目的。例如，平养法改变了垂养法中叶片互相遮光、上下受光不均的状况，尤其是海带进入脆嫩期后，平养法的海带生长快而均匀，产量高。同样，在筏式养殖中，如果放养密度过大，则海带个体间相互遮光，受光不足，就会长成细而长薄的海带，严重时会发生病烂。放散密度适宜则藻体受光充足，藻体生长快，个体大，宽且较厚，海带个体和群体的产量都高。因此，合理密植能使养殖增产，也有利于合理地利用光强。

二、光照对海带孢子体发育的影响

海带孢子体生长时，其重量和体积均能增加，发育则是质的变化，由生长转为发育，是由量变到质变，因此，海带的生长和发育不同时期，其对外界光照等条件的需求不同。光照是影响海带孢子体生长、发育的重要条件之一。孢子囊群的形成与光线有一定的关系，通常孢子囊群先在叶片的背光面产生，后在向光面产生，说明孢子囊群的形成与光线强弱及光照时间有关。生产实践表明，人工培育的种海带，早分苗、放养密度小及海区营养条件好，海带生长快且大，发育得也早。大面积养殖的海带，虽有一部分个体叶面上产生孢子囊群，但和人工专门培育的种海带相比，其数量还是比较少。

三、光质对海带孢子体生长发育的影响

不同波长的光线对海带孢子体的生长速度和生殖影响较大。据报道，海带的幼孢子体在蓝光下正常生长，但在红光下生长和生殖都受抑制。Wang 等（2010）研究证明，在蓝光下生长 8 周的海带孢子体，其细胞数目和细胞层数均明显多于红光下培养的孢子体。另外，在蓝光和白光下，幼孢子体的起始生长基本一致，但在蓝光照射下，海带宽度生长明显大于白光照射条件下的生长；在蓝光条件下，海带长度和宽度的生长均大于白光条件。相反，幼孢子体在红光下的长度和宽度生长一直小于白光照射条件下的生长。但不管在哪种波长下，孢子体的长度和宽度都随着培养时间的增加而增加。利用蓝光可显著促进海带生长的这一特性，在海上养成阶段，可适当加深海带孢子体生活的水层，从而拓展养殖海带在海区的垂直利用空间。

第四节 营养对海带孢子体生长发育的影响

海带由胚孢子或受精卵开始到长成大藻体，仅靠光合作用合成的碳水化合物还不够，还需从海水中吸收各种营养元素。在海洋中，影响海带生长发育的主要营养成分是氮和磷，这两种营养成分又是其生长发育所大量需要的。在自然海区中，氮和磷的不足往往成为海带生长发育的限制因素。氮和磷是构成细胞的主要成分。在海水中氮的无机物形式有 3 种：硝态氮（NO_3^--N）、亚硝态氮（NO_2^--N）和铵态氮（NH_4^+-N）。磷是构成细胞核不可缺少的元素，它以磷酸盐的形式存在于海水中。另外，营养条件不仅决定海带幼苗的生长，也关系到幼苗病害发生及发展。

一、氮对海带生长的影响

海水中氮的含量通常是有限的，一般每立方米中含几毫克到数百毫克。在自然海区，氮源主要来自河水特别是城市生活污水，海洋中动植物尸体和排泄物腐烂分解产生的氮、雷雨时闪电固定的游离氮随雨水进入海洋，以及海洋固氮菌固定的海水中的氮。氮是海藻细胞蛋白质的主要组成成分，我国北方不少养殖海区，海带不能很好生长的主要原因是缺少氮。另外，由于海带对海水中氮的大量吸收和利用，降低了海区的氮含量，影响

其继续生长。

据计算，1～2 m长的海带每天需要6 mg的氮才能正常生长，每天可增长3～4 cm，干重增加0.3 g左右。海带对氮浓度的需求较高，一般海水中硝酸铵浓度在1.43 μmol/L以上才能满足海带生长需要，在缺氮的海区（0.36 μmol/L），海带生长不好。海带生长的好坏往往与海水中硝酸氮和氨氮的总量密切相关。我国南方海域，尤其是长江、钱塘江口外的舟山海区属于自然肥区，其含氮量可达每立方米几百毫克，因而开展海带人工增养殖不需要人工施肥。在该海域，海带生长正常，藻体色泽浓褐，个体大，叶片平直而厚，产量和质量都很好。而在北方海域，除大连和青岛等城市附近的海区外，均属自然瘦区，含氮量只有几毫克到几十毫克，海带生长非常缓慢，藻体淡黄，个体短小，叶片薄而凹凸，不但产量低而且质量很差，经济价值低。在这样的海区进行海带人工增养殖，需及时人工施肥，否则，难以生产出商品海带。

二、磷对海带生长的影响

磷在海水中主要有溶解状态的无机磷，以及无机与有机悬浮颗粒含有的磷。溶解的有机磷能转换为无机磷被海带吸收。对海带生长起制约作用的是无机磷，即磷酸盐。进入海带藻体中的磷，一部分为结合状态，一部分为离子状态，海带体内的磷能够自由运转，因此，在不同部位分布不均匀。

磷在自然海区海水中的含量一般不超过50 mg/m^3，在北方海区，含量常接近于零，往往不能满足海带生长的需要。在自然海水中，氮和磷的比例通常为7∶1，但沿岸海区比例变动较大。根据生产实践经验，海区汇总平均含磷量达到4 mg/m^{3}以上就可进行海带生产。在不少海区虽然施了氮肥，但海带仍生长缓慢，这就应考虑海水中磷含量不足的问题。

三、其他元素对海带生长的影响

刘德厚等（1997）进行了不同营养条件下海带幼孢子体畸形率及育苗效果的比较试验，发现含有氮、磷、铁、硼的完全营养液育苗效果较好，发病率低，幼孢子体生长快，个体大；缺氮、缺磷、缺铁各组则受到不同程度的影响。说明海带不仅需要氮、磷等大量营养元素，而且铁、硼等微量元素也是海带幼苗生长和健康所需要的。在室内育苗，特别是在海水较静的条件下，氮、磷等主要营养要素和需要量较少的某些微量元素，都要增施补充，以增强海带幼苗防病、抗病能力，提高育苗效果。

锰离子对海带的生长也有影响。赵焕登等（1978）用5 ppm①、10 ppm、20 ppm和50 ppm氯化锰浓度处理海带幼苗（长10 cm，宽2 cm），发现其对海带生长有明显促进作用，最适浓度为20 ppm，高浓度（100ppm和200 ppm）则对海带生长有抑制作用。

四、CO_2和O_2对海带生长的影响

海带在生活过程中，除了要吸收CO_2进行光合作用外，也要不停地吸收O_2进行呼吸

① 1 ppm=1×10^{-6}。

作用。因此，CO_2和O_2对海带也是十分重要的营养因子。海水中的CO_2主要来自于空气，其次为河水和雨水，以及海洋动物的呼吸作用和有机物的分解。海水中存在一个可相互转化的系统，使海水的pH保持相对稳定。在海水温度、盐度一致时，海水pH可直接反映海水中游离CO_2浓度的大小。当pH上升时，说明CO_2不足。一般情况下，水中可用的CO_2约有2 ml/L，能满足海带生长的需要。但在密集海带养殖区，也会出现由于CO_2被海带光合作用所利用，而pH明显升高。在育苗后期，当海带幼苗长大后，育苗池中海水pH上升很快，这表明水中游离的CO_2不足。在人工养殖海带时，由于海区内设置了重叠的养殖筏架，阻碍了水流的畅通，导致CO_2供应不足，因此，需要通过各种方式，增加海水中游离的CO_2量。在实际海带高密度养殖时，应向水中增加碳酸盐或充气。在水深流大的海区，海带生长良好，这与水中CO_2有关。海带增重与海水中是否施氮肥无关，但与是否通CO_2密切相关，增加CO_2含量会使海带生长加快，鲜重增加。

海水中O_2来源和CO_2相似。海带在光合作用过程中产生O_2，而呼吸过程中需要O_2。O_2不足也能影响营养物质的吸收。光照不足的养殖海域，也会出现缺氧状况，使海带组织死亡。有机物的分解进一步消耗O_2，能造成水质恶化。

目前，解决CO_2和O_2不足较有效的方法是进行贝藻间养，这对贝类、海带均有好处。通过贝类的呼吸作用，产生大量的CO_2，供给海带光合作用；而海带光合作用又释放O_2，可供给贝类进行呼吸作用。

五、海水污染对海带的影响

随着工业化速度加快，我国沿海地区有许多海边废弃物处理的不合理，各种无机和有机的污染物排入养殖海域，造成海水污染加重，影响了海带的生长。虽然海洋有自净能力，废弃物经过稀释、氧化还原作用和生物化学作用等，能够逐渐分解矿化，但海洋的自净能力毕竟有限，当废弃物的量超过海洋的自净能力时，海洋就受到污染。

海洋污染主要有重金属污染、有机物和营养液污染、石油和农药污染、放射污染和热污染等。这些污染对海带的生长均产生不利影响。通常金属元素对海带的影响是，低浓度时作为微量营养物质，高浓度时则有毒。有些金属元素，特别是重金属元素，只有抑制生长的作用，而无促进生长的作用。有机物的作用比较复杂，有时直接作为营养供藻体利用，有时分解为无机氮、磷营养物，有时则作为有毒物质贮存在海带体内。有机物质在分解过程中也大量消耗氧气，影响海带的正常生长。由于海带对一些重金属离子具有超吸收、吸附能力，因此，在海带养殖生产中，应按照国家规定的渔业用水水质标准，选择合适的海区进行养殖，以确保海带产品的安全，保护人民的健康。

第六章　海带配子体生长发育与环境条件

第一节　温度对海带配子体生长发育的影响

一、温度对游孢子附着和胚孢子萌发的影响

海带成熟时，游孢子放散后其附着受温度影响很大，在5℃时游孢子在较长时间内不附着，游动可超过48 h；随着温度的升高，游动时间逐渐缩短，温度超过15℃时游孢子游动的时间缩短得比较快；温度升高至20℃时，游动的时间只有几分钟，甚至一离开孢子囊即失去了游动能力，这种游孢子的附着力极低，甚至不能附着。

胚孢子萌发的速度也是在低温时慢，高温时快。在10℃左右采游孢子后，分别在5℃、10℃、15℃和20℃培养3天，结果在5℃条件下培养的大部分胚孢子仍在萌发时期，未形成配子体；而在10℃、15℃和20℃的条件下培养的，大部分胚孢子已萌发成配子体。因此，胚孢子萌发以较高温度为宜。

萌发2天后的胚孢子，萌发管顶端膨大部分的直径以20℃最大，因此较高的温度适宜胚孢子的萌发。但是当配子体生长开始后，温度为20℃时配子体的生长速度比在13℃时生长慢。采游孢子时，温度低则需要的时间长，游孢子附着和胚孢子萌发慢；水温高，则需要的时间短，胚孢子萌发较快，但其附着能力低。现在，海带育苗生产中采游孢子的水温一般控制在10℃以下。

二、温度对配子体生长的影响

在一定的温度范围内，配子体的生长随着温度的升高而加快。采苗后分别培养在5℃、10℃、15℃和20℃水温下，雌配子体的生长速度以15℃为最快，5℃最慢（表1-6-1）。雄配子体细胞的分裂速度也以15℃为最快，5℃最慢（表1-6-2）。这说明配子体的生长速度随着温度的升高而加快。但当水温超过15℃时，雌配子体细胞直径的增长和雄配子体细胞分裂的速度都减慢。因此，15℃作为配子体生长最适宜温度比较合适，配子体的最低生长温度可低至0℃，最高生长温度可达25～27℃。方宗熙和李家俊（1963b）得出不同自交系如‘H401’、‘H402’、‘海青一号’和‘海青二号’的配子体在不同发育时期对高温（如24℃）的适应力有所差异，后期（采苗后15天）的雌配子体比早期（采苗后10天）的雌配子体较能耐受高温。

三、温度对配子体发育的影响

殖田三郎（1929）发现皱海带（*S. religiosa*）配子体在12.4℃以上不能发育成孢子体，

表 1-6-1　不同温度下雌配子体细胞平均直径（单位：μm）（曾呈奎和吴超元，1962）

温度/℃	培养时间/天						
	6	8	10	12	14	16	18
5	6.4	8.3	9.7	11.4	13.0	14.7	16.4
10	9.3	10.9	12.5	14.2	16.0	17.7	19.4
15	10.5	12.5	14.4	16.3	18.3	20.2	22.2
20	9.4	11.2	13.0	14.8	16.5	18.5	20.3

注：光强为 1000 lx；光照时间为 10 h

表 1-6-2　不同温度下雄配子体的细胞数（单位：个）（曾呈奎和吴超元，1962）

温度/℃	培养时间/天				
	5	8	10	13	20
5	1	1	4	5	5
10	1	2	6	7	>10
15	1	4	6	>10	>10
20	1	3	5	5	6

注：培养光照为 10 h；培养光强为 1000 lx

配子体发育的适温为6～9℃。曾呈奎和吴超元（1962）也证明，配子体在10℃发育最快，平均13.5天即开始发育为孢子体。在5℃和15℃培养的配子体，平均16天开始发育为孢子体；在20 ℃下，配子体不能发育成为孢子体，许多配子体在培养过程中死亡，仅有一部分配子体可生存，但不能形成精子囊和卵囊。另外，一直培养在20℃的配子体也不能发育为孢子体，即使在适宜温度下培养的配子体，移入20℃继续培养，也不能发育为孢子体；但如果将配子体再移回低温条件下，则仍有发育为孢子体的能力。另外，雌配子体在20℃条件下培养，生长较快，大部分能进入正常发育，一部分进行2～4细胞的分裂，但不形成丝状体；雄配子体的直径也比正常条件下大，细胞聚集成团状而不成分枝体。这样的雌配子体和雄配子体不能形成卵囊和精子囊，即使少数雌配子体能形成卵囊，也将死亡。陈贞奋和吴彬彬（1962）证明，当配子体培养在15.8～16.4℃时，可形成少数孢子体，但培养温度继续升高至18.0～18.4℃时，原幼孢子体能继续生长，但不产生新的幼孢子体，但在17.9～18.9℃条件下培养，配子体不能形成幼孢子体。因此，海带配子体形成孢子体的温度上限是18℃。

综上所述，海带配子体发育成孢子体的最适宜温度是 10℃，在 5～15℃都能正常发育，在 15℃以上孢子体的发生就逐渐减少，到 20℃以上孢子体难以形成。这与海带的自然生态习性相似。自然条件下，游孢子一般大量放散是在 10 月初，水温为 18～20℃，适合其萌发和生长，10 月下旬，海水水温下降更低，适合海带生长发育的要求。

第二节　光照对海带配子体生长发育的影响

一、光强对游孢子附着和胚孢子萌发的影响

在强光、弱光或者黑暗条件下，游孢子均可附着与萌发，萌发速度基本相同，但游

孢子附着数目不同。在较弱的光照下（低于 1000 lx），受光照部分的游孢子附着数目比黑暗部分的多；但在较强光下（3000 lx 以上），黑暗部分的游孢子附着数目则比光照部分的多。在自然光条件下采游孢子时，常适当调节光照强度，使海带游孢子放散后进行正常的附着及发育。

光线强弱对胚孢子萌发无明显影响。附着 3 h 后，不论在强光、弱光还是黑暗条件下，胚孢子都能萌发，光照部分萌发的百分比比黑暗部分的大，但差别不明显。胚孢子开始萌发后，光照的强弱不影响萌发的速度。在光强 50～4000 lx 甚至完全黑暗的条件下，胚孢子在 3 天后都能萌发成配子体。

光周期对胚孢子萌发的影响也不大，不论是在长光照还是在短光照条件下，胚孢子都能正常萌发，且萌发速度一样，但在长光照下所形成的配子体细胞个体较大。

二、光强对配子体生长发育的影响

光强对配子体生长影响较大，一般配子体的生长随着光线的增强而加快，但当光强增高到一定强度后，配子体生长速度不再加快，光线过强可造成配子体的死亡。另外，随着光强的减弱，海带配子体的生长也减慢，一部分在弱光下逐渐死亡。研究发现，在 56 lx 的光强下，配子体基本不生长，逐渐死亡。光强为 100～200 lx 时，配子体生长非常慢，约需 50 天才长成孢子体，死亡现象也较严重。当光强超过 500 lx 时，配子体生长速度大大加快，死亡数减少。因此，海带配子体生长的适宜光强应该在 500 lx 以上，维持生长的最低光强不能低于 200 lx，一般 1000 lx 以上较合适。

在一定光强范围内，配子体的发育速度和生长速度是一致的。配子体发育的适宜光强在 500 lx 以上，最低不能低于 200 lx。在 2000 lx 和 4000 lx 时，配子体的发育速度相同。4000 lx 以上发育速度不会再加快。当配子体长大过程结束后，光强增加时死亡现象相应增加，说明过强的光线对卵囊和精子囊的形成及排卵和排精是不利的。海带育苗生产的光照强度一般控制在 1000～2000 lx。

三、光周期对配子体生长发育的影响

光周期对海带配子体的生长发育影响很大。光照时间短的配子体，其生长速度慢；相反，则快。用 1000 lx 的光强照射配子体，2 h 以下的光照不能满足配子体生长的要求，生长缓慢且陆续死亡。在 24 h 光照下，只有少数海带配子体能萌发成为孢子体，大部分形成单细胞的丝状体。在 7～14 h 光照下，海带配子体均能正常生长和发育，其中以 10 h 光照为宜。

四、光质对游孢子及配子体生长发育的影响

光质对游孢子附着和胚孢子萌发的影响不大，在蓝光、红光和白光下培养的胚孢子均可萌发成配子体。黄鹤忠和易剑国（1998）证明，海带胚孢子萌发率与光照波长（300～700 nm）呈负相关；橙色光和红色光最有利于萌发管的生长，并好于白光；紫外光能促

进胚孢子的萌发，但对胚孢子萌发后的进一步生长发育和配子体的生长均很不利。

光质对海带配子体的生长和发育影响较大。Lüning 和 Dring（1972）研究了配子体释放卵的温度和光质的关系。15℃时，红光照射使雌配子体持续生长，但 6～12 h 的蓝光照射可诱导排卵；降低温度，在红光下也可有一部分排卵，蓝光下排卵的比例增高；排卵的适宜温度在蓝光下为 10℃，而在红光下为 5℃。Lüning 和 Neushul（1978）证明蓝光可诱导海带雌、雄配子体受精，而红光和绿光则不能。Shi 等（2005）证明海带配子体的生长随蓝光及红光强度的增加而加快，蓝光的效应大于红光（图 1-6-1）。

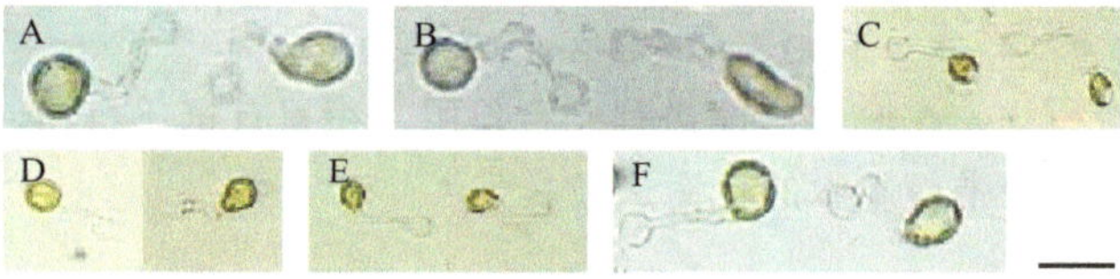

图 1-6-1 培养 3 天的海带配子体（标尺：8.93 μm）

A、B、C 为蓝光，强度分别为 73.90 μmol photon/（m^2·s）、24.47 μmol photon/（m^2·s）和 2.18 μmol photon/（m^2. s）；D 和 E 为红光，强度分别为 25.60 μmol photon/（m^2·s）和 3.77 μmol photon/（m^2·s）；F 为白光，强度为 24.24 μmol photon/（m^2·s）

第三节 盐度对海带配子体生长发育的影响

海带夏苗培育所用海水是从近岸海域抽取的，经过沉淀、过滤、冷却后才提取使用。由于近岸海水受天气、环境的影响，可能变化较大，因此，需要经常监测海水盐度，这对海带夏苗培育至关重要。木下虎一郎等（1947）认为海水密度为 1.011～1.029 时，海带配子体能生长并发育为孢子体，其中密度为 1.013～1.018 时最适宜。缪国荣等（1989）也证实了海水密度对海带游饱子的放散、附着，胚孢子的萌发有影响，对其配子体、幼孢子体的生长发育也有影响。虽然配子体生长、发育对盐度的适应能力较强，但在过高或过低盐度的海水中，死亡率也很高，且生长发育缓慢。海带孢子体对盐度适应能力较小，低密度的海水能引发海带孢子体发生泡烂。在夏苗生产时，在海水密度 1.010 10 以上，可照样抽海水，但发育到幼孢子体后，所供海水的密度需严格控制在 1.0200 以上，否则，会引发幼孢子体发生泡烂。

曾呈奎等（1962）发现，盐度为 18‰～42‰的海带配子体均可发育为孢子体，其中以 24‰～36‰最为适宜。盐度在 18‰以下和 42‰以上时，配子体都不能发育为孢子体。在相对高盐度的条件下，海带配子体生长得更大、更好。

第七章　海带的光合作用

植物在光照条件下，能够将 CO_2 和 H_2O 合成有机物质，这一作用称为光合作用。可用如下公式简单表示：

$$H_2O + CO_2 \longrightarrow CH_2O + O_2$$

海带是自养型植物，在海水中能进行光合作用，积累有机化合物，满足自身的生长和发育，光合作用是海带最基本的代谢途径。

第一节　海带的光合作用

海带生活在海洋环境中，对光照的适应能力低于高等植物。海带利用的光照不是直射光，而是进入海水中的因海水流动而形成的散射光。光的强弱不仅影响海带的形态结构，还影响海带体内色素体的形成及其数量，从而影响藻体的颜色；此外，还直接影响海带的生长速度。在正常范围内，光强能促进海带的光合作用，加快生长，有机物质的积累增多。但光过强则能引起海带细胞中色素减退，严重时能引起细胞死亡，对其生长不利；若光太弱，也会引起海带生长缓慢，叶片狭窄且薄，抵抗力差。在人工筏式养殖条件下，到养殖中、后期，水温升高，如果海带相互遮光则引起光照不良，易发生绿烂。

海带在不同生长发育阶段，由于光合作用强度不同，需要不同的光强。同一棵海带不同部位，其光合作用强度也有差异，所需光强也不同。不同的水层中光质、光量也不同，且随着海况的变化而变化。因此，了解海带在不同生长发育时期对光照的需求，是海带养殖生产中的关键。

曾呈奎和吴超元（1962）对海带叶片不同部位的光合作用强度进行了研究。结果表明，将分好后长度相同的个体垂挂在养殖筏架上，绳距50 cm，养殖水层为1 m，海带长3 m左右。从3月15日到7月2日，每10天左右进行1次检测。用长10 cm、宽2.5 cm的长方形打孔器在距叶片基部10 cm、全长1/2、全长2/3、全长5/6处分别打下4块组织，测定海带不同部位叶片的光合作用强度（表1-7-1）。并将叶片不同部位的干重、平均日干重等总结如下（表1-7-2）。

表 1-7-1　海带生长过程中不同部位的平均光合作用强度（曾呈奎和吴超元，1962）

藻体部位	每克干海带每小时平均放氧量/ml
距基部 10 cm 处	0.23
叶片全长 1/2 处	1.14
叶片全长 4/6 处	1.25
叶片全长 5/6 处	2.00

表 1-7-2　海带生长过程中不同部位实际上测量和理论上的增长（曾呈奎和吴超元，1962）

部位	叶片全长的百分比/%	平均干重/g	实际测得的干重日增长/g	理论上除去呼吸作用消耗的糖类平均日制造量/g	理论上除去呼吸作用消耗的糖类平均日制造量加 34%的灰分/g	实际日增重和理论上制造量间的差别/g
基部	28.10	43.30	0.58	0.10	0.13	+0.45
第一段	31.80	34.60	0.39	0.41	0.55	–0.16
第二段	16.70	11.30	0.07	0.14	0.19	–0.12
梢部	23.40	7.60	0.03	0.15	0.20	–0.17
全叶片	100.00	96.80	1.07	0.80	1.07	0.00

注：第一段为全长的 1/2 处；第二段为全长的 2/3 处

从表 1-7-1 中可以看出，在海带生长过程中，生长部附近光合作用强度低，中、上部则较强；越接近梢部，强度越高。根据生长部色素少，主要进行细胞分裂，而中、上部色素多，很少或不进行细胞分裂的生理分工来看，这种现象是很正常的。表 1-7-2 表明，海带平均干重日增长为 1.07 g，而计算的平均日制造量只有 0.80 g，增长比自己制造的多 34%。根据化学分析的结果，叶片中平均含有 30%的灰分，这些灰分都是从海水中吸收的无机盐等，如果把这些灰分加到根据葡萄糖计算公式的制造量中，那么制造的和实际的日增长相等。因此，日增长比日制造量多 34%左右比较合理。根据生长部附近的情况，除去消耗的日制造量 0.10 g，加上从海水中吸收 34%左右的无机盐类也只有 0.13 g 左右，比它实际的日增长 0.58 g 还少得多，这些多余的营养物质是从哪里来的呢？再分析中、上部情况，叶片中、上部实际的干重日增长为 0.49 g，理论上除去消耗的日制造量却高达 0.70 g，制造的比增长的多出 0.21 g，如加上从海水中吸收的 34%左右的无机盐类，则要比实际的增长多 0.45 g 左右，这说明，这些多出的营养物质是从海带叶面上部运输到下部的（曾呈奎等，1962）。

第二节　影响海带光合作用的因素

一、光强对光合作用的影响

在一定范围内，光合作用速率随光强增大而增加。光强超过一定数值后，海带的光合作用就不再增加，称为光饱和现象，其数值为光饱和点。在海带养殖中，光强适宜，光合作用迅速，海带生长快。相反，光照不足，光合作用强度小，海带生长慢，个体小甚至发生病烂。如果光强过大，超过光饱和点，则光合作用速率变小，海带生长受到抑制，生长慢，甚至发生白烂和卷曲病。

海带除了进行光合作用，也进行呼吸作用。在正常生理条件下，其光合作用的产物，正好被呼吸作用所消耗，此时的光强称为光补偿点。只有在光补偿点以上的光照中生活，海带才能进行正常的生理活动。如果在光补偿点以下，其呼吸作用超过光合作用，海带就无法生活。一般来讲，海带光补偿点为 345 lx，在海水中光补偿点所在的水深称为补偿深度。光补偿点是随着季节、地区等条件而变化的。

在海带养殖中，苗绳挂的深浅和光的吸收有密切的关系。苗绳挂养很深时，苗子因受光不足而生长很慢。如果适当地提升水层使光照充足，生长速度就会加快，不论是夏苗暂养还是分散养成，都有这种情况。把出库的夏苗分别挂养在离水面 25 cm、40 cm、60 cm、90 cm 的 4 个水层中，发现 25 cm 处苗绳上的幼苗呈现“大、中、小”；40 cm 处的呈现“大、中”；60 cm 处的呈现“中、小”；90 cm 处的呈现“小、更小”。由此可见，90 cm 水层的海带幼苗，虽有生长，但十分缓慢，且越往下海带生长得越小。如果挂得再深一些，低于光补偿点，海带幼苗就基本不生长了。随着光强的增加，即养殖水层逐渐提高，海带幼苗的生长就快。但光太强不利于海带幼苗的生长，这也说明其对光合作用有抑制作用。实际观测的情况是，在离水面 25 cm 处的幼苗不如 40 cm 处生长得好，因此，在养殖中要把海带幼苗挂养在适宜的水层中，使其快速生长。要根据不同海区，确定海带幼苗生长的适宜水层。

二、CO_2 浓度对光合作用的影响

海水中 CO_2 来源，一是由大气中溶入，二是由于海洋生物的生命活动和其他的物理化学作用而释放的 CO_2 溶于海水中。海水中的 CO_2 不是单独存在的，而是以 HCO_3^-、CO_3^{2-} 和游离的 CO_2 3 种状态互相平衡存在着。在近海水域，CO_2 在海水中游离状态的浓度为 0.3～0.5 ml/L。在温度、盐度条件一致时，海水中的 pH 可直接反映海水中游离 CO_2 浓度的大小。pH 低，表示海水中游离 CO_2 浓度大；pH 高，则表示游离的 CO_2 浓度小。

海带光合作用利用游离 CO_2 的同时，不断使 CO_2 从其呼吸作用中释放出来。当海带个体较小时，由于光合作用强度低，海水中一般不缺少 CO_2，能满足其生长要求；但当海带个体长大时，光合作用强度增大，需要的 CO_2 增多，在养殖密集的海区，特别是在风平浪静的情况下，就会出现 CO_2 的不足。pH 升高，海带生长及厚成慢，严重时会产生病烂。因此，需要在水深、流大的海域进行养殖，由于水流通畅，海带接触交换的水多，CO_2 较充足，pH 低，其生长速率就快。

三、水流对光合作用的影响

水流不仅增加了海水中营养盐的交换，也带走了海带生理代谢中的排泄物及浮泥等，促进了其新陈代谢。水流可使海带叶片在水中漂浮散开，叶片受光面大，光合作用速率增强，水中 CO_2 增多。因此，在水流通畅的海带养殖区，海带受光好，生长快。

四、温度对光合作用的影响

Wu 等（1984）通过测定自然海区海带幼苗的光合作用 P_m 值发现，15℃时 P_m 值为 5℃时的 1.38 倍。朱明远等（2004）发现，15℃时的海带室内实验与围隔实验中的 P/I 曲线 α 和 I_k 值高于 10℃和 5℃。室内实验中，5℃与 10℃时的 P_m 值相近，而 15℃时的 P_m 值为二者的 1.3 倍。在不同温度下，围隔实验中的海带其光饱和参数（I_k）与温度有线性相关关系，从 5℃到 15℃逐渐降低。这说明在一定范围内，温度越高，海带光合作用的初始速率越高。

五、氮对光合作用的影响

当水体中营养元素缺乏时，海带的光合作用能力就差（吴荣军等，2006）。氮是光合作用中的酶与色素等的重要组分，当海带细胞内氮浓度低于临界值时，色素物质的制造就被限制，光合能力也随之降低。初始 NO_3^--N 浓度越高，海带幼孢子体组织氮的累积速率越高。海带幼孢子体光合作用能力及组织氮含量与叶绿素 a 含量有明显的线性关系。

六、甲壳素对光合作用的影响

在 20 世纪 90 年代将甲壳素应用于海带幼苗养殖生产上，对海带生长及生理活性起到了一定调控作用。吕建洲等（2004）分别用 150 mg/kg、200 mg/kg、250 mg/kg 的甲壳素处理夹苗后的海带。处理 6 周后，海带叶绿素含量平均提高了 16.03%，岩藻黄素提高了 31.14%；相应的光合速率提高了 14.81%。在 3 种处理中，以 200 mg/kg 甲壳素处理 21～24 天的提高幅度最大；30 天后，光合速率增速下降。据此推测，甲壳素主要通过促生长功能，增加了海带细胞的长、宽、厚从而使其叶面积增加，实现光能利用率的提高。

七、多酚类化合物对光合作用的影响

多酚类化合物属于褐藻中重要的次生代谢产物。海带中也含有结构独特的多酚类化合物，能够降解 DNA、参与抑制多种酶的活性（Barwell et al.，1989）。大型海藻中多酚含量随季节发生变化，可能与光合作用活力有关（严小军等，1996）。黄健等（2002）证实，随着光照强度的减弱（从 1200 lx 减弱至 0 lx），海带体内的多酚物质含量显著降低，而海带光合作用速率下降了 50%以上，表明海带组织中多酚类化合物的生物合成与光合作用的强弱密切相关。

八、盐度对光合作用的影响

正常的海水盐度一般为 28‰～32‰。姚南瑜和李建之（1981）用淡水稀释和添加 NaCl 的方法，测定了海带光合作用速率的变化。当盐度降至 26‰时，海带的光合作用强度高于正常海水的（1.02 倍），但在 4%含盐量的海水中，海带光合作用强度为正常海水中的 93%。当含盐量上下偏离天然海水浓度 1%以上时，光合作用明显下降，随之导致海带变绿、死亡。

第三节　光合作用的机制

色素体是高等植物重要的光合作用场所，其形状在藻类中，有杯状、星状、螺旋状或网状。叶绿体外有光滑的双层单位膜，内膜向内叠成类囊体，类囊体一般垛叠成基粒。基粒内的某些类囊体向外伸展，连接不同基粒。连接基粒的类囊体部分，称为基质片层；构成基粒的类囊体部分，称为基粒片层。

海带属于杂色植物，其色素-蛋白复合物复杂。其光系统Ⅰ（PSⅠ）复合物的荧光特性与高等植物明显不同，这表明海带在PSⅠ的结构和能量传递等方面具有独特性（李爱芬等，1999，2000）。

迄今为止，有关海带光合作用的分子机制研究依然处于空白阶段。作者根据海带转录组数据库（Deng et al.，2012），结合生物信息学分析，发现海带中存在捕光色素蛋白复合体、光系统Ⅱ（PSⅡ）、PSⅠ等重要光合元件（图1-7-1，图1-7-2）。

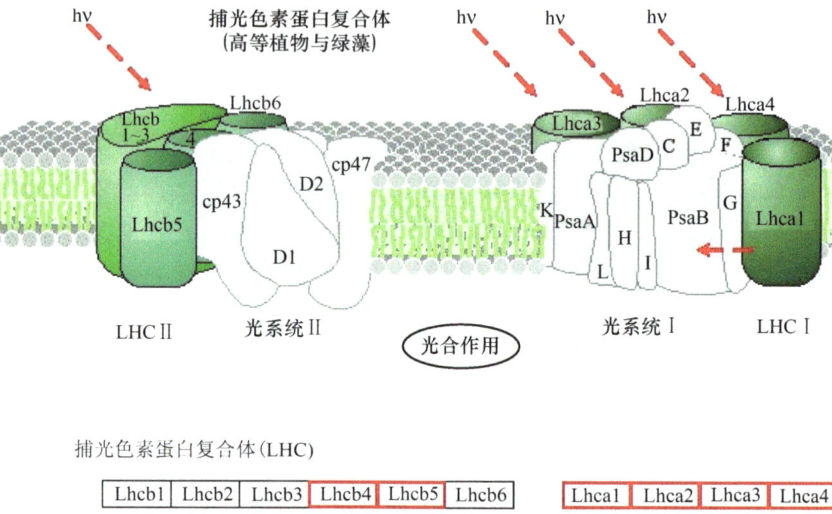

图1-7-1　高等植物和绿藻中的捕光色素蛋白复合体示意图

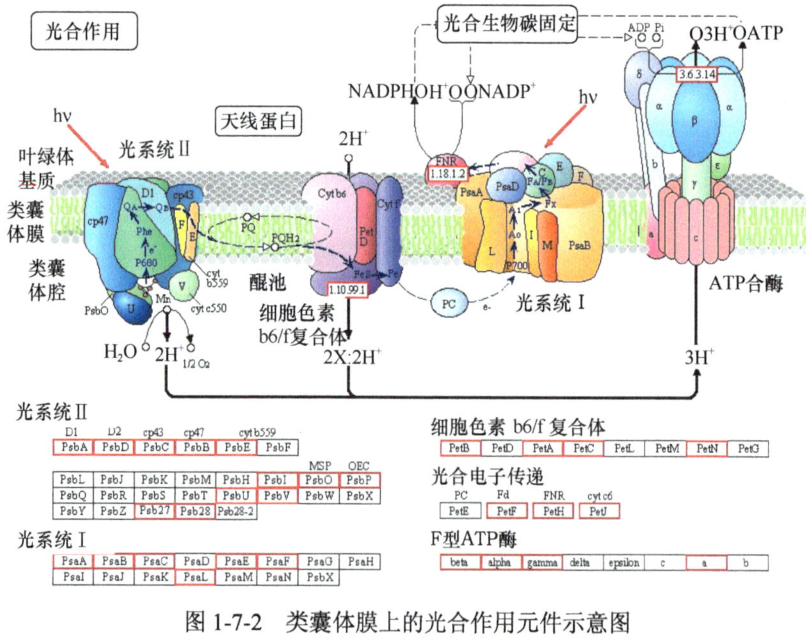

图1-7-2　类囊体膜上的光合作用元件示意图

如图1-7-1所示，Lhcb4和Lhcb5参与了PSⅡ的捕光过程，而Lhca1～Lhca4共同构成了PSⅠ的捕光中心。海带的捕光色素复合体与高等植物及绿藻相近，不存在蓝藻和红藻中发现的藻青蛋白（PC）、别藻蓝蛋白（AP）、藻红蛋白（PE）等。

图 1-7-2 展示了排列于高等植物叶绿体类囊体膜上的光合作用元件。通过注释分析，推测海带 PSⅡ反应中心含有 D1（*PsbA* 编码）和 D2（*PsbD* 编码）两条多肽；组成中心天线的为 CP47（*PsbB* 编码）和 CP43（*PsbC* 编码）蛋白复合体。Cytb6/f 复合体是连接 PSⅡ与 PSⅠ两个光系统的中间电子传递系统，海带中注释得到 *PetA*、*PetB*、*PetC*、*PetN* 等单基因（unigene）。光合电子传递链同样具有铁氧还蛋白（Fd）、铁氧还蛋白-$NADP^+$ 还原酶（FNR）、Cytc6 等蛋白质。海带 PSⅠ中存在由 *PsaA*、*PsaB* 等编码的多肽，也有 ATP 酶中的 α、β、γ 等亚基，这些亚基的功能验证仍需大量工作进行证实。

目前，通过生物信息学分析，分析了参与海带光合作用的各种蛋白质，但仍需针对不同光合作用阶段分别解析各自的生理生化调控。此外，除发现上述光合作用的光反应元件外，海带转录组数据库中也获得了参与暗反应的一系列蛋白质。其中有参与碳浓缩的碳酸酐酶（CA）、参与卡尔文循环的关键酶 Rubisco 及与 C4 光合途径相关的蛋白质序列，相关研究结果见本篇第八章。

第八章　海带对碳、氮、磷的利用与代谢

第一节　海带对碳的吸收及碳代谢

海藻的光合固碳量约为48.5×10^{15} g C/年，占全球光合固碳量的一半（Falkowski，1994；Field et al.，1998）。其中，大型海藻在不到海洋总面积1%的沿岸带构成海洋总初级生产力的10%。由于其多处于海陆相互作用的海区，对大气中 CO_2吸收利用潜力巨大，在近岸生态系统中的作用不容忽视（Gao and McKinley，1994）。目前，大气中 CO_2浓度已从工业革命前约280 μl/L 升高至目前的350 μl/L 左右，且以每年1～2 μl/L 的速度递增（Genthon et al.，1987）。大气中 CO_2浓度的升高，可引起海水无机碳体系中各组分及含量的变化，从而影响到海洋初级生产力对海水中无机碳的吸收与利用（徐智广等，2012）。

我国海藻养殖的主要品种为海带，2006 年，海带产量占整个海藻产量的 56.45%，到 2010 年增加至 57.33%，年均增量为 0.22%，年产量已达 9×10^5 t（岳冬冬，2012）。目前，大规模人工养殖海带已成为浅海生态系统初级生产力的重要贡献者。以山东荣成桑沟湾为例，人工养殖海带的年均固碳量可达 9750 t，占整个海湾总初级生产量的 37%（张继红等，2005）。海带养殖成为“碳汇渔业”的首选对象，海带生长过程中消耗海水中溶解的 CO_2，使其固碳能力得以提高（宋金明，2004；李纯厚等，2010）。

一、海带无机碳的利用形式

天然海水中溶解性无机碳（DIC）主要以 CO_2、HCO_3^-、CO_3^{2-}和 H_2CO_3 的形式存在，由于 H_2CO_3 的含量很低，常将它与 CO_2 合并称为总溶解二氧化碳（以 CO_2 表示）。各形态的无机碳间存在以下平衡关系（g 表示气态；l 表示液态；aq 表示水溶液）（Hoppe et al.，2011）：

$$CO_2\,(g) \longleftrightarrow CO_2\,(aq)$$

$$CO_2\,(aq) + H_2O\,(l) \longleftrightarrow H_2CO_3\,(aq)$$

$$H_2CO_3\,(aq) \longleftrightarrow H^+\,(aq) + HCO_3^-\,(aq)$$

$$HCO_3^-\,(aq) \longleftrightarrow H^+\,(aq) + CO_3^{2-}\,(aq)$$

当海水温度、压力、pH 等条件变化时，上述各形式的 DIC 相互转化。各种无机碳的相对含量随 pH 的变化见图 1-8-1（Skirrow，1975）。在天然海水中（pH 8.1～8.4），含量最多的是 HCO_3^-，约占 90%，其次是 CO_3^{2-}，含量最少的是溶解 CO_2，不足总 DIC 的 1%（Skirrow，1975）。海水 DIC 具有以下 3 个主要特征：CO_2 浓度（约 0.014 mmol/L）约为大气 CO_2 浓度的 30%（*V*/*V*）；CO_2 在水中的扩散速率仅为大气中的万分之一；HCO_3^- 向 CO_2 转变的效率很低。

目前，关于藻类吸收无机碳的方式主要有 3 种：CO_2 经自由扩散作用直接进入藻体

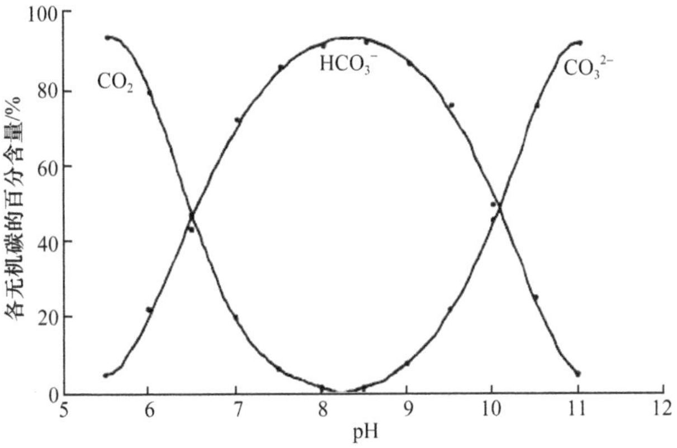

图 1-8-1　不同 pH 条件下各形式的无机碳的百分含量（Skirrow，1975）

细胞（Riebesell，2000）、胞外碳酸酐酶（carbonic anhydrase，CA）转化 HCO_3^-为 CO_2 继而进入细胞（Mercado et al.，1997；Larsson and Axelsson，1999），以及 HCO_3^-经主动运输系统进入藻体（Gao and McKinley，1994；Raven，1997）。CO_3^{2-}不被藻类直接吸收利用（Prins and Elzenga，1989）。海带的生活史为异型世代交替，由孢子体（2*n*）与配子体（*n*）两种外形差异明显的世代交替完成整个生活史（曾呈奎和吴超元，1962）。岳国峰（2000）比较了海带配子体与幼孢子体对无机碳的利用形式，对无机碳营养的优化及无机碳源的利用机制进行了初步探讨。

在 200 μmol/（m^2·s）光照强度下，于消毒海水（含 40 μmol/L NO_3^--N 和 4 μmol/L $H_2PO_4^-$-P）中分别密闭悬浮培养幼孢子体和雌、雄配子体。结果表明，海带幼孢子体光合作用利用无机碳对海水的碱化速率明显快于配子体，pH 补偿点（9.79）亦高于雌、雄配子体（8.85 和 8.79）；雌、雄配子体间的碱化速率及 pH 补偿点均差异不大，而幼孢子体对总无机碳及游离 CO_2 的利用速率明显大于雌、雄配子体。培养 1 h 后，幼孢子体的培养基中游离 CO_2 迅速降低至初始浓度的 20%左右，4 h 后接近于零。总无机碳和游离 CO_2 的补偿点均出现于 10 h 以后，分别为 1.32 mmol/L 和 0.05 μmol/L。雌、雄配子体培养基中总无机碳的浓度随光照时间延长缓慢下降，总无机碳与游离 CO_2 的补偿点分别为：雌配子体 1.87 mmol/L 和 1.64 μmol/L，雄配子体 1.92 mmol/L 和 1.99 μmol/L。CO_2 补偿点的差异表明，在密闭系统中连续培养（不补充外源碳、通气或更新培养基），幼孢子体能利用海水中 40%以上的总无机碳，而配子体仅能利用约 13%的总无机碳。

Maberly（1990）及 Haugland（1992）运用 pH 漂移技术，研究了 35 种大型海藻利用无机碳的能力。结果表明，能够利用 HCO_3^-的 29 种海藻的 pH 补偿点大于 9.2，游离 CO_2 补偿点小于 0.1 μmol/L；只利用游离 CO_2 的 6 种红藻 pH 补偿点均在 9.0 以下，游离 CO_2 补偿点为 1.36～2.05 μmol/L。据此，岳国峰（2000）推测，海带雌雄配子体很可能仅以海水中游离的 CO_2 为碳源，而海带幼孢子体则以 HCO_3^-为碳源。

岳国峰（2000）根据 pH 和碱度的变化计算了幼孢子体对无机碳的利用量，认为在 2.0～3.5 mmol/L 内，随无机碳浓度的增加，海带幼孢子体对无机碳利用速率也随之增加（图 1-8-2）。这也证实了曾呈奎和吴超元（1962）的观点，即自然海水中无机碳浓度（2.2 mmol/L）远不能满足海带幼孢子体最大生长对碳的需求。

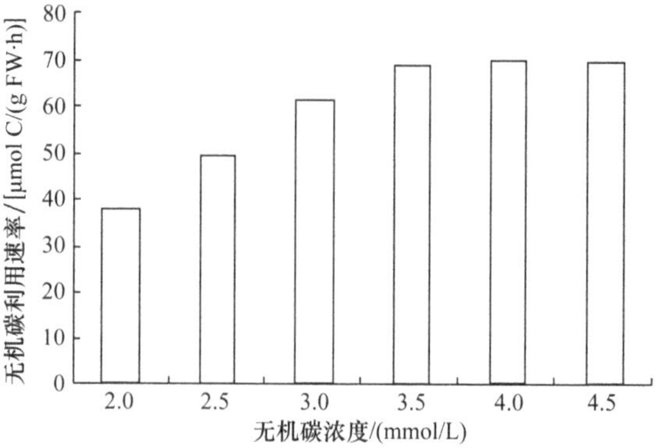

图 1-8-2 不同无机碳浓度下海带幼孢子体对无机碳的吸收（岳国峰，2000）

此外，岳国峰还证实，海带配子体利用无机碳的速度随 CO_2 浓度的升高而加快，且雌配子体略快于雄配子体（图 1-8-3，图 1-8-4）。据此推断，天然海水中游离 CO_2 远不能满足海带配子体对无机碳的需求。

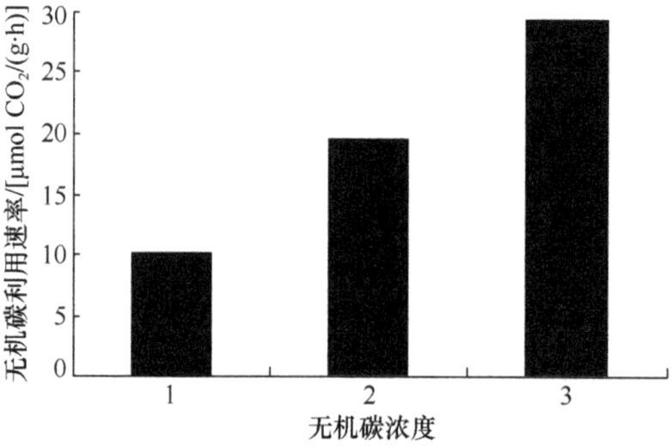

图 1-8-3 CO_2 浓度对海带雌配子体利用无机碳的影响（岳国峰，2000）
1 代表 11.1 μmol/L CO_2；2 代表 24.5 μmol/L CO_2；3 代表 38.0μmol/L CO_2

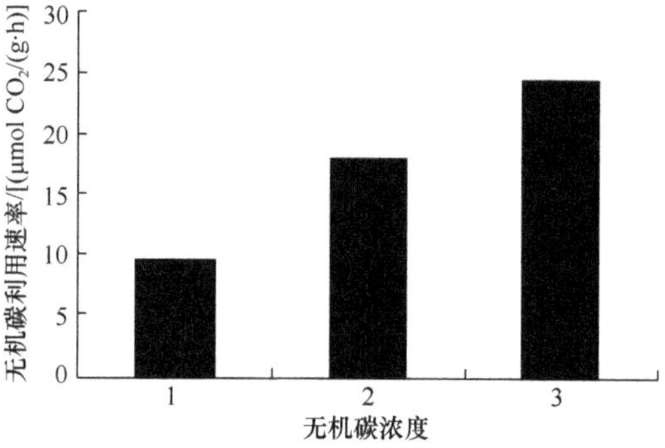

图 1-8-4 CO_2 浓度对海带雄配子体利用无机碳的影响（岳国峰，2000）
1 代表 11.1 μmol/L CO_2；2 代表 24.5 μmol/L CO_2；3 代表 38.0μmol/L CO_2

二、海带利用无机碳的机制

海带对无机碳的利用主要是通过光合作用固定 CO_2。为提高光合固碳的效率来维持自身生长发育，藻类与高等植物类似，都具有碳浓缩机制（carbon concentrating mechanism，CCM）。Zabaleta 等（2012）总结了 3 条浓缩 CO_2 的主要途径：C4 途径（C4 pathway）、景天酸代谢（crassulacean acid metabolism，CAM）和碳酸酐酶（CA）介导的基础浓缩途径（basal CCM，bCCM）。虽然海带生长于低温弱光的潮下带海洋环境中，但其孢子体仍可长成 2～6 m 长的个体，这种极高的适应能力意味着海带或许通过某种复杂的碳代谢调节机制来维持较高的光合效率（Bartsch et al.，2008）。但究竟哪些光合作用途径及关键酶等参与了海带吸收与利用无机碳的过程，至今报道较少。分析海带转录组数据发现，海带中存在大量与碳代谢相关的基因，数量占所有注释基因数目的 8.51%（表 1-8-1）。作者根据已有的研究，分别阐述海带固碳的内在机制，包括碳酸酐酶（CA）、1,5-二磷酸核酮糖羧化/加氧酶（Rubisco）和 C4 途径酶系。

表 1-8-1　海带中参与碳的积累与降解的各个途径

代谢途径	单基因	途径 ID
糖酵解/糖异生	151（1.78%）	ko00010
丙酮酸代谢	129（1.52%）	ko00620
碳固定	97（1.14%）	ko00710
TCA 循环	96（1.13%）	ko00020
淀粉与蔗糖代谢	72（0.85%）	ko00500
果糖与甘露糖代谢	67（0.79%）	ko00051
光合作用	61（0.72%）	ko00195
半乳糖代谢	37（0.44%）	ko00052
天线蛋白	12（0.14%）	ko00196

1. 海带碳酸酐酶（CA）研究

与陆地植物的 CO_2 代谢主要通过叶片上的气孔来吸收 CO_2 不同，海藻由于不具备气孔，主要借助碳酸酐酶富集并吸收海水中的 CO_2（Fukuzawah et al.，1992）。CA 是一种含锌金属酶，当外界 CO_2 的供应受限时，胞外碳酸酐酶（perplasmic CA，pCA）可催化 HCO_3^- 快速转换为 CO_2，通过扩散进入胞内以供应叶绿体光合作用所需的 CO_2（Smith et al.，1999）。同时，HCO_3^- 可通过主动转运的方式进入胞液，胞内 CA 催化 HCO_3^- 转变为 CO_2（Giordano and Mabery，1989）。细胞内外的 CA 共同作用，使 CO_2 稳定流向固碳过程，从而保证海藻虽处于低浓度 CO_2 的海水环境中，但仍具有较高的光合效率（Price et al.，2008）。

1）pCA 对海带不同世代利用无机碳的影响

pCA是获取外源无机碳的关键酶，在大型海藻中分布广泛。在掌状海带（*L. digitata*）、极北海带（*L. hyperborea*）和糖海带（*S. latissima*）中均有报道（Bidwell and McLachlan，1985；Surif and Raven，1989）。乙酰唑磺胺（acetazolamide，Az）是最常见的pCA抑制剂，可用来研究不同条件下pCA的酶活变化情况。Az在较低浓度下即可抑制藻类的光合放氧和密闭系统中藻类利用无机碳引起的pH漂移（Merrett et al.，1996）。岳国峰（2000）证实，在未加Az的海水培养基中，由于幼孢子体对无机碳的利用，其pH迅速升高至 9.72；而在加Az的培养基中，其pH上升缓慢，只升高至 8.71（图 1-8-5）。pH迅速升高，表明培养基中HCO_3^-受到pCA催化转换为CO_2，相反加入Az抑制剂的海水中pCA全部或部分失去催化能力，HCO_3^-的转换速率受限，pH上升速率缓慢，但该过程也不能排除HCO_3^-会通过转运蛋白进入细胞内。

岳国峰（2000）利用已报道的 HCO_3^- 转运蛋白抑制剂 4′, 4′-diisothiocyanatosilbene-2, 2-disulfonic acid（DIDS）和 4-acetamido-4′-isothiocyano-2, 2′-stibene-disulfonate（SITS）（Smith et al.，1989；Nimer et al.，1996），证实光照 20 min 后，含 DIDS 与 SITS 的海水培养基的 pH 由 8.10 上升至 8.24，与对照组 pH 的变化完全一致，表明二者未对海带幼孢子体无机碳的利用产生任何影响。结合 pCA 的研究，得到如下结论：HCO_3^- 是海带幼孢子体无机碳的主要供应形式，pCA 将其催化为游离 CO_2，通过扩散进入细胞，

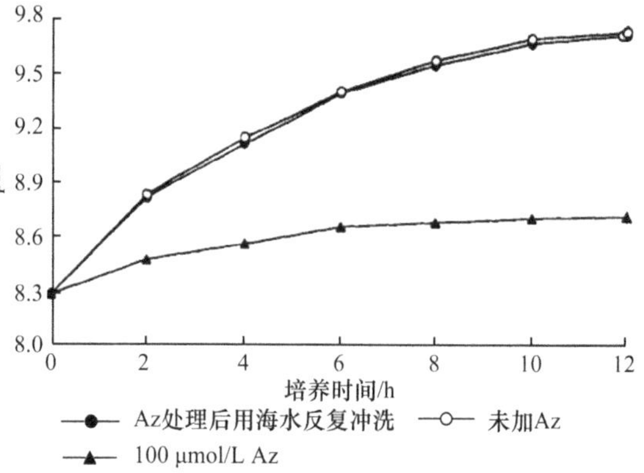

图 1-8-5 膜外碳酸酐酶（pCA）对海带幼孢子体无机碳利用的影响（岳国峰，2000）

并不存在HCO_3^-的主动转运机制。

岳国峰（2000）观察到海带雌、雄配子体在 100 μmol/L Az 的海水中经 6 h 的连续光照，其 pH 的变化趋势与对照组相似（表 1-8-2），表明海带配子体无 pCA 参与无机碳的吸收。同样的，经 DIDS 和 SITS 处理的海水，其 pH 变化仍与对照组同步（表 1-8-3），这表明海带配子体也不具有HCO_3^-的主动转运机制。结果进一步确证了海带雌、雄配子体只能利用海水中游离的CO_2。

表 1-8-2 抑制剂对海带雌配子体无机碳利用的影响（岳国峰，2000）

处理	起始 pH	2 h pH	4 h pH	6 h pH
CK	8.11	8.29	8.45	8.58
100 μmol/L Az	8.11	8.30	8.45	8.58
CK	8.17	8.39	8.56	8.62
500 μmol/L DIDS	8.17	8.39	8.56	8.62
CK	8.22	8.37	8.44	8.54
1.0 mmol/L SITS	8.22	8.37	8.45	8.54

表 1-8-3 抑制剂对海带雄配子体无机碳利用的影响（岳国峰，2000）

处理	起始 pH	2 h pH	4 h pH	6 h pH
CK	8.15	8.36	8.48	8.55
100 μmol/L Az	8.15	8.36	8.48	8.55
CK	8.15	8.35	8.46	8.52
500 μmol/L DIDS	8.15	8.36	8.47	8.53
CK	8.18	8.37	8.49	8.57
1.0 mmol/L SITS	8.18	8.37	8.50	8.57

另外，抑制剂实验表明，海带生活史的不同世代利用无机碳的形式与机制可能不同。结合海带配子体光饱和点及致死光强均远低于幼孢子体的报道（Fei et al.，1989；李大鹏，1999），推测这很可能是海带配子体中缺乏 pCA 所致。

2）海带幼孢子体中 *CA* 基因的研究

通过比较分析海带幼孢子体转录组信息（Deng et al.，2012），获得了 12 条 *CA* 基因的单基因（unigene）（表 1-8-4），序列平均长度为 844 bp。经 BLASTX 分析后，共有 9 条序列检测到保守区段，且分属于 α-CA、β-CA、γ-CA 超家族。注释为 *CA* 基因的序列多与长囊水云（*Ectocarpus siliculosus*）中相应序列的相似度最高，序列登录号列于表 1-8-4 中。目前，有关海带孢子体中 *CA* 基因的研究仅限于此，有待于深入进行相关基因的功能验证。

表 1-8-4 海带幼孢子体转录组测序获得的 *CA* 基因的序列长度及 BLAST 特征

unigene 序号	长度/bp	保守域	相似度/%	序列登录号
unigene11744	1089	β-CA	82	CBN77745.1
unigene21381	2039	α-CA	82	CBN77745.1
unigene23093	987	γ-CA	83	CBN79571.1
unigene28356	1030	α-CA	46	AEF33616.1
unigene30657	1045	γ-CA	87	CBJ49068.1
unigene37010	222	—	69	XP_002290576.1
unigene47245	563	α-CA	83	AEF33616.1
unigene51983	211	β-CA	96	CBN79693.1
unigene5245	549	β-CA	90	YP_140234.1
unigene5841	1027	—	59	CBN75766.1
unigene64178	307	—	62	CBN77745.1
unigene9027	1063	β-CA	59	CBN79693.1

3）海带配子体中 *CA* 基因的克隆与分析

余贞等（2011）通过构建海带雄配子体抑制消减 cDNA 文库，筛选到与掌状海带（*L. digitata*）*CA* 基因有关的两条表达序列标签（expressed sequence tag，EST）。BLAST 搜索发现其与掌状海带的 *CA* 基因序列（登录号：AJ130777）有 70%的相似性。通过 cDNA 末端快速扩增法（rapid amplification of cDNA end，RACE），获得了 2804 bp 的 cDNA 序列（登录号：JF827608）。

海带配子体中 *CA* 基因序列可读框（open reading frame，ORF）长为 873 bp，5'-非翻译区（untranslated region，UTR）长 166 bp，3'-UTR 长 1765 bp，且具有明显的多腺苷酸(polyA)尾巴。*CA* 基因 ORF 编码一个由 290 个氨基酸组成的前体蛋白，预测在 Gly 20-Val 21 处有一个典型的信号肽酶切位点，酶切后的成熟蛋白由 270 个氨基酸组成，具有 3 个锌结合的 His 残基所构成的催化活性中心，其分子质量为 30.44 kDa，等电点为 5.06。

余贞等（2011）比较了 *CA* 基因在雌、雄配子体中的序列结构、系统进化及转录水平等方面的异同。发现无论是在 cDNA 还是 DNA 序列上，雌、雄配子体中 *CA* 基因序列结构均没有差异，且无内含子。Southern blotting 结果显示，海带配子体 *CA* 基因为单拷贝基因。蛋白同源性搜索，发现该基因的编码蛋白与掌状海带的 α-CA 蛋白有 87%的同源性。基于 36 个 CA 蛋白的氨基酸序列所构建的邻接（neighbor-joining）系统进化树显示，自海带配子体中所克隆的 *CA* 基因位于 α-CA 蛋白所组成的一枝，推测其可能为 α 型。实时荧光定量 PCR（quantitative real-time PCR，qRT-PCR）检测表明，在 CO_2 浓度增加时，*CA* 基因在海带雌、雄配子体中的日表达量均较未增加时有所增加，由此推测该 *CA*

基因不属于胞外 CA；基于海带配子体 CA 蛋白仅具有一个信号肽，推测其定位于叶绿体外膜上，以泵的方式为海带组织细胞中的叶绿体光合作用提供充足的 CO_2。*CA* 基因在分子水平上的研究表明，海带配子体中无 pCA 的存在。

2. 海带 Rubisco 研究

Rubisco 是植物体内含量最高的可溶性蛋白，为总蛋白的 50%～60%，是自然界中含量最丰富的酶。藻类中已发现的 Rubisco，存在于微藻（*Symbiodinium* sp.、*Phaeodactylum tricornutum*）、绿藻（*Ulva lactuca*、*Cladophora sericea*、*Bryopsis maxima*）、红藻（*Porphyra yezoensis*、*Galdieria partite*）及大型褐藻（*E. siliculosus*、*Fucus vesiculosus*、*S. latissima*）中（Beer et al.，1991；Whitney and Yellowlees，1995；Geard and Driscoll，1996；Bischof et al.，2002）。

与陆地植物相似，绿藻中的 RbcL 由叶绿体基因编码，而 RbcS 由核基因编码；但在红藻、褐藻等有色藻中，大、小亚基均由叶绿体基因组编码。据报道，Rubisco 全酶分为 4 种类型，类型Ⅰ、Ⅱ、Ⅲ和Ⅳ（Tabita，1999；Tabita et al.，2007），其结构中均含有大亚基二聚体的组装核心。其中，类型Ⅰ是 Rubisco 中最丰富的一类，普遍存在于真核与原核生物中，由 8 个 RbcL 和 8 个 RbcS（L_8S_8）组成（Schneider，1992）。类型Ⅰ包含Ⅰ-A、Ⅰ-B、Ⅰ-C 和Ⅰ-D 4 个亚型，其中高等植物与绿藻属于Ⅰ-B 型，而褐藻、红藻、硅藻等属于Ⅰ-D 型（表 1-8-5）（Tabita et al.，2008）。

表 1-8-5　不同类型的 Rubisco 的分布和特征（Tabita et al.，2008）

类型	亚基组成	物种分布
Ⅰ-A	L_8S_8	α,β,γ-Proteobacteria、Cyanobacteria、Prochlorales、Sargasso Sea metagenome、GOS metagenome
Ⅰ-B	L_8S_8	Cyanobacteria、Prochlorales、Eukaryotes-Viridiplantae（Streptophyta、Chlorophyta）、Euglenozoa、Sargasso Sea metagenome
Ⅰ-C	L_8S_8	α,β-Proteobacteria、Chloroflexi
Ⅰ-D	L_8S_8	α,β,γ-Proteobacteria、Eukaryotes-stramenopiles、Rhodophyta、Haptophyceae
Ⅱ	L_2 和 L_n	α,β,γ-Proteobacteria、Eukaryotes-Alveolata（Dinophyceae）
Ⅲ	L_2 和 $(L_2)_5(L_n?)$	Methanogenic 和 thermophilic crenarchaeota、thermophilic 和 halophilic euryarchaeota
Ⅳ	L_2；？	α-Proteobacteria、Clostridia、Non-methanogenic euryarchaeota，Eukaryotes-Ostreococcus tauri、Acid mine drainage microbial consortium、α,β-Proteobacteria、Chlorobia 等

1）海带幼孢子体生长过程中 Rubisco 的功能

褐藻与高等植物的 Rubisco 在结构及组装方式上均有较大不同，该差异可能与海带生活于低温、弱光的环境中有关。Shao 等（2014）证实 Rubisco 在配子体和幼孢子体生长过程中，受到光周期与光质等影响，海带孢子体中存在与 Rubisco 偶联的光响应途径。

另外，在藻类光合碳吸收的整个过程中，有各种不同的蛋白质和酶参与。海带配子体中的光捕获蛋白（light-harvesting fucoxanthin-chlorophyll c antenna protein，Lhcf5）在光照条件下表达上升（邹丹燕等，2009）。Reinfelder（2011）发现 CA 介导的基础碳浓缩途径（bCCM）可为 Rubisco 提供更多的 CO_2。另外，Mueller-Cajar 等（2011）发现卡尔文循环相关蛋白（Calvin-Benson-Bassham cycle related enzyme，CbbX）存在于“red-like Rubisco”藻体内，并发挥 Rubisco 活化酶（RCA）的作用。但迄今为止，仍无直接证据能证明上述相关途径是否与 Rubisco 共同参与了海带幼孢子体碳积累的过程。

2）海带 *Rubisco* 基因及蛋白结构分析

根据长囊水云及掌状海带 *Rubisco* 基因序列设计特异性引物，获得了海带 *Rubisco* 基因序列（2156 bp），其包含 1467 bp 的大亚基 ORF、269 bp 的间隔区（intergenic spacer）和 420 bp 的小亚基 ORF（图 1-8-6），其大、小亚基中均不存在内含子（intron）（登录号：HM798587）。

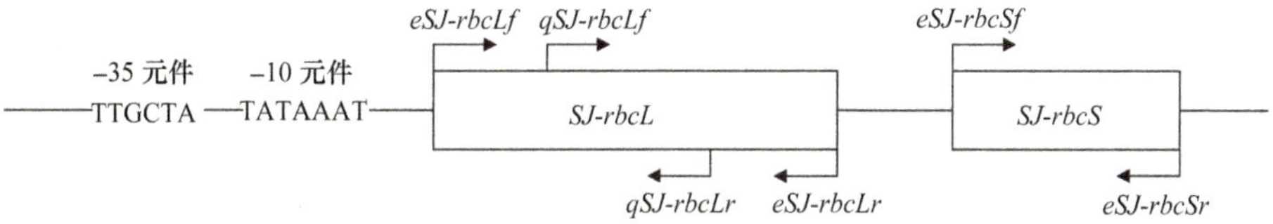

图 1-8-6　*Rubisco* 基因结构（Shao et al.，2014）

利用 SWISS-MODEL 软件自动建模，分别以莱茵衣藻（*Chlamydononas reinhardtii*）和产碱杆菌（*Alcaligenes eutrophuto*）为模型，预测了海带 Rubisco 大亚基（LSU）和小亚基（SSU）的三维空间结构（图 1-8-7）。LSU 的空间结构包含 C 端和 N 端两个明显的结构域，C 端结构域含 α/β 桶状结构（图 1-8-7A），此区域分布着一系列关键的氨基酸残基：负责 Rubisco 催化的 6 个残基（Lys 179、Arg 298、His 330、Lys 337、Gly 406 和 Gly 407）；与 Mg^{2+}反应的 2 个相邻氨基酸（Asp 207 和 Glu 208）；与 CO_2 作用的残基 Lys 205（图 1-8-7B）。SSU 的三维结构特征是 C 端的延伸部分折叠为两条反向平行的 β 折叠片（图 1-8-7C）。

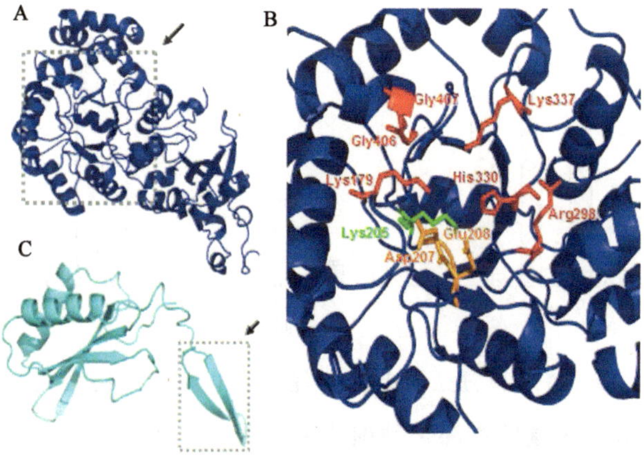

图 1-8-7　海带 Rubisco 的 LSU 和 SSU 三维结构预测（Shao et al.，2014）

A：海带 LSU 的 C 端和 N 端两个结构域及 C 端的α/β桶状结构；B：α/β桶状结构中的一系列关键氨基酸残基；C：海带 SSU 的 C 端反向平等β折叠片

3）海带配子体生长过程中 *Rubisco* 基因表达量的分析

Shao 等（2014）证实在配子体阶段，*rbcL* 转录水平极低，正常条件下培养 24 h 后，表达量迅速升至保种阶段的 4.3 倍。随着培养时间的延长，*rbcL* 的表达水平逐步上升，培养至第 7 天时，达到初始水平的 11.8 倍，随后转录水平保持稳定（图 1-8-8）。长时间低温保存是海带配子体保存的主要方式，在改变培养条件，恢复光照的条件下，配子体依然可以恢复发育能力。在作者的研究中，观察到海带配子体从营养生长状态转入生殖发育阶段时，*rbcL* 基因表达上调，表明其 CO_2 利用速率和碳积累产物含量逐渐增加。这为运用配子体进行扩繁及培养提供了相关的技术参数。

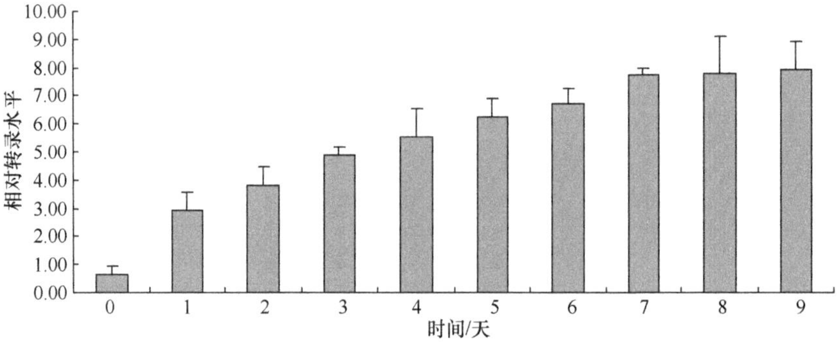

图 1-8-8 海带配子体生长过程中（0～9 天）*rbcL* 基因转录谱的变化（Shao et al.，2014）

图 1-8-9 表明，在光照条件下（0～12 h），*rbcL* 基因表达量逐渐升高；随后在黑暗中 3 h，表达量急剧下降至暗处理前的 18%，并保持低水平表达。24～48 h 的光暗处理下，*rbcL* 基因表达量与前处理一致：光照促进表达而黑暗下表达量极低，且光暗过渡的时间点，表达量急剧下降。海带配子体中 *rbcL* 的表达呈昼夜节律变化：光照条件下升高，黑暗中则降低，延长光照时间将显著提高暗反应有机物的积累速率，这与尚书（2008）发现的海带配子体生长发育几乎不受光损伤的结论相一致。

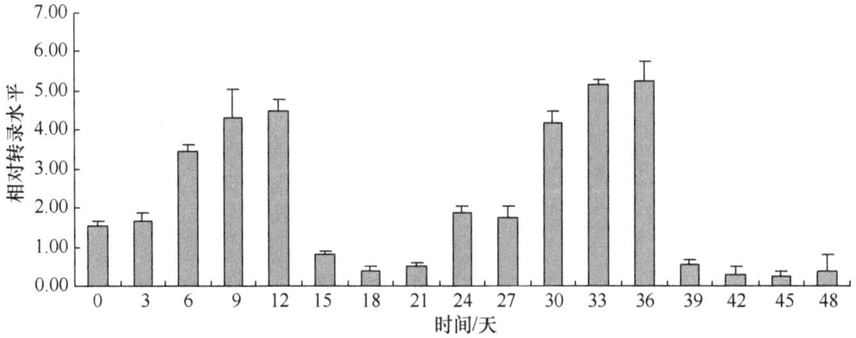

图 1-8-9 海带配子体 *rbcL* 基因表达量的日变化规律（Shao et al.，2014）

4）*Rubisco* 及其相关基因在海带幼孢子体中的表达规律

相比黑暗处理，在连续 12 h 的光照下，海带幼孢子体中 *Sj-CA*、*Sj-CbbX*、*Sj-Lhc* 和 *Sj-rbcL* 各基因表达量分别提高 28.05 倍、24.93 倍、19.56 倍和 3.84 倍（图 1-8-10）。相对于黑暗条件，蓝光处理 2 h 可诱导上述基因的转录上调，*Sj-CA*、*Sj-CbbX*、*Sj-Lhc* 和 *Sj-rbcL* 表达量分别是黑暗条件下的 3.20 倍、2.91 倍、4.26 倍和 6.19 倍（图 1-8-11）。

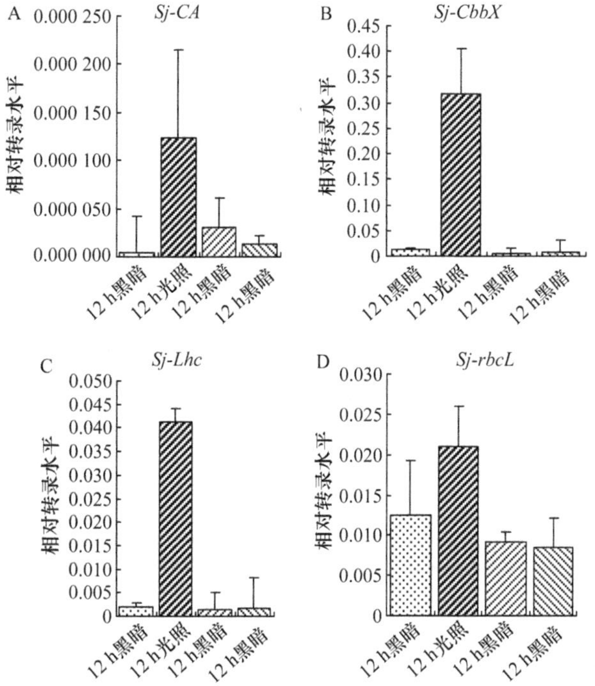

图 1-8-10　不同光暗处理下，海带幼孢子体 *Sj-CA*、*Sj-CbbX*、*Sj-Lhc* 和 *Sj-rbcL* 基因的表达量（Shao et al.，2014）

光照可诱导海带幼孢子体从光反应到碳固定的反应。其中，*Sj-Lhcf5* 基因表达上调，与两种硅藻 *Cyclotella cryptica* 和 *C. meneghiniana* 中报道的该蛋白质参与光系统Ⅱ的捕光和产能过程一致（Eppard et al.，2000；Papagiannakis et al.，2005）。*Sj-CbbX* 在光、暗处理下表达量的变化与 *Sj-rbcL* 相似，推测其在海带中作为 Rubisco 活化酶发挥作用。*Sj-CA* 在光下表达量为 *Sj-CbbX* 的 1/2500 和 *Sj-Lhcf5* 的 1/300，表明光照对海带幼孢子体中 CA 的诱导效应并不明显。

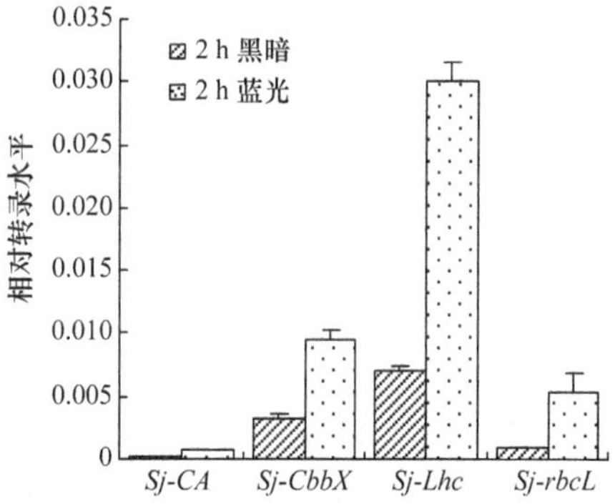

图 1-8-11　蓝光和黑暗处理 2 h，海带幼孢子体 *Sj-CA*、*Sj-CbbX*、*Sj-Lhc* 和 *Sj-rbcL* 基因表达量（Shao et al.，2014）

对于潮下带海藻而言，蓝光（400～500 nm）是一种主要的透射光（Dring，1981），其参与海藻光响应及光形态建成等一系列生命过程（Anderson et al.，1995；Matsuda et al.，2008）。Deng 等（2012）根据蓝光与黑暗对比处理，发现海带中许多代谢途径与蓝光诱导相关，主要涉及初级代谢、光应答、能量贮存、细胞组分的生物合成等代谢途径。本研究结果表明，蓝光可同时提高海带中光反应（Lhcf5）和暗反应固碳（CA、CbbX、Rubisco）能力，从而促进海带在低温弱光条件下，快速积累贮存物质，以供其生长发育。

3. 海带 C4 途径的研究

C4 途径最早发现于某些热带和亚热带植物中，与卡尔文循环的主要区别在于，其催

化 CO_2 反应的第一步酶不是 Rubisco，而是磷酸烯醇丙酮酸羧化酶（PEPC）。PEPC 催化 CO_2 与磷酸烯醇丙酮酸（phosphoenolpyruvic acid，PEP）发生羧化反应，形成四碳酸草酰乙酸（oxaloacetate，OAA），完成 CO_2 固定（Slack and Hatch，1967）。

C4 途径在藻类中的研究可追溯至 20 世纪 70 年代，最初是通过检测 ^{14}C 标记是否出现于（C3+C1）羧化和（C4–C1）脱羧反应来推测是否存在 C4 途径的（Raven，1997；Hillrichs and Schmid，2001）。随着海藻基因组测序工作的大量开展，C4 途径相关酶的注释为该途径的存在提供了更有力的证据，如绿藻中的钙扇藻（*Udotea flabellum*）和单细胞绿藻 *Ostreococcus tauri*（Reiskind et al.，1988；Derelle et al.，2006）、硅藻中的威氏海链藻（*Thalassiosira weissflogii*）和三角褐指藻（*Phaeodactylum tricornutum*）（Reinfelder et al.，2000；Kroth et al.，2008），以及褐藻模式生物长囊水云（*Ectocarpus siliculosus*）（Busch and Schmidt，2001）等，都报道了 C4 或类 C4 途径存在的可能性。图 1-8-12 显示了硅藻中可能存在的以 C4 途径为主的 CCM 代谢网络模型。

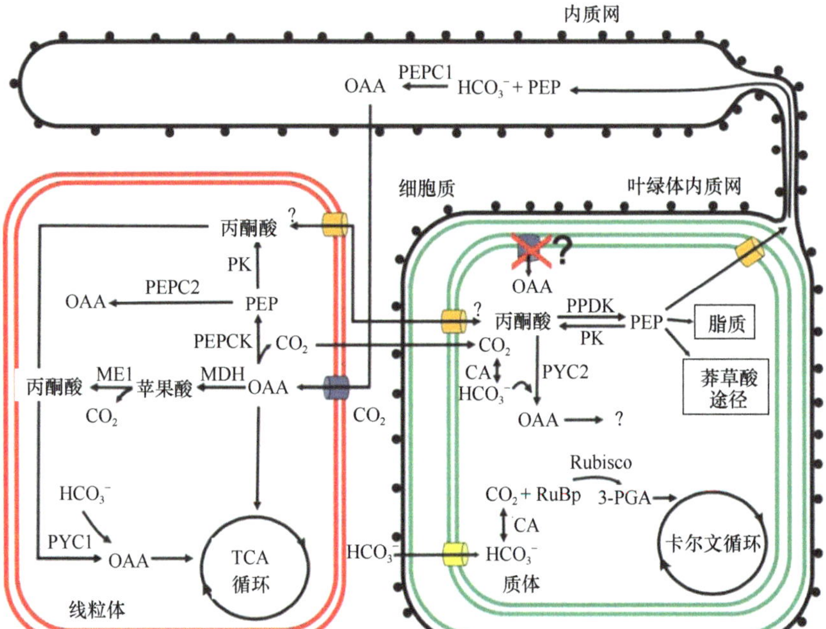

图 1-8-12　硅藻中的 CCM 代谢模式图（Kroth et al.，2008）

CA.碳酸酐酶；MDH.苹果酸脱氢酶；ME.NAD 苹果酸酶；PEPC.磷酸烯醇丙酮酸羧化酶；PEPCK.磷酸烯醇丙酮酸羧激酶；PK.丙酮酸激酶；PPDK.磷酸丙酮酸双激酶；PYC.丙酮酸羧化酶；Rubisco.1, 5-二磷酸核酮糖羧化酶；OAA.草酰乙酸；PEP.磷酸烯醇丙酮酸；RuBp.1, 5-二磷酸核酮糖；PGA.磷酸甘油酸

藻类碳固定均依赖于各种酶催化的羧化及脱羧反应，不同种藻类，其 C4 途径的相关酶的活力及区室化（compartmentation）可能不同。Reinfelder 等（2004）报道，硅藻中 C4 或类 C4 途径的羧化作用发生于细胞质中，而脱羧反应则发生于叶绿体基质中。Granum 等（2005）发现 CO_2 浓度降低时，*T. pseudonana* 的磷酸烯醇丙酮酸羧激酶（PEPCK）转录水平下降，而磷酸烯醇丙酮酸羧化酶（PEPC）和磷酸丙酮酸双激酶（PPDK）的转录水平变化不大。Raven 和 Allen（2003）提出单细胞藻类 C4 途径的胞质羧化酶为 PEPC

或 PEPCK，而叶绿体中的脱羧酶有 3 种：PEPCK、NAD-苹果酸脱氢酶（NAD-MDH）和 NADP-苹果酸脱氢酶（NADP-MDH）。在高等植物中，PEPC 是催化 C4 及 CAM 途径的重要酶；而在绿藻（*U. lactuca*）和红藻（*Iridaea cordata*）中，碳固定也是由 PEPC 催化的（Kremer and Küppers，1977）；在褐藻纲（Phaeophyceae）中，对 PEPCK 的研究较多，如在墨角藻（*Fucus vesiculosus*）、极北海带（*L. hyperborea*）和瘤状囊叶藻（*Ascophyllum nodosum*）等中都发现 PEPCK 可能参与光合作用的 C4 或类 C4 途径（Kremer and Küppers，1977；Küppers and Weidner，1980；Kerby and Evans，1983）。徐志明等（1991）报道了海带（*S. japonica*）中 PEPCK 具有很高的活性，而几乎检测不到 PEPC 和苹果酸酶（ME）活性。

1）海带 C4 途径相关基因

如表 1-8-6 所示，根据海带转录组数据（Deng et al.，2012），汇总了参与 C3 与 C4 代谢途径的基因，结果显示在海带中存在至少 7 种 C4 途径相关酶，包括 PEPC（unigene47895）、PPDK（unigene43292）、PEPCK（unigene11200）、NAD-MDH（unigene43569）、NADP-MDH（unigene15214）、天冬氨酸氨基转移酶（AAT，unigene16241）和丙氨酸氨基转移酶（ALT，unigene22878）。在高等植物中，根据主要脱羧酶的不同，将 C4 途径分为 3 个亚型：NAD-MDH 型、NADP-MDH 型和 PEPCK 型（Sage et al.，1999；Furbank，2011）。通过硅藻基因组的分析，发现其同时存在 NAD-MDH、NADP-MDH 和 PEPCK 3 种酶（Kroth et al.，2008）。对海带转录组注释，同样发现了以上 3 种脱羧酶的共存。这表明在不等鞭毛藻（Stramenopiles）中，可能存在比高等植物更为复杂的碳浓缩机制，通过各种脱羧反应，向 Rubisco 提供更多的 CO_2 用以合成有机物质。

表 1-8-6 海带转录组测序获得的 C4 途径相关酶系

酶分类（EC）	酶	基因长度/bp	BLASTX 物种	相似度/%	基因 ID
EC 4.1.1.49	PEPCK	1338	*E. siliculosus*	92	CBJ26625.1
EC 4.1.1.31	PEPC	532	*E. siliculosus*	77	CBN73928.1
EC 2.6.1.1	AAT	1237	*E. siliculosus*	85	CBN75546.1
EC 1.1.1.40	NADP-MDH	1036	*E. siliculosus*	89	CBN78787.1
EC 1.1.1.39	NAD-MDH	424	*E. siliculosus*	63	CBJ30671.1
EC 2.6.1.2	ALT	1542	*E. siliculosus*	86	CBJ31990.1
EC 2.7.9.1	PPDK	268	*E. siliculosus*	58	CBN74442.1

2）预测 C4 途径相关酶的细胞定位

蛋白质 N 端序列通常含有定位信号，决定其被转运至内质网、线粒体或质体中。因此，研究酶的亚细胞定位需在获得完整蛋白质序列的基础上开展。根据海带转录组信息，用 cDNA 末端快速扩增–聚合酶链反应（RACE-PCR）法克隆获得了 7 条 C4 途径相关酶的 ORF（表 1-8-7）。通过 SignalP 在线软件（http：//www.cbs.dtu.dk/services/SignalP/）预测信号肽，利用 ChloroP 在线软件（http：//www.cbs.dtu.dk/services/ChloroP/）预测叶绿体定位信号，利用 TargetP 在线软件（http：//www.cbs.dtu.dk/services/TargetP/）预测线粒体定位信号。

表 1-8-7　海带 C4 途径相关酶的 ORF 及蛋白质序列比对结果

酶	ORF 长度/ bp	蛋白质长度/AA	BLASTp 物种	相似度/%	基因 ID
PEPCK	1734	577	*E. siliculosus*	87	CBJ26625.1
PEPC	2850	949	*E. siliculosus*	82	CBN73928.1
AAT	1371	456	*E. siliculosus*	85	CBN75546.1
MDH1	1218	405	*E. siliculosus*	76	CBJ30671.1
MDH2	1050	349	*E. siliculosus*	86	CBN78787.1
ALT	1506	501	*E. siliculosus*	85	CBJ31990.1
PPDK	2970	989	*E. siliculosus*	81	CBN74442.1

根据预测分析，结合 CA 和 Rubisco 的研究，绘制了海带碳固定模式图（图 1-8-13）。作为低等藻类，海带中未发现如高等植物中叶肉细胞、维管束鞘细胞等的严格的细胞分类。预测结果表明，海带中参与 C4 途径的各种酶，或许通过在一个细胞中进行严密的区室化定位，进行在高等植物不同类型细胞中完成的各步催化反应。

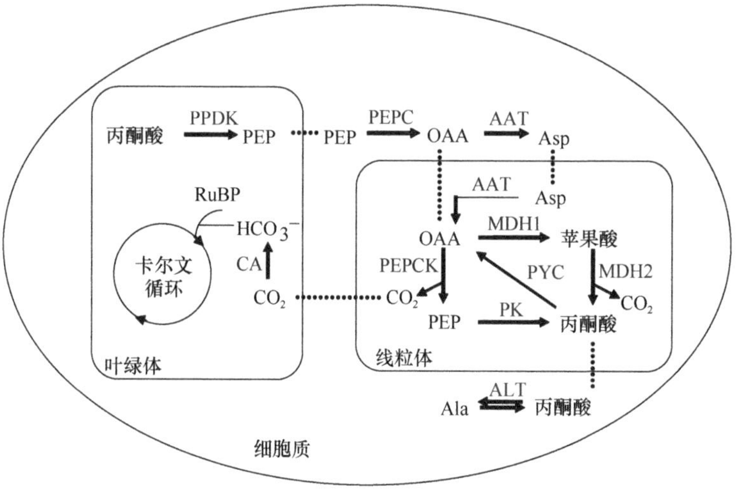

图 1-8-13　海带固碳途径（C3+C4）的模式图

CA.碳酸酐酶；PPDK.磷酸丙酮酸双激酶；PEPC.磷酸烯醇丙酮酸羧化酶；AAT.天冬氨酸氨基转移酶；MDH.苹果酸脱氢酶；PEPCK.磷酸烯醇丙酮酸羧激酶；PK.丙酮酸激酶；PYC.丙酮酸羧化酶；ALT.丙氨酸氨基转移酶；OAA.草酰乙酸；PEP.磷酸烯醇丙酮酸

第二节　海带对氮的吸收及氮代谢

蛋白质是细胞的生命基础，而氮是蛋白质最基本的成分，占所有元素的 16%～18%。因此，氮的营养供应与代谢始终是海藻生长发育中重要的科学问题，在许多海区，氮已成为浮游藻类生长的限制因子（Ryther and Dunstan，1971）。藻类利用氮的形式多种多样，主要包括无机氮中的硝态氮（NO_3^--N）、亚硝态氮（NO_2^--N）和铵态氮（NH_4^+-N），以及有机氮中的尿素、酰胺和氨基酸等（Lobban and Harrison，1994）。其中，NO_3^--N 和 NH_4^+-N 被认为是大型海藻最重要的氮源。许多海藻对 NH_4^+-N 的吸收速率远高于对

NO_3^--N 的吸收速率，且一般情况下会优先利用 NH_4^+-N（Gao and McKinley，1994）。当介质中 NH_4^+-N 存在时会抑制海藻对 NO_3^--N 的吸收，而 NO_3^--N 的存在又可抑制其对 NO_2^--N 的吸收（刘静雯和董双林，2001）。光照（光强、光质、光周期），温度和盐度等物理因素，以及海水的 pH、营养盐浓度和形式，均会影响海藻对不同形态的无机氮的吸收与利用。

一、海带氮的利用

1. 海带配子体的氮营养问题

有关海带配子体营养盐吸收及利用的报道较少。曾呈奎等（1962）采用不同浓度的氮、磷添加，对海带配子体生长与发育进行了研究。在不加磷肥的天然海水中，虽然氮含量有所增加，但配子体不进行细胞分裂。在缺磷而富氮的环境中，配子体生长 28 天后，未能发育成孢子体，由此得出磷肥对海带配子体的发育起决定作用。王宗诚和方宗熙（1980）通过氮加倍（8 mg/L N）处理海带纯系“LC3”的雌配子体，随机测量了球形细胞的直径，发现相比于对照组（4 mg/L N），处理组细胞直径均显著增大。当向天然海水中加入 1 mg/L 氮（不加磷）时，在 20 天内能观察到大量孢子体出现，这说明在不缺磷的情况下，增加氮有利于海带配子体的生长发育。刘德厚等（1997）证实在正常培养条件下，缺氮组配子体死亡率为 1.3%，与完全营养组相比，无配子体死亡率明显增加的现象。李晓捷（2003）测定了 2.5 g/L、10 g/L、25 g/L 不同密度雌配子体对氮的消耗情况。发现当克隆密度较小时（＜10 g/L），氮起始浓度为 6 mg/L，每周换水 1 次，可满足雌配子体生长需要；而当克隆密度较大时（25 g/L），增加氮起始浓度至 10 mg/L，可满足其生长需要。罗世菊等（2008）总结了海带配子体克隆育苗的关键技术，认为自然海水经沉淀、过滤、煮沸、冷却后，添加 $NaNO_3$ 至终浓度 10 g/L，KH_2PO_4 1g/L，可满足雌、雄配子体育苗对营养盐的需求。

2. 海带孢子体氮的营养需求

人们发现海带孢子体在贫瘠海区无法正常生长，这主要因为自然海水中氮含量过低（NO_3^--N<5 mg/L）。海带生长所需氮难以满足，导致其出现生长速度缓慢、叶片硬、藻体淡黄等缺氮的饥饿病症。因此在养成后期，若氮不足，虽然能积累更多的干物质，但生长长度会受到严重影响（曾呈奎等，1959）。海带孢子体的生长需要相当于1.3%干重的组织氮含量（Mizuta et al.，1994）。1～2 m 长的海带日需6 mg 氮才能满足其正常的生长需要。为解决贫瘠海区的海带生长问题，许多养殖单位采用了人工施肥法，大幅提高了海带养殖产量。

相比于有机氮肥，无机氮由于含氮量高，且易溶于水，更易被海带吸收与利用。在养殖生产中，往往以硝酸铵、尿素为氮源。海带生长的各个时期，对氮需求不同，应分期施用不同数量的氮肥，以达到有效施肥的效果。在海带分苗初期，海水含氮量高，幼苗需氮量较低，可根据海区不同情况不施肥或少施肥。海带藻体成长为50～250 cm 时需氮量最大，应多施肥。一般来讲，春季是海带生长最快的时期，应加大施肥量；6月以后可减少施肥或不施肥。刘德厚等（1997）发现，在缺氮条件下，不同年份间的幼孢子体发病率分别为29.1%（1987年数据）和6.1%（1988年数据）。海带苗出库时，1 cm 长棕绳上的苗数及较大苗长度分别为完全营养组的32.5%和55.3%（1987年数据），以及47.2%和45.8%（1988年数据）。

中国科学院海洋研究所试验证实，NO_3^--N 在 50 g/L 浓度范围内，海带对其吸收量随浓度增加而增加，至 50 g/L 时，吸收量达到 34.2 mg/g（干重，DW）；当 NO_3^--N 浓度升高至 100 g/L 时，吸收量相对减少。在海水中的浸泡时间能够影响海带对氮的吸收。100～120 cm 的海带，氮饥饿 55 天后，添加 NO_3^--N 至浓度为 1 g/L，海带对 NO_3^--N 的吸收量（mg/g 鲜重）与吸收时间（h）呈正比。在 6 h 以内，吸收速率较快，超过 6 h，吸收量增长甚微。据此推测，海带细胞由于饥饿而累积的碳水化合物，当其含量下降至一定程度时，氮吸收量迅速下降。另外，在正常海水中，海带能同时吸收 NO_3^--N 和 NH_4^+-N，且对于 NH_4^+-N 的吸收速率大于 NO_3^--N。pH 低于天然海水（8.1～8.5）时，主要吸收 NO_3^--N，pH 高，则 NH_4^+-N 吸收较多，且一定范围内，pH 越高，总氮吸收量越多，鲜重日增长量也越大。

吴荣军等（2006）研究了室内实验和围隔实验中海带幼孢子体在不同浓度 NO_3^--N 下的生长情况与光合作用速率（P_m）。证实海带最大生长速率对氮的需求（Nreq）为 2.45 μg/（mg DW·d），组织氮的临界值为 20.4 μg/mg DW。初始 NO_3^--N 浓度越高，海带幼孢子体吸收速率和组织氮的累积速率就越高（图 1-8-14，图 1-8-15）。围隔实验表明，组织氮含量与幼孢子体的光合作用能力也呈明显的线性相关关系（R^2=0.9142，P<0.01）（图 1-8-16）。

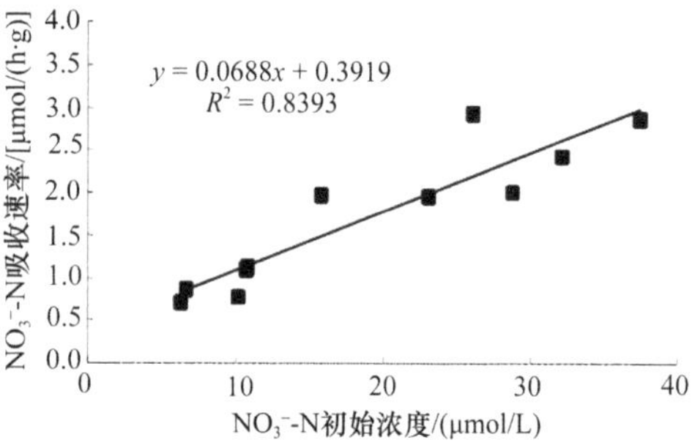

图 1-8-14　室内实验中不同 NO_3^--N 浓度下海带对 NO_3^--N 的吸收速率（吴荣军等，2006）

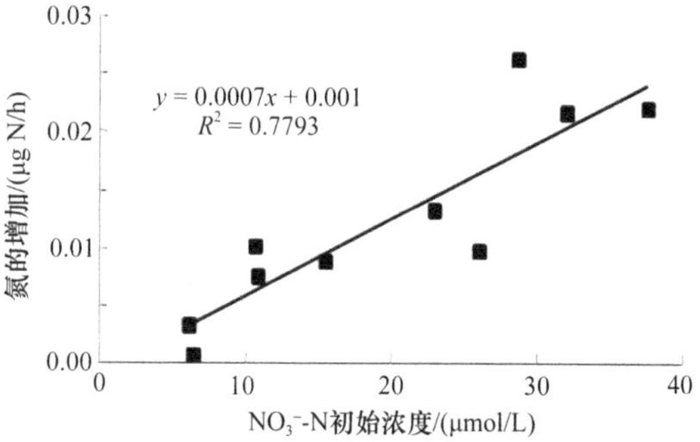

图 1-8-15　室内实验中不同 NO_3^--N 浓度下海带组织氮的累积速率（吴荣军等，2006）

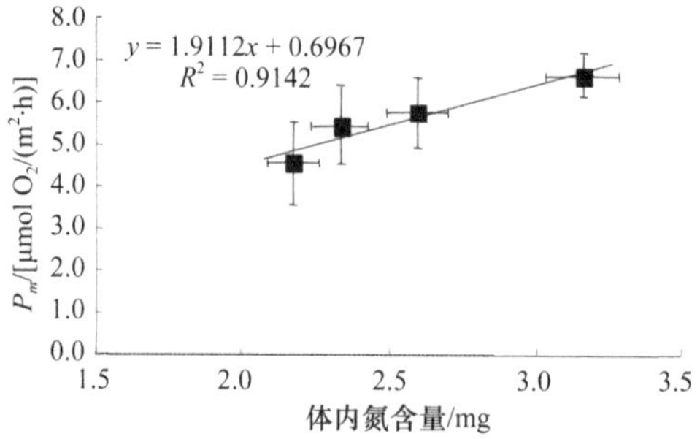

图 1-8-16　现场围隔实验中组织氮含量与 P_m 的关系（吴荣军等，2006）

毛玉泽等（2008）将长约 3 m 的海带分 4 个部位（基部 Pba、中带部上部 Pmu、中带部下部 Pmb、边缘部 Pbr），打孔取直径 1.0 cm 的藻片。证实在缺氮条件下，海带对氮的吸收最初在 0.5～1 h 内最高，随着时间的延长逐渐下降，快速吸收后有一个短暂的释放过程。经过 24 h 培养后，海水中 NO_3^--N 的浓度为 Pbr >Pmu> Pba> Pmb，海带对 NO_3^--N 的吸收能力为 Pmu＞Pba＞Pmb＞Pbr。但其对 NH_4^+-N 的吸收能力则相反，边缘对 NH_4^+-N 的吸收大于中带部。另外，也证实海带藻片在不同比例的氮源中，对 NO_3^--N 的吸收速率均大于 NH_4^+-N，且在低温（10℃）条件下的吸收速率高于高温（15℃）条件下的。

沈淑芬（2013）分析了不同 NO_3^--N、NO_2-N、NH_4^+-N 浓度下，脆嫩期海带对氮的吸收特征。证实了其对 NH_4^+-N 的最大吸收速率 v_{max} 与米氏常数 K_m 值均高于同一时刻对 NO_3^--N 的吸收。v_{max} 越大表示海带组织细胞内可利用酶的数目越多，在高浓度营养盐下的竞争优势越大。在相同情况下，当两种形态的氮均存在于介质中时，海带会优先吸收 NH_4^+-N。而海带对 NO_3^--N 的 v_{max}/K_s（底物常数）大于同一时刻对 NH_4^+-N 的 v_{max}/K_s，说明在低营养盐状态下，海带对 NO_3^--N 的吸收能力要大于 NH_4^+-N。

谢琳萍等（2013）发现荣成湾营养盐的分布变化特征与养殖海带的生长周期有着紧密的联系。海带生长初期（秋季，11 月），海区营养盐含量较高，NO_3^--N 是可溶性无机氮（DIN）的主要成分，供刚分苗的小海带生长所需；海带生长中后期（春季，5 月），DIN 浓度下降（4.63 μmol/L），导致部分海带顶部腐烂，残体发生分解，使得水体中 NH_4^+-N 占 DIN 的比例由冬季的 30%升高至 52%；海带收获后期（夏季，8 月），海区营养盐含量最低，DIN 主要由 NH_4^+-N 构成。除荣成湾外，对桑沟湾的研究也证实，营养盐分布变化与海带的生长密切相关。桑沟湾的内近岸区域养殖的海带在 4 月中下旬便开始从藻体顶部腐烂，到 6 月中旬以后，有些区域的海带便腐烂得只剩下 1 m，这严重影响了海带产量（方建光等，1996）。该现象可能是营养盐特别是无机氮营养盐不足所致。当贝类排泄释放、底沉积溶出的无机氮固定时，外海对桑沟湾的无机氮补充至关重要，占了整个无机氮源的 40.2%（史洁等，2010）。樊星等（2009）对通过桑沟湾潮流特性的观测，发现海带养殖密度过大，阻碍了桑沟湾与外海之间的水交换，也限制了外海对桑沟湾无机氮营养盐的补充，从而影响海带的质量和产量。因此，在开展海带规模养殖时，要根据海水动力与营养盐的关系，确定适宜养殖密度，确保实现高产的目标。

二、海带对氮的利用机制

有关海带对氮的利用机制，有报道称，其是通过直接吸收 NH_4^+-N 及先吸收 NO_3^--N 再转化为 NH_4^+-N 而实现的。有人认为海藻对氮的同化途径与高等植物具有相似性（图 1-8-17）。NO_3^--N 一般需经过硝酸还原酶（NR）和亚硝酸还原酶（NiR）还原至 NH_4^+-N 后方可被吸收利用。谷氨酰胺合成酶（glutamine synthetase，GS）和谷氨酸合成酶（glutamate synthase，GOGAT）可直接将 NH_4^+-N 同化为氨基酸。此外，铵转运蛋白家族（AMT）可直接吸收外界环境中的 NH_4^+-N。解析海带吸收利用氮的机制，可为人工施肥提供理论依据。

1. 海带对 NO_3^--N 的利用机制

硝酸还原酶（nitrate reductase，NR）是 NO_3^--N 代谢的限速酶，研究 NR 的活性可以

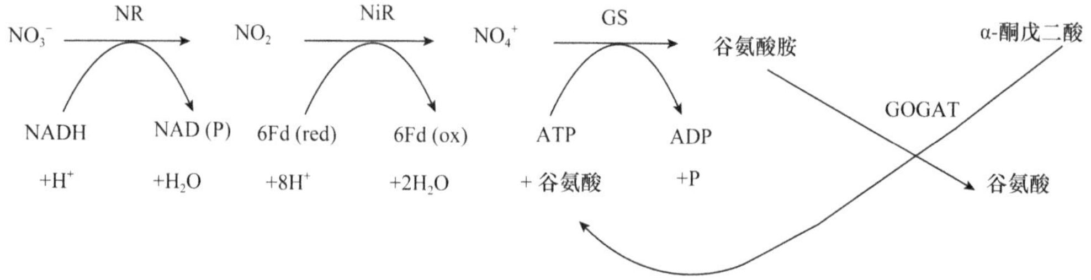

图 1-8-17 植物氮代谢过程（陈胜勇等，2010）
NR 为硝酸还原酶；NiR 为亚硝酸还原酶；GS 为谷氨酰胺合成酶；GOGAT 为谷氨酸合成酶

了解海藻的氮代谢水平（Foyer et al.，1993，1998）。Amy 和 Garrett（1974）发现，将海藻从以 NO_3^-为氮源的培养基中转移到以 NH_4^+为氮源的培养基后，NR 活性（NR activity，NRA）迅速下降。徐智广等（2007）对 NRA 的进一步研究发现，光照和 NO_3^-对 NRA 起到正调节作用，而 NH_4^+对 NRA 起负调节作用。藻类中 NR 的研究多集中于硅藻、甲藻等浮游微藻中（吕嘉扬等，2004；王金花等，2008；丁雁雁，2012）。

目前有关海带中 NR 的研究较少。高尚德等（1985）证实，不同光强、温度、pH、硝酸盐浓度、磷酸盐浓度等因素对海带中的 NRA 均有影响。其中，NR 最适反应温度为 30℃，最适 pH 为 7.5。海带 NR 催化硝酸盐还原的光饱和点（3000 lx）低于光合作用光饱和点（11 000 lx），但高于海带正常生长所需光强（1000～2000 lx）（曾呈奎和吴超元，1962；曾呈奎等，1981）。此外，养殖海水中 KNO_3 浓度从 10 mmol/L 升至 40 mmol/L 时，海带 NRA 逐渐增加，高于 50 mmol/L KNO_3 处理，酶活迅速下降，而一定浓度的磷酸盐（30～100 μg/L）对于硝酸盐的还原具有明显促进作用。

除外界环境因子外，不同发育时期、不同生长水层及同一时期的不同生长部位，海带的 NR 活性也不相同（赵素达和高尚德，1994）。凹凸期海带（30 cm 左右）叶状体边缘的 NRA 大于中带部，纵向酶活中，尖部>中部>基部；厚成期海带（150 cm），叶基边缘与中带部 NRA 几无差异，中部边缘大于中带部，纵向 NRA 与凹凸期基本一致。海带由幼苗期到成熟期，NRA 逐渐变大，因此，NRA 可作为氮生化代谢指标，根据海带不同发育阶段，进行适宜施肥。此外，海带中 NRA 与其生长水深相关。一般来讲，苗绳上端的海带，其 NRA 比下端的高，这可能与水深处光照不足有关。NR 催化 NO_3^-的反应需要 NADPH 为还原剂，光照不足可导致海带孢子体光合作用下降，产生的还原剂不足使得 NRA 降低。因此，在养殖过程中，要适当调整苗绳深度，提高海带对氮的利用，达到养殖增产的目标。

Deng 等（2012）完成了海带幼孢子体转录组测序，在此基础上，通过生物信息学分析，发现海带中存在 NR 和 NiR 相关的单基因（表 1-8-8）。共有 3 条序列注释为 NR，其中，unigene16243 经 BLAST 验证，与长囊水云（*E. siliculosus*）的某未知功能蛋白（CBJ49007.1）在 44%的覆盖度上相似度达 72%；而与拟南芥（*Arabidopsis thaliana*）的 NR 序列相似度为 37%。尽管转录组将 unigene16243 注释为 NR，但 BLAST 分析结果表明其或为假基因。unigene402 与 unigene69732 均与长囊水云 NAD（P）H-NR 的蛋白质序列有较高的相似度：unigene402 与长囊水云 NR 的 136～827 处氨基酸具有 86%的相似度，而 unigene69732 与长囊水云 NR 的 7～135 处氨基酸片段相似度为 85%。据此推断，海带中可能存在 NAD（P）H 依赖的硝酸还原酶，后续需进一步开展基因功能验证。

表 1-8-8　海带幼孢子体转录组测序获得的 *NR* 与 *NiR* 基因的序列信息

unigene 序号	长度/bp	保守域	覆盖度/相似度	序列登录号
unigene16243	2082	硝酸还原酶	17% / 37%	CAA31787.1
unigene402	2461	NAD（P）H-硝酸还原酶	83% / 86%	CBN78746.1
unigene69732	604	NAD（P）H-硝酸还原酶	64% / 85%	CBN78746.1
unigene22292	914	铁氧还蛋白硝酸还原酶	47% / 86%	CBJ25514.1
unigene9148	423	铁氧还蛋白硝酸还原酶	33% / 53%	CBJ25514.1

根据 BLAST 分析 unigene22292 序列，发现其与长囊水云、铜绿微囊藻（*Microcystis aeruginosa*）、鱼腥藻（*Anabaena variabilis*）等的 NiR 氨基酸序列相似度较高（>50%）。unigene9148 序列与长囊水云 NiR 的 22～48 氨基酸片段亦有较高相似度（53%）。

拟南芥中参与 NO_3^--N 吸收与转运的家族为 At NRT1 和 AtNRT2，分别有 53 个成员和 7 个成员（Tsay et al.，2007）。但比较海带已有的转录组信息及 EST 数据库，尚无发现有 *NRT* 基因。整合 NR 生化特征及生物信息学检索结果，推测海带对 NO_3^--N 的吸收转运机制可能不像高等植物那样复杂，也许仅通过 NR 或 NiR 同化途径来获取海水中的 NO_3^--N。

2. 海带对 NH_4^+-N 的利用机制

浮游藻类中的铵转运蛋白家族（AMT）可直接吸收海水中的 NH_4^+-N（Mcdonald et al.，2010），某些 *AMT* 基因特异表达于特定的植物组织，暗示不同 AMT 在氮消化机制中扮演着不同的角色。一般认为，植物中 AMT 是一个单向转运体，转运方式类似于通道蛋白（Ludewig，2006）。生物信息学分析发现 AMT 蛋白包含的氨基酸为 400～550 个，含多个跨膜结构域。拟南芥基因组中含有 6 个 *AMT* 基因，隶属于 2 个亚家族：AtAMT1 和 AtAMT2（Kaiser et al.，2002）；水稻基因组中有 10 个 *AMT* 基因，其中 *OsAMT1*、*OsAMT2*、*OsAMT3* 各有 3 个，*OsAMT4* 基因有 1 个（Sonoda et al.，2003；Suenaga et al.，2003）。但迄今为止，海带中有关铵转运蛋白的研究尚未见报道。根据海带转录组数据库信息，检索到 11 条 *AMT* 序列，且所有序列 BLASTX 分析后均与长囊水云的 AMT 家族具有较高的同源性（表 1-8-9）。初步推断，海带中至少含有 7 条 *AMT* 基因，该类基因的功能验证需后续深入开展。

表 1-8-9　海带幼孢子体转录组测序获得的 *AMT* 基因的序列信息

unigene 序号	长度/bp	保守域	覆盖度/相似度	序列登录号
unigene1238	1809	铵转运蛋白家族	53% / 88%	CBJ33604.1
unigene24353	660	铵转运蛋白家族	48% / 66%	CBJ34011.1
unigene3057	1004	铵转运蛋白家族	61% / 54%	CBJ28814.1
unigene3708	947	铵转运蛋白家族	99% / 61%	CBN80208.1
unigene44457	919	铵转运蛋白家族	93% / 83%	CBJ33346.1
unigene46638	1096	铵转运蛋白家族	83% / 72%	CBJ48742.1
unigene48627	487	铵转运蛋白家族	68% / 74%	CBJ33604.1
unigene49915	202	铵转运蛋白家族	98% / 73%	CBJ26089.1
unigene56934	240	铵转运蛋白家族	100% / 91%	CBJ26089.1
unigene60660	267	铵转运蛋白家族	59% / 94%	CBJ28814.1
unigene67703	403	铵转运蛋白家族	50% / 82%	CBJ48742.1

NO_3^--N被植物吸收后转变成的NH_4^+-N与植物体直接吸收的NH_4^+-N，共同经谷氨酰胺合成酶（GS）与谷氨酸合成酶（GOGAT）同化为氨基酸（陈胜勇等，2010）。有关GS在藻类中的研究极为有限，目前仅限于小藻，海带中还未见报道。根据海带孢子体的转录组数据注释获得2条GS序列，但BLASTX分析结果发现，二者均与嗜热链球菌（*Streptococcus thermophilus*）有高达99%的相似度，难以证明海带中是否真正存在谷氨酰胺合成酶。

从海带转录组中获得7条 unigene，注释为 GOGAT（表1-8-10），其中 unigene37101 与嗜热链球菌（*S. thermophilus*）在99%的覆盖区段，氨基酸序列完全一致。其余 unigene 或与长囊水云的谷氨酸合成酶（glutamate synthase），或与海链藻（*T. pseudonana*）的聚谷氨酸合成酶（folypolyglutamate synthase）相似度较高。

表 1-8-10 海带幼孢子体转录组测序获得的 *GOGAT* 基因的序列信息

unigene 序号	长度/bp	保守域	覆盖度/相似度	序列登录号
unigene5614	2258	谷氨酸合成酶	71% / 92%	CBJ26319.1
unigene7010	1490	谷氨酸合成酶	96% / 90%	CBN78176.1
unigene26840	3103	谷氨酸合成酶	74% / 91%	CBN78176.1
unigene10503	436	铁氧还蛋白依赖的谷氨酸合成酶	86% / 77%	CBJ34165.1
unigene21007	761	聚谷氨酸合成酶	92% / 50%	XP_002293601.1
unigene26736	1612	聚谷氨酸合成酶	30% / 39%	XP_002293601.1
unigene37101	224	聚谷氨酸合成酶	99% / 100%	YP_006339508.1

第三节 海带对磷的吸收及磷代谢

磷是大型海藻的主要营养元素之一，在核酸、蛋白质及磷脂代谢过程中起重要作用。磷在海水中的存在形式包括有机磷与无机磷，大型海藻主要利用无机磷中的正磷酸盐（PO_4^{3-}），某些海藻可合成胞外碱性磷酸化酶水解并利用有机磷。当细胞外无机磷浓度较高时，碱性磷酸化酶的合成受到抑制，细胞则主要吸收无机磷。而当细胞外无机磷消耗殆尽后，大型海藻快速利用细胞内所贮存的多聚磷酸盐和正磷酸盐，随后细胞外碱性磷酸化酶的活性增高（Lundberg et al.，1989）。

一、海带对磷的利用形式

20 世纪 80 年代以前，海带配子体培养的一般营养条件是天然海水中加入 4 mg/L 的氮和 0.4 mg/L 的磷。王宗诚和方宗熙（1980）发现磷加倍组的海带雌配子体球形细胞的直径比对照组[（5.95 ± 0.264）μm]显著增大[（6.45 ± 0.347）μm]。只加磷（1 mg/L）不加氮的天然海水，培养配子体 20 天后，配子体约有 20%的死亡率，65.8%的细胞为 3 细胞以上，但仅有 0.4%的细胞发育成孢子体。通过优化氮、磷配比，8 mg/L N：0.4 mg/L P 和 16 mg/L N：0.1 mg/L P 的氮磷比是海带配子体发育的适宜条件（王宗诚和方宗熙，1980）。

刘德厚等（1997）通过对比培养证实，缺磷引起的海带配子体死亡率可达 2.7%，不同年份间的幼孢子体发病率分别为 42.7%（1987 年数据）和 12.9%（1988 年数据）。海带苗出库时，1 cm 长棕绳上的苗数及较大苗长度分别为完全营养组的 53.9%和 25.9%（1987 年数据），以及 4%和 16.7%（1988 年数据）。与完全营养组相比，缺磷对配子体影响较小，但会造成孢子体发生及出苗较晚、个体小、生长慢，影响幼苗的大小与健康。李晓捷（2003）分析了 2.5 g/L、10 g/L、25 g/L 不同密度雌配子体对磷的消耗，证实克隆密度较小时（<10 g/L），磷起始浓度为 1 mg/L，每周换水 1 次，可满足雌配子体生长需要；克隆密度较大时（25 g/L），增加磷起始浓度至 2 mg/L，每周换水 1 次，可满足其生长需要。

鞠青等（2009）认为，海带胚孢子能够在人工海水中进行早期发育，但人工海水中的氮、磷营养盐浓度及氮磷比均会对海带发育初期胚孢子的萌发率产生影响。不同氮、磷配比的人工海水对海带胚孢子萌发率的影响不同：N∶P>15∶1 的氮磷比会降低海带胚孢子的萌发率，而缺乏氮或磷营养盐的人工海水则极显著抑制海带胚孢子的萌发。人工海水中氮、磷营养盐的缺乏会导致海带配子体形成时间的滞后，并对其雌雄分化产生一定影响。

二、海带养殖与浅海生态环境修复

近几十年来，随着水产养殖及农肥等大量使用，流入浅海海水中的大量氮、磷等污染物已大大超出了海水的自身净化能力，这会导致浅海海域产生富营养化。宋金明等（2004）发现，胶州湾中东部水域在 20 世纪 60～90 年代这 30 年间，NO_3^--N 和 NH_4^+-N 含量分别增长了 7.1 倍和 5.1 倍；渤海湾海水中 NO_3^--N 浓度超过了水质标准的 3.6～6.6 倍；大连湾海水中无机氮浓度超标了 10 倍。由于海带、紫菜等大型经济藻类在生长过程中能大量吸收氮、磷等营养物质，且具有生命周期长、生物量大、生产力高等特点，因此，海带和紫菜等栽培成为了有效、安全的生物修复方法，已被国内外许多研究者采用，应用于浅海富营养化的治理（杨宇峰和费修绠，2003；Troell et al.，2003；孙琼花，2013）。许多养殖实践也证明，大型海藻的确能改善浅海生态环境（徐智广等，2011）。

何培民等（2005）发现每养殖 1000 t 海带可除去 30～40 t 氮和 3 t 磷。因此，大力发展海带养殖产业，可改善我国沿海富营养化问题，减少赤潮的发生，同时改善浅海生态环境。目前在我国南方福建地区（三岐澳和罗源湾）和北方山东地区（荣成湾和桑沟湾），大规模的海带养殖产业已显著降低了海水的富营养化程度（武晋宣等，2005）。

孙琼花（2013）证实了三岐澳海带栽培区在 4 月和 5 月海带生长季节，海水水质较好，未出现富营养化。3 月、4 月、5 月海带栽培区 DIN 的降低率分别达 12.16%、14.49%、16.78%，可溶性无机磷（DIP）的降低率分别为 32.6%、17.48%、10.83%。在 3 种价态氮中，NO_3^--N 含量占 DIN 的主要部分，但海带对 NH_4^+-N 吸收的降低率高于 NO_3^--N 和 NO_2-N，3～5 月分别为 34.15%、15.76%和 28.93%。

沈淑芬（2013）证实海带在 2～7 天的短期培养条件下，对海水中 NH_4^+-N 和 DIN 的去除率达 99.56%和 98.07%以上。另外，与对照海区相比，罗源湾海带栽培区 DIN 的降低率分别达 25.48%、19.62%、44.65%，DIP 的降低率分别为 20.17%、32.00%、38.72%。在 3 种主要的无机氮中，海带对 NH_4^+-N 吸收的降低率最高。3～5 月海带的平均组织氮、磷含量分别为 8.87%和 1.68%，4 月中旬鲜重为 533 g，达到最大。在收获期每公顷栽培的海带氮、磷拔除量分别为 51.2 kg、9.84 kg。大面积海带栽培可改善罗源湾的水质状况，降低海水中无机氮、磷含量。

由于海带对海水中的氮、磷具有明显的吸收与利用能力，许多养殖单位开展了海带和贝类等混养模式（江志兵等，2006）。在贝类养殖中，间养海带可大大降低养殖水体中 NH_4^+-N 和 NO_3^--N 的含量，且海带在混养后获得的效益比单养高出 132.0%，生产成本减少了 27.6%，扇贝生产成本降低了 41.9%。同样，贻贝与海带混养试验的效果也很明显。在桑沟湾进行了栉孔扇贝和海带混养，达到了利用氨氮生物控制扇贝养殖所产生的 NH_4^+-N 水平。海带等大型海藻对浅海生态环境的生物修复，将发挥日益重要的作用。

第九章　海带遗传机制研究

第一节　海带数量性状遗传研究

随着海带育种工作的不断深入，人们对海带遗传规律有了更加深刻的了解。海带许多性状，如孢子体叶片的长度、宽度、厚度，孢子体的单株重（鲜重和干重），以及碘、褐藻胶和甘露醇的含量等，都是数量性状，由多基因控制，并受到环境的影响。这些数量性状又是重要的经济性状，与海带的产量等直接相关，也是海带遗传改良的重要指标。

一、海带叶片长度遗传特征

海带叶片长度是一个典型的数量性状，其表型受到环境和基因型的双重影响，表现为连续的变化，呈正态分布（图 1-9-1）。

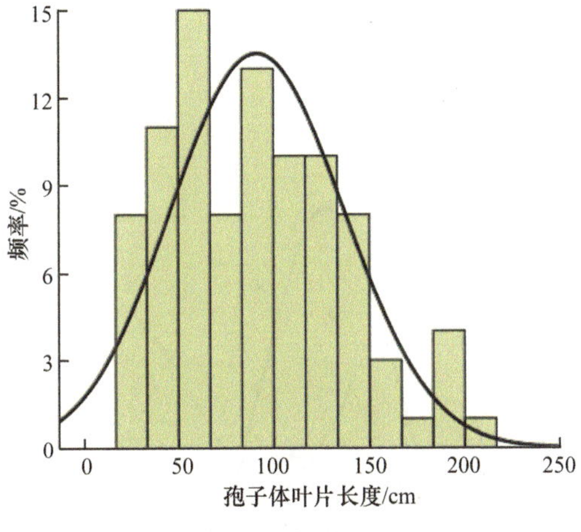

图 1-9-1　海带孢子体叶片长度的直方图（Liu et al.，2010）

影响海带叶片长度生长的环境因素至少包括温度、光线、肥料和养殖密度等。以温度为例，海带长度生长的最高温度是 20℃，最低温是 1℃，最适温度是 5～10℃。在养殖中最适温度的时期越长，海带就会长得越长。因此，在大连养殖的海带平均比在青岛养殖的海带更长一些，而南方养殖的海带平均比较短，推测与纬度和养殖的适温期差异有关。

方宗熙等（1965）对海带叶片长度进行了较为详细的遗传研究。其证明了海带叶片长度是一个可遗传的性状，主要依据有：①海带亲本叶片长度和后代叶片长度呈正相关（R=0.69）；②不同海带品系其叶片长度累代保持各自平均叶片长度的特点（表 1-9-1）。表中这些品系的叶片长度呈现显著差异。由于这些品系是由连续自交和定向选择而来的，在相同养殖条件下，叶片长度差异是由控制叶片长度的遗传基础所致，即各个品系的平均叶片长度是可遗传的。另外，长叶片自交系的后代较短叶片自交的后代，具有较大的叶片长度平均值，这也证明海带叶片的长度是可遗传的。

表 1-9-1　3 个海带品系平均叶片长度累代的遗传（方宗熙等，1965）

	组别	棵数	叶片长度（平均值±标准差）/cm
‘海青一号’	1962 年	28	320.9±25.32
	1963 年	45	361.4±21.28
	1964 年	59	346.2±25.83
‘海青二号’	1962 年	21	342.1±22.89
	1963 年	25	448.3±32.05
	1964 年	167	415.9±22.35
‘海青三号’	1962 年	16	269.5±22.87
	1963 年	24	308.2±17.81
	1964 年	101	281.5±16.61

海带叶片长度不仅是遗传的，而且通过连续的自交和选择，可引起分化，由此产生叶片长度不同的家系或自交种群。如图 1-9-2 所示，经过自交和选择获得的 3 个不同海带品系，有不同长度的变异频率分布曲线。海带叶片长度的遗传分化意味着长度生长的速度有所差异，这种差异在幼孢子体阶段就表现出来了。

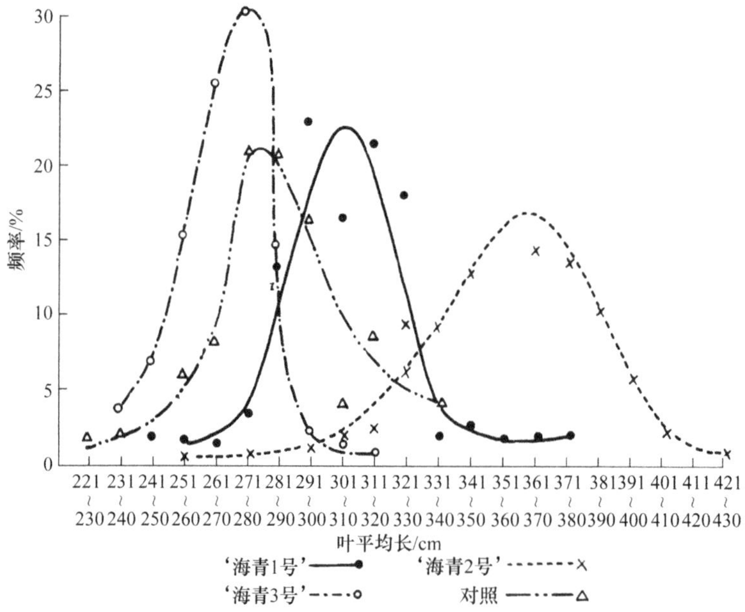

图 1-9-2　3 个海带品系和对照组叶片长度变异频率的分布曲线（方宗熙等，1965）

海带叶片长度是数量性状，呈连续变异，变异频率符合正态分布（图 1-9-2），因此推测海带叶片长度的遗传受到多基因的控制，且这些基因的效应是微弱的、可累加的。这就可解释为何不同品系的海带具有不同的长度。叶片较长的品系与叶片较短的品系相比，前者遗传了更多的微效基因，前者微效基因的累加效应大于后者微效基因的累加效应。

这些微效基因和环境因子共同作用，影响海带叶片长度的性状表型。

海带叶片长度是可遗传的，对其遗传力进行估计，既有理论意义又有实践价值。早在1965年方宗熙等就粗略估计了海带叶片长度的遗传力，之所以是粗略估计，是因为当时还不能控制海带的杂交过程，无法获得真正杂交的 F_1 代群体。他们以纯度较高的‘海青3号’自交系来估算环境变量（VE），以遗传混杂的海带自然群体来估算总的变量（VO），则遗传变量为 VG=VO－VE，从而粗略得到海带叶片长度的遗传力为0.556，推测出海带叶片长度的变异约有55.6%是受遗传因素控制的。王清印（1984）利用变量分析法估算雌性纯系海带群体的叶片长度的遗传力为44.95%，利用亲本和杂种子二代群体估算海带叶片长度性状的遗传力为68.32%。上述不同方法对海带遗传力估值大小有影响。在不同的杂交组合中，亲本取材不同对遗传力的估算也有影响。虽然这些研究仅粗略估算了海带叶片长度的遗传力，但对其遗传改良仍然具有指导意义。

二、海带叶片宽度遗传特征

与海带叶片长度一样，宽度也是一个典型的数量性状。其表型受到环境和基因型的双重影响，表现为连续的变化值，呈正态分布（图1-9-3）。王清印（1984）以一系列雌性纯系海带及连续自交多年的海带品系‘860’和‘1170’为材料，估算了海带叶片宽度的遗传力、遗传进度及叶片宽度与其他性状间的相关性。利用变量分析法估算雌性纯系海带群体的叶片宽度性状的遗传力平均值为75%，利用亲本和杂种子二代群体估算海带叶片宽度性状的遗传力为74.34%，二者差异不显著。海带叶片宽度的遗传力大于叶片长度和厚度的遗传力。这说明海带叶片的宽度性状受环境的影响相对较小，其表型受具加性效应的基因影响较大。海带在5%的选择强度下，海带杂交组合的叶片宽度性状的遗传进度（ΔG）平均值为12.8，大于叶片厚度性状的遗传进度，而小于叶片长度的遗传进度。另外还发现，海带叶片宽度与其他性状，如叶片长度、厚度、鲜重及干重之间呈正相关，其中叶片宽度和长度在不同的实验材料中都表现出较高的相关性，相关系数最高可达0.863，呈现出极显著的相关性。另外，叶片宽度与厚度、鲜重和干重间的相关性也达到了显著水平。

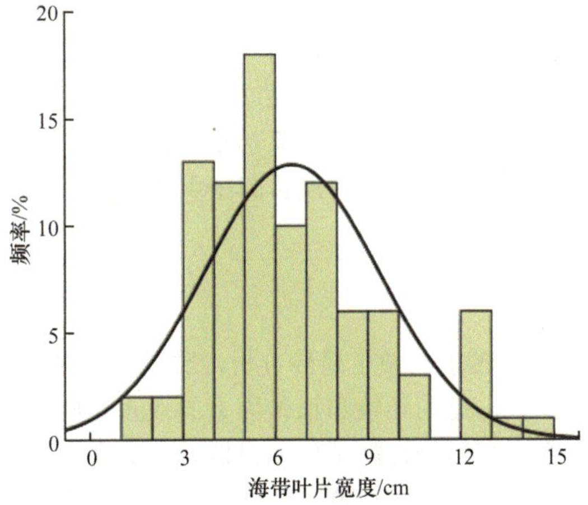

图1-9-3　海带叶片宽度的频率的直方图（Liu et al.，2010）

三、海带叶片厚度遗传特征

海带叶片厚度也是一个典型的数量性状，其表型值连续变化，呈正态分布。张景镛和方宗熙（1980）以海带自交系为实验材料，研究了海带叶片厚度的遗传特点。对不同自交系及其子代进行了叶片厚度的测量（表 1-9-2）。从表中可以看出，亲本叶片较厚的自交系，其自交所得到的子代叶片都是较厚的，亲本叶片较薄的自交系，自交所得的子代叶片都是较薄的。不同自交系后代的叶片厚度差异达到了显著水平。这些自交系及其后代都处于相同的环境条件下，因此它们叶片厚度的表型差异主要是它们的遗传差异引起的。另外，从表中也可算出，海带亲本与子代叶片厚度的相关系数为 0.820（$P<0.01$），这说明海带叶片厚度在亲本和其子代之间存在十分显著的正相关。另外，连续 4 年测量的数据表明，不同海带品系的叶片厚度一直是稳定的，且不同品系间的差异也是稳定的，这说明了海带叶片厚度是可以遗传的，不同海带品系有着不同的叶片厚度的遗传基础。

表 1-9-2　亲本海带及其自交子代的叶片厚度（张景镛和方宗熙，1980）

品系	亲本叶片厚度/mm	个体数	子代叶片厚度（平均值±标准差）/mm
H3-5	2.6	21	2.2±0.17
H3-40	2.4	11	2.1±0.12
H3-41	2.2	20	2.2±0.24
H3-21	2.2	6	2.1±0.21
H3-39	2.0	17	2.1±0.25
H*210	1.8	15	1.8±0.14
D*4	1.6	10	1.7±0.16
D*32	1.6	24	1.7±0.09
H4-28	1.6	5	1.6±0.02
H4-16	1.6	12	1.5±0.09
H4-01	1.5	10	1.4±0.03

为了探明不同海带自交系叶片厚度差异的解剖学基础，采用组织切片的方法，对不同海带自交系叶片进行了显微观察，发现海带不同自交系的皮层厚度、皮层层数和皮层细胞的直径存在着显著差异。不同海带自交系叶片厚度的差异，主要是由于叶片皮层组织的细胞层数和细胞大小存在差异。厚叶品系的皮层细胞平均层数较多，皮层细胞的平均直径最大。由此推测，控制叶片厚度的遗传因子主要作用于海带叶片的皮层组织。

四、海带柄长遗传特征

方宗熙等（1962a）对海带柄长做了遗传分析，发现柄一般略呈圆柱形，其长度呈连续变化，也是一种数量性状，受到环境和遗传因素的双重影响。生长较密和光线较弱都会使柄更长一些，但温度（高温处理配子体）对柄长无显著影响。海带柄长受多个微效基因控制，这些基因蕴含于海带原始种群中，通过连续的自交和定向选择，可使这些基因发生分离和纯化，得到柄部较长和较短的不同的自交系。如表 1-9-3 所示，不同海带群体或品系的柄长具有显著的差异性。

表 1-9-3　海带 3 个种群平均柄长的比较（方宗熙等，1962a）

	测定株数	柄长（平均值±和标准差）/cm
原始种群	100	4.1±0.83
自交种群	82	3.6±0.60
海一种群	47	6.2±0.62

五、海带碘吸收速率和含碘量的遗传特征

碘吸收速率和含碘量也属于数量性状。海带生长点位于藻体基部，不同部位藻体的生长时间不同。由此可推，海带不同部位的碘吸收速率有差异。陈家鑫（1983）以海带“1170”和海带“7816”两个品系为实验材料，分别测得了海带藻体基部、中部和梢部的碘吸收速率（表 1-9-4）。从表中可以看出，海带碘吸收速率不仅有着品系间的差异，而且有着不同部位间的差异，在所测定的两个品系内有着一致的趋势，即碘吸收速率为基部>中部>梢部。而不同部位碘吸收速率的变异系数则是梢部>中部>基部。可见海带基部能更精确反映不同品系间碘吸收速率的差异。

表 1-9-4　海带不同部位的碘吸收速率（单位：μg/cm^2，N=10）（陈家鑫，1983）

品系	基部			中部			梢部		
	平均值	标准差	变异系数	平均值	标准差	变异系数	平均值	标准差	变异系数
海带“1170”	1.94	0.169	0.087	1.18	0.172	0.146	0.39	0.074	0.187
海带“7816”	0.89	0.076	0.085	0.43	0.036	0.14	0.14	0.079	0.547

陈家鑫（1983）还分析了海带碘含量性状的配合力、遗传力及与其他性状间的相关性。海带碘含量性状的一般配合力（68.10%）属中等水平，只能从亲本的表现估算出后代的大致表现。但该性状的特殊配合力占 31.90%，所以在利用杂交优势时可考虑它的价值。碘含量的广义遗传力处于中等水平，但其狭义遗传力偏低（34.1%），这归因于非加性效应作用。针对这一情况，为了提高高碘品系的育种效果，他们进一步分析了碘含量与其他性状的遗传相关，发现碘含量与海带叶片长度性状呈正相关，与干物质含量性状呈负相关。

海带不同品系的碘吸收速率与碘含量间存在平行关系，即碘吸收速率快的，碘含量就高，反之亦然。陈家鑫（1983）认为碘吸收速率作为生理性状，比作为生产性状的碘含量更容易准确定量，可更精确地区分不同品系间的差异，从而有利于高碘品系的选择和培育。碘吸收速率和碘含量在不同海带品系间的比较（表 1-9-5）表明，在碘含量差异不显著的品系间，碘吸收速率却呈现出极显著的差异。可见碘吸收速率确实能够更精确地区分不同的品系。因此，碘吸收速率可作为碘含量的选择性状，在海带高碘品系的培育中可用碘吸收速率替代碘含量作为选育指标。

表 1-9-5　碘吸收速率和碘含量在海带不同品系间的多重比较（陈家鑫，1983）

品系	平均数	品系间的差异性分析		
		海带“860”	海带“1170”	海带“7822”
海带“860”	2.15[a]/1.72[b]			
海带“1170”	1.94/1.21	0.21**/0.51**		
海带“7822”	1.73/1.06	0.42**/0.66**	0.21**/0.15	
海带“7816”	0.89/0.88	1.26**/0.84**	1.05**/0.33	0.84**/0.18

注：a、b 所对应的数据分别代表碘吸收速率和碘含量

***P*=0.01 的差异显著水平

第二节　海带遗传图与 QTL 研究

一、海带遗传图

遗传图是指通过遗传重组分析得到的基因或遗传标记在染色体上的线性排列顺序图。遗传图是基因组学的重要内容，也是基因定位、图位克隆、数量性状基因座（QTL）分析和分子标记辅助育种的基础和前提，遗传图的构建具有重要的理论和应用价值。

海带遗传图的构建工作还处于低密度阶段。Li 等（2007）采用扩增片段长度多态性（AFLP）分子标记对“长海带×真海带”杂交 F_1 代群体 60 个个体进行遗传分析，根据“双向拟测交”策略，利用亲本间呈多态性且在子代中 1∶1 分离的 173 个 AFLP 位点，首次构建了长海带（母本）和真海带（父本）的遗传连锁图。这两张遗传连锁图各包括 14 个连锁群，覆盖的总遗传距离分别为 648.6 cM 和 601.9 cM，平均位点间隔分别为 8.2 cM 和 8.4 cM。Yang 等（2009）应用 AFLP 和简单序列重复（SSR）标记，以 40 个配子体克隆为作图群体构建了海带雌、雄配子体的遗传图。该图谱共定位了 262 个标记（包括 255 个 AFLP 标记和 7 个 SSR 标记），图谱包括 25 个连锁群，4 个三联体，16 个二联体，图谱的总长度为 1629 cM，密度为 7.91 cM/标记，基因组覆盖率为 66%。另外，Yang 等（2009）构建的遗传图首次采用了 SSR 标记，并且图谱的标记密度和基因组覆盖率都有所提高。总体来讲，目前遗传图的构建，主要存在作图群体较小、图谱饱和度和基因组覆盖率都较低的问题。

为构建更高标记密度和基因组覆盖率的海带遗传图，Liu 等（2009）以海带 F_2 世代为作图群体，通过增加标记数量和采用较大的作图群体，再次构建了海带的遗传图。F_2 代作图群体以实验室保存的雌、雄海带配子为亲本（其中父本的孢子体性状表现为叶片长而窄，而母本具有与父本相对的表型，即其叶片短而宽），采用配子体克隆育苗法产生 F_1 代，F_1 代自交产生 F_2 代在海上养成，随机选取的 230 个 F_2 代个体作为作图群体。从 192 个 AFLP 引物组合中筛选出 18 对扩增条带清晰、稳定且多态性高的引物组合。应用这些引物对 F_2 代 230 个个体进行基因分型，共得到 586 条 AFLP 条带，其中多态性条带共有 370 条（63.1%），符合 3∶1 分离比的条带有 215 条（36.7%），不符合 3∶1 分离比的条带有 155 条（26.5%）。另外，有 216 条（36.9%）不具有多态性。将分离比符合 3∶1

的 215 个 AFLP 标记，应用软件 MAPMAKER/exp 进行连锁分析，构建遗传连锁图。其中，142 个标记被定位到 27 个连锁群、三联体和二联体中，将此 27 个连锁群、三联体和二联体分别命名为 LG1～LG27。其中，连锁群共 19 个，三联体和二联体分别有 5 个和 3 个（图 1-9-4）。最大连锁群上有 12 个标记，而最小连锁群上只有 4 个标记，平均每个连锁群有 6.2 个标记，标记间的平均间距为 9.4 cM。连锁群总长度为 1058.8 cM，期望基因组长度为 1586.9 cM，因此该遗传图覆盖基因组的 68.4%。该遗传图的具体参数详见表 1-9-6。

表 1-9-6　海带遗传图的各项参数（Liu et al.，2009a）

图谱参数	数量
作图位点数	142
二联体数	3
三联体数	5
总连锁群数	19
连锁群平均位点数	6.2
位点间最小距离/cM	4
位点间最大距离/cM	21.5
位点间平均距离/cM	9.4
连锁群平均长度/cM	49.6
图谱实际长度 Goa/cM	1085.8
图谱框架长度 Gof/cM	943.3
图谱预期长度 Ge/cM	1586.9
框架图覆盖率 Cof/%	59.40
总图谱覆盖率 Coa/%	68.40

亲本选择直接影响到所构建图谱的难易程度及图谱的适用范围。通常作图群体的亲本间应具有适当的遗传距离，以保证作图群体中具有较高的标记多态性。另外，作图亲本应选用纯度高的材料，并且亲本具备特殊的经济特征，这样可以使所构建的遗传图能应用在下一步目标性状的 QTL 分析中。Liu 等（2009a）所选用的作图亲本为实验室保存的配子体纯合系，亲本间具有相对的性状表型，父本叶片长而窄，母本叶片短而宽。遗传学分析证明二者之间具有较适当的遗传距离，适合于构建作图群体亲本的选择要求。当前，海带的作图群体类型是 F_1 和 F_2 群体。这是因为海带是一年生（养殖的）或两年生（野生的）生物，构建 F_1 或 F_2 代群体相对其他作图群体来说更方便快捷。除了作图群体的类型外，作图群体的大小也是影响图谱构建的重要因素，一般来说，适当大的作图群体可以产生更高质量的作图结果。Li 等（2007b）以 60 个 F_1 代个体为作图群体，Yang 等（2009）以 40 个配子体为作图群体，他们得到的遗传图饱和度和基因组覆盖率都不高，Liu 等（2009a）采用较大的作图群体（230 个 F_2 代个体），结果证明在海带中增大作图群体可以提高图谱的饱和度和基因组覆盖率。

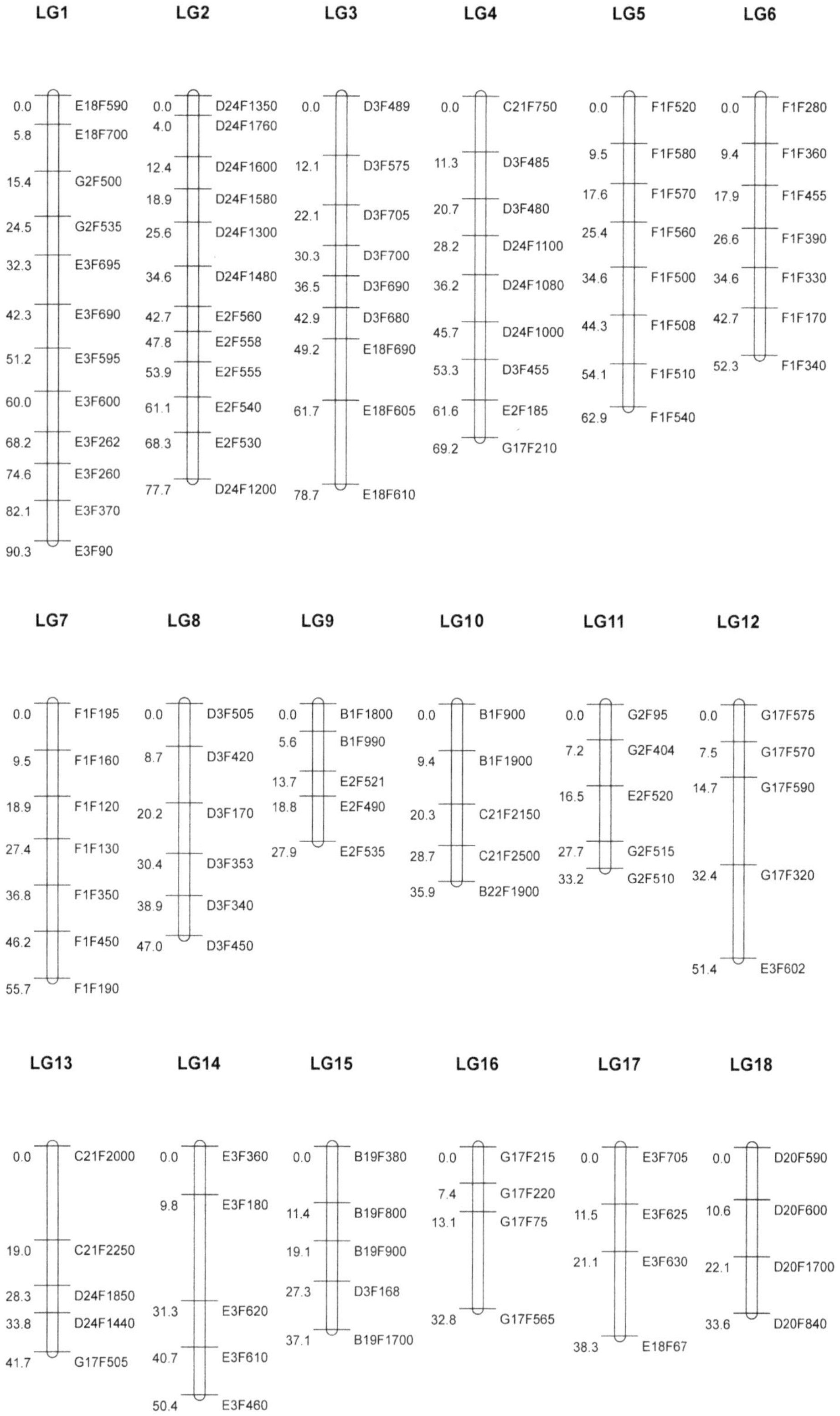

图 1-9-4 海带的遗传连锁图（Liu et al.，2009a）

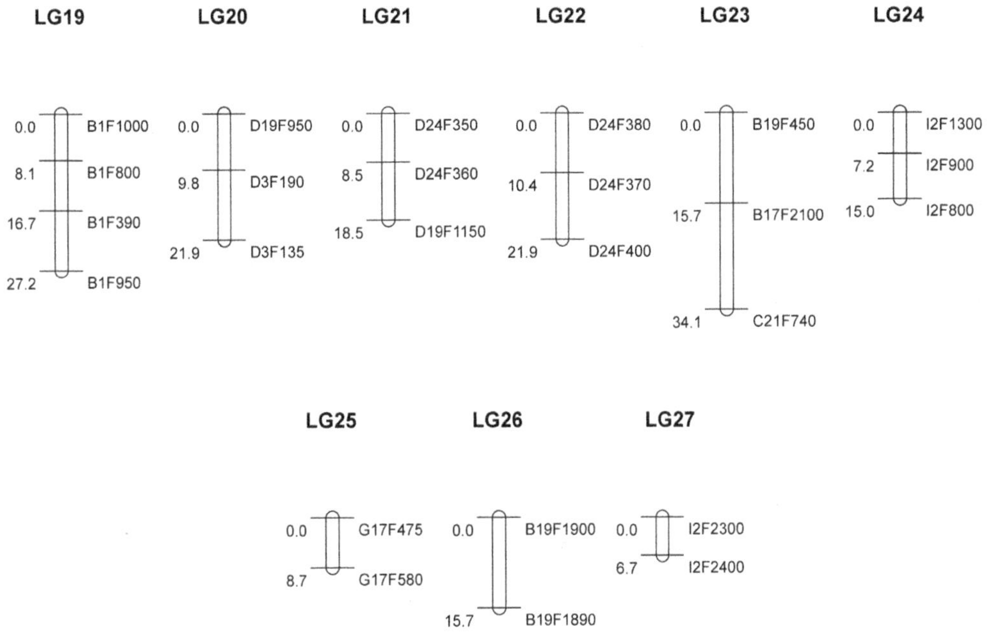

图 1-9-4 （续）

二、海带经济性状的 QTL 分析

研究证实海带很多经济性状，如叶片长、宽、厚、柄长、生长速度及碘含量等均为数量性状，在生长发育中既受微效多基因的调控，又容易受环境的影响（方宗熙等，1962，1965，1966；张景镛和方宗熙，1980；陈佳鑫，1983；王清印，1984）。这些数量性状有着复杂的遗传机制，传统的数量遗传学只是把控制数量性状的微效多基因作为一个整体，用统计学方法分析其总的遗传效应，无法把微效多基因分解为单个基因，因此无法解析单个基因的结构和功能，不能真正了解目标性状与功能基因的相互关系。QTL（quantitative trait locus）定位可检测分子标记与 QTL 间的连锁关系，同时估计 QTL 的遗传效应。QTL 分析能克服传统数量遗传学把数量性状微效多基因作为一个整体、用统计学方法分析其总遗传效应的缺点，可以把控制数量性状的微效多基因分解为单个基因，定位单个基因的位置并对其遗传效应进行分析，从分子水平上阐明目标性状的遗传、发育和形成机制，并可获得目标性状的连锁标记，对有效开展数量性状分子标记辅助育种具有重要意义。

有关海带经济性状 QTL 分析的研究罕有报道，目前仅有 Liu 等（2010）报道了海带叶片长度和宽度性状的 QTL 定位分析。他们首先以两个雌、雄配子体为亲本，其中父本叶片长而窄，母本叶片短而宽，亲本在叶片长度和宽度性状方面具有差异性。以二者的 F_2 代 92 个个体作为作图群体。以作图群体亲本从 288 个 AFLP 引物组合中筛选出 39 对引物组合，它们的扩增产物条带丰富，清晰明确，大小主要集中在 50～600 bp，在亲本间具有丰富的多态性。应用这 39 对引物对 F_2 代 92 个个体进行基因分型，共得到 899 条条带，多态性条带共有 646 条（71.9%），其中符合 3∶1 分离比的条带有 440 条（48.9%），不符合 3∶1 分离比的偏分离条带有 206 条（22.9%）。另外，该研究还从 35 对 SSR 引物中筛选出在亲本间具有多态性的 24 对 SSR 引物。用 24 对引物对 92 个 F_2 代作图群体进行基因分型，其中 16 个（66.7%）座位符合孟德尔分离比（*AA*∶*Aa*∶*aa*=1∶2∶1），而 8 个（33.3%）表现为偏分离。将符合孟德尔分离比的 440 个 AFLP 标记和 16 个 SSR 标记，进行连锁分析构建遗传连锁图。其中，287 个 AFLP 标记和 11 个 SSR 标记被定位到 28 个连锁群中，将此 28 个连锁群分别命名为 LG1～LG28。每个连锁群上的标记数最多为 19 个，最少为 5 个，平均 10.6 个。标记间的平均间距为 6.7 cM。连锁群的长度为 24.3（LG28）～124.5 cM（LG1），平均长度为 64.7 cM，总长度为 1811.1 cM，覆盖海带基因组总长度（2186.7 cM）的 82.8%。在此遗传图的基础上，结合海带 F_2 世代叶片长度和宽度的测量数据，利用复合区间作图模型进行全基因组扫描，结果对海带叶片长度性状共检测到 3 个 QTL，分别命名为 qL1-1、qL2-1 和 qL3-4，它们分别可以解释海带叶片长度变异的 18.37%、10.87%和 13.12%，其中的 qL1-1 和 qL2-1 表现为部分显性效应，而 qL3-4 表现为加性效应。从分布位置来看，qL1-1 和 qL2-1 定位于 LG1，而 qL3-4 定位于 LG4（图 1-9-5）。对于海带叶片宽度性状，共检测两个 QTL 即 qW1-3 和 qW2-5，它们对海带叶片宽度变异的贡献率分别为 16.1%和 20.3%，对海带叶片宽度性状均表现出部分显性效应（表 1-9-7）。宽度性状的两个 QTL 分别定位在连锁群 LG3 和 LG5 上（图 1-9-5）。

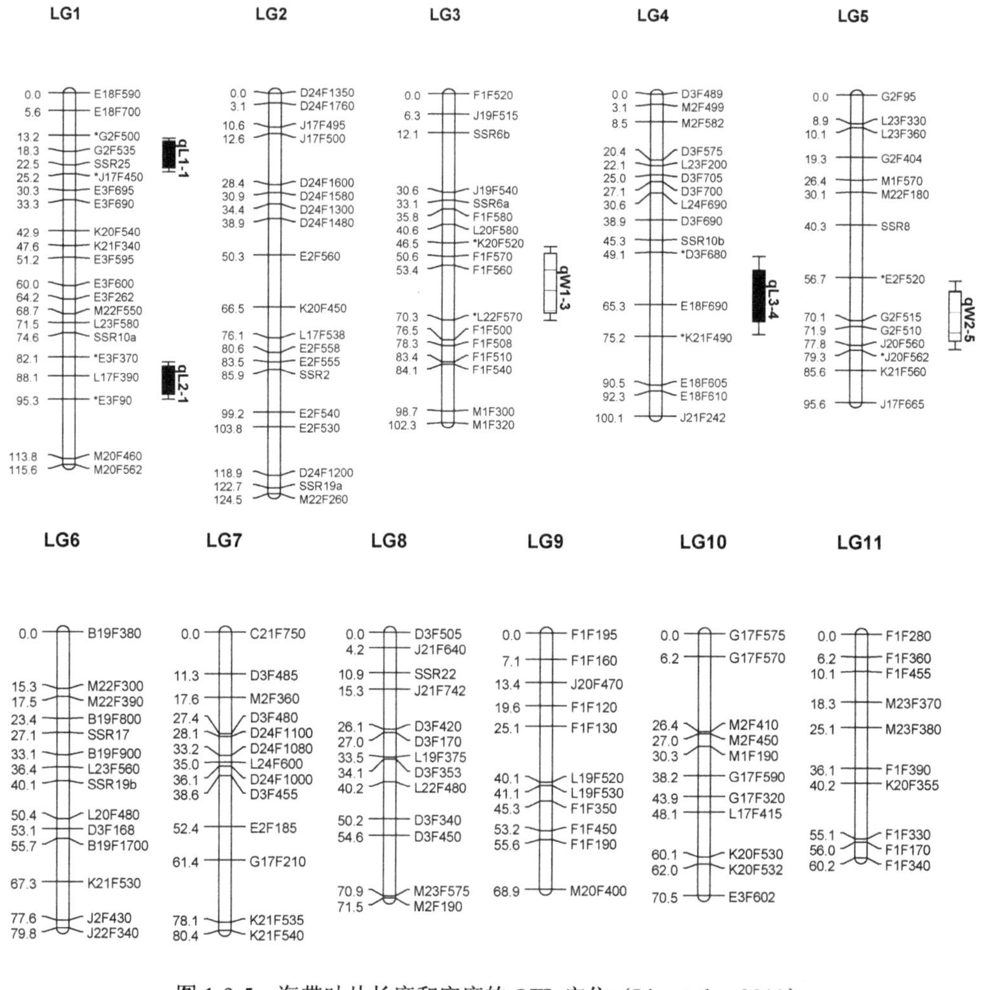

图 1-9-5　海带叶片长度和宽度的 QTL 定位（Liu et al.，2010）

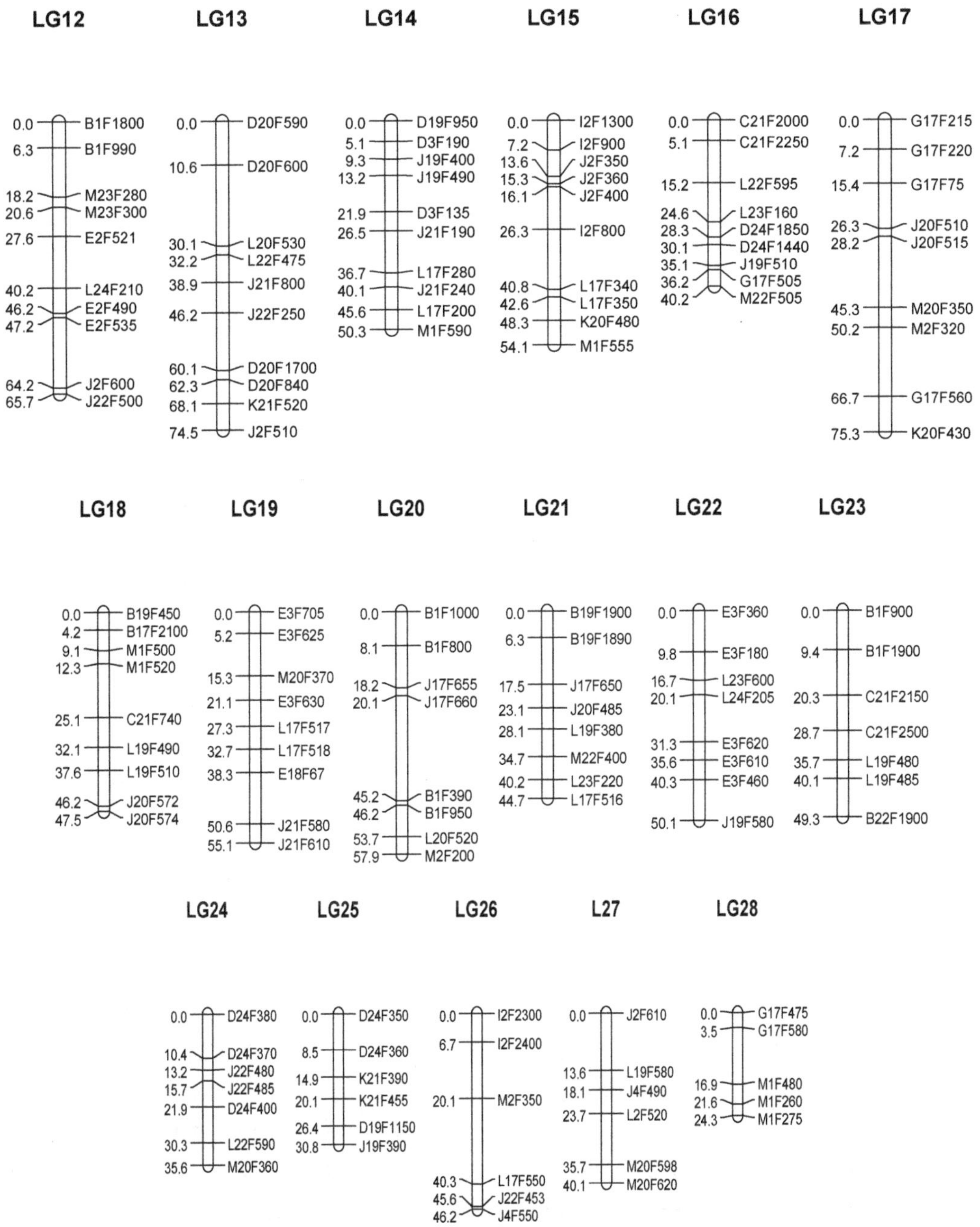

图 1-9-5 （续）

该研究定位到与海带叶片长度和宽度相关的 QTL 分别为 3 个和 2 个，它们对海带叶片长度和宽度性状表型变异的贡献率分别为 42.4%和 36.4%，这说明控制海带叶片长度和宽度性状的 QTL 至少分别为 3 个和 2 个，还有其他的 QTL 未被发现和定位，可能有以下几方面原因。首先，该研究的作图群体不够大（92 个个体），而作图群体大小是影响 QTL 检测灵敏度的一个重要因素。其次，所构建的遗传图未能覆盖整个基因组。最后，为了方便 DNA 提取，F_2 代个体孢子体还未完全成熟就被采集并测量目标性状的表型数据，一些控制海带叶片长度和宽度的基因，尤其是一些微效基因，它们的作用可能还未完全展现，这也可能会降低 QTL 检测的灵敏度。

表 1-9-7　海带叶片长度和宽度性状的 QTL 分析（Liu et al.，2010）

性状	QTL 位点	连锁群	标记间区	位置/cM	LOD 值	加性效应	显性效应	显性效应/加性效应	贡献率/%
叶长	qL1-1	1	G2F500-J17F450	18.9	5.01	2.42	0.86	0.35	18.37
	qL2-1	1	E3F370-E3F90	88.6	3.75	2.53	1.21	0.47	10.87
	qL3-4	4	D3F680-K21F490	63.5	4.01	3.25	0.56	0.17	13.12
叶宽	qW1-3	3	K20F520-L22F570	54.6	3.96	−1.32	0.83	−0.63	16.06
	qW2-5	5	E2F520-J20F562	67.3	5.29	−1.33	0.76	−0.57	20.33

对海带叶片长度和宽度性状的表型数据进行相关性分析，结果表明，这两个性状间呈显著性正相关（R=0761，P=0.01）。通常说来，性状间显著的表型相关性也预示着某种程度上的遗传相关，也就是说控制相关性状的基因或 QTL 可能连锁或处在相近的染色体座位上。然而，该研究鉴定的海带叶片长度和宽度 QTL 定位在不同的染色体上，没有发现控制海带叶片长度和宽度的 QTL 间有连锁关系，这可能与一些连锁的微效 QTL 未被定位有关。

总之，海带遗传作图还停留在初级作图水平，所采用的作图群体为初级作图群体，标记的种类较单一且数量不多，导致了所构建图谱的标记密度和基因组覆盖率都较低；QTL 定位仅针对少数经济性状，且定位精度不高。鉴于此，将来应该构建海带次级作图群体，开发更多的特异性分子标记，构建密度和基因组覆盖率更高的遗传图。并在此图谱基础上，对更多经济性状进行精细 QTL 定位和分析，解析经济性状的遗传机制，筛选目标性状的连锁标记，为海带遗传改良打下基础。

第三节　海带种群遗传

20 世纪 50 年代，我国就开展了海带遗传改良，应用选择、杂交、诱变及杂种优势利用等方法，先后培育出十几个优良品种（系），并在生产上广泛使用。经过长期的人工选择，这些优良品种（系）的遗传基础可能逐渐狭窄，遗传多样性降低，导致其种质退化。另外，在海带养殖生产中，育苗技术的限制（混采游孢子育苗），导致各品种（系）容易相互混杂、优良性状丧失。因此，有必要对当前养殖海带品种（系）的种质遗传基础进行分析。另外，野生海带作为养殖海带种质资源的重要组成部分，其蕴含着丰富的遗传变异和优良基因，对这些野生种质资源进行遗传分析，是有效利用和将来养殖海带种质创新的基础和前提。利用群体遗传学的原理和方法，目前已有较多的研究对不同海带的养殖和野生群体进行了群体遗传分析，评价了不同群体的遗传多样性和遗传结构，分析了不同群体的遗传相似性和遗传距离，辨别了不同群体的亲缘关系。

一、海带群体遗传研究

遗传多样性是指存在于生物群体（种群）中的各种等位基因和基因型，是生物长期进化的产物，也是生物生存、发展和进化的前提。开展遗传多样性研究可以为种质资源保护、育种群体选择、杂种优势的预测和标记辅助选择育种奠定基础并提供依据。应用不同的分子标记，分析评价海带及其近缘种的遗传多样性的研究较多。王莹和戴继勋（1999）应用同工酶技术分析了不同来源海带丝状体的遗传多样性与遗传分化程度，结果表明，日本北海道海带丝状体的遗传多样性高于中国青岛海带丝状体的遗传多样性，两者发生了明显的遗传分化。He 等（2003）应用随机扩增多态性 DNA（randomly amplified polymorphic DNA，RAPD）技术分析了海带、奥霍海带和长海带共 18 个配子体克隆系的遗传多样性。周志刚等（2003）应用同工酶和 RAPD 技术对中国海区海带不同栽培品系及长海带的配子体无性繁殖系进行了遗传多样性分析。Wang 等（2005）应用简单重复序列间多态性（inter-simple sequence repeat，ISSR）标记方法，对 10 对海带配子体的遗传多样性进行了研究。另外，尚书等（2007）、Shi 等（2005）、张全胜等（2008）分别应用 RAPD、SSR 和 AFLP 技术对海带和长海带进行了遗传多样性分析。Shan 等（2010）利用 AFLP 标记对海带在太平洋西北沿岸的 6 个主要栽培品系和 6 个野生地理隔离群体进行了遗传多样性和亲缘关系分析，结果表明，种群（品系）内的遗传多样性处于低到中等水平，而它们之间的遗传分化程度非常高。综合以上研究结果，尽管应用不同的标记方法发现海带群体的遗传多样性存在一定的差异，但是总的来说，海带群体具有中高度的遗传多样性，并且海带养殖群体的遗传多样性低于野生群体的遗传多样性。

表 1-9-8 为中国当前主要养殖群体的遗传多样性分析结果。综合分析发现，平均 Shannon 多样性指数为 0.566，平均期望杂合度为 0.374，这说明在品系或群体水平上，各个品种（系）或群体具有中高度的遗传多样性，其中来自俄罗斯的野生群体‘RU1’的遗传多样性最高，来自中国福建官坞的养殖品种‘GW’的遗传多样性最低。以国家为单位，把中国的 8 个养殖品种、俄罗斯 2 个野生群体和日本的 2 个群体分别看作 3 组，俄罗斯组的群体遗传多样性最高，而中国组的养殖品种多样性最低。

表 1-9-8　海带养殖品系和野生群体的遗传多样性（Liu et al.，2012a）

群体	等位基因数	有效等位基因数	Shannon 指数	观察杂合度	期望杂合度
ZK1	2.077±0.641	1.723±0.415	0.561±0.278	0.528±0.369	0.378±0.193
ZK2	2.231±0.725	1.786±0.420	0.600±0.263	0.547±0.364	0.402±0.182
BN	2.362±0.967	1.773±0.367	0.629±0.224	0.543±0.350	0.407±0.158
LZ	2.385±0.870	1.776±0.407	0.615±0.276	0.558±0.320	0.399±0.181
DF3	2.308±0.855	1.778±0.412	0.621±0.269	0.561±0.302	0.403±0.169
901	1.923±0.277	1.655±0.388	0.517±0.243	0.583±0.366	0.357±0.184
DF2	2.077±0.862	1.675±0.492	0.516±0.339	0.571±0.422	0.342±0.228
GW	2.000±0.707	1.561±0.453	0.466±0.307	0.460±0.399	0.304±0.211
RU1	2.539±1.198	2.005±0.694	0.696±0.376	0.655±0.329	0.490±0.212
RU2	2.615±1.193	2.104±0.615	0.693±0.354	0.599±0.352	0.461±0.193
JA1	2.423±0.494	2.020±0.417	0.636±0.279	0.658±0.391	0.491±0.198
JA2	2.048±0.494	1.908±0.284	0.642±0.191	0.638±0.328	0.455±0.137
养殖群体	2.170±0.738	1.716±0.419	0.566±0.275	0.544±0.362	0.374±0.188
野生群体	2.406±0.845	2.009±0.502	0.667±0.300	0.637±0.350	0.457±0.185
平均	2.288±0.792	1.863±0.461	0.617±0.288	0.591±0.356	0.416±0.187

注：ZK1，中科 1 号；ZK2，中科 2 号；BN，奔牛；LZ，连杂；GW，官坞养殖品系；DF2，东方 2 号；DF3，东方三号；901，901 品系；RU1，俄罗斯野生群体 1；RU2，俄罗斯野生群体 2；JA1，日本野生群体 1；JA2，日本野生群体 2

方宗熙等（1962b，1965）发现海带自然群体具有较高的杂种性（遗传多样性），其原因可能是海带释放出的游孢子具有游动能力，一定范围内不同遗传类型的海带个体间可相互交配（方宗熙等，1962b）。用分子标记的方法对不同海带的养殖群体和野生群体的遗传多样性进行分析，结果也表明海带品种或群体具有较高的遗传多样性。与俄罗斯和日本野生海带相比，我国养殖海带群体不论是等位变异的丰度，还是位点平均多样性指数都明显较低。这可能有两个原因：首先，我国最早养殖的海带来自日本（曾呈奎等，1962），移植海带群体相对于野生海带群体，其群体规模是非常小的，可能仅包含野生海带群体的部分遗传变异。我国养殖海带群体在引种过程中，经历了巨大的遗传漂变，建立者效应使养殖群体遗传多样性降低。其次，经过几十年的养殖和驯化，人们根据需要对海带的某些性状（高产、耐高温等）进行选育，只有具有优良性状的个体或群体在驯化过程中才能被选择并保留下来，导致那些不符合人们需要的遗传变异丢失。另外，一些品系是通过多代的连续的自交和定向选育而来的，不同的品系或品种实际上是一个较为纯合的自交系，多代的自交必然导致其杂合度降低。

二、海带群体间的遗传关系分析

我国养殖的海带是从日本北海道引进的，经过几十年的养殖和驯化，养殖群体与野生群体间的遗传关系如何？从 20 世纪 50 年代开始海带遗传选育工作以来，很多海带新品系（品种）被选育出来，这些养殖品种的亲缘如何？应用分子标记的方法，开展了较多的研究。最早王莹和戴继勋（1999）发现日本北海道海带丝状体和中国青岛海带丝状体间发生了明显的遗传分化。另外，还有很多研究应用不同的分子标记分析了不同养殖群体间的遗传相似性和遗传距离。本部分仅以 Liu 等（2012a）的报道为例，分析养殖海带群体和野生海带群体间的遗传分化情况，并探讨其遗传分化的原因。

选取 6 个北方常用的海带养殖品种（系）的养殖群体：‘中科 1 号’（ZK1）、‘中科 2 号’（ZK2）、‘奔牛’（BN）、‘901’（901）、‘东方 2 号’（DF2）、‘东方 3 号’（DF3）。选取两个南方广泛养殖的品系‘连杂’（LZ）、‘官坞’（GW）。另外，从俄罗斯的萨哈林岛（库页岛）采集两个野生群体，命名为‘RU1’和‘RU2’；从日本北海道的室兰和函馆，分别采集一个野生群体即‘JA1’和‘JA2’。对这些样本进行品种或群体间的遗传分化程度分析。研究表明，野生群体和养殖品种间具有中高度的遗传分化，而野生群体内部和养殖品种内部具有中低度的遗传分化（表 1-9-9）。在中国的 8 个养殖品种中，南方的两个养殖品种间（Fst=0.0426）和北方的 6 个养殖品种间（Fst 为 0.0110～0.1097）的遗传分化程度较低，而南、北方品种间具有中低度的遗传分化。

将中国的 8 个养殖品种（系）、俄罗斯和日本各两个野生群体，分别看作 3 组，应用 AMOVA 分析品种（系）间、野生群体间和组间的遗传差异（表 1-9-10）。结果表明，整个群体的遗传变异主要来自于群体内部，占整个遗传变异的 83.42%，组间及组内的群体或品种（系）间的遗传差异较小，分别占整体群体遗传变异的 8.23%和 8.34%。中国 8 个海带养殖品种间具有中等水平的遗传分化（Fst=0.0931），群体间的基因流 Nm 为 2.4367；AMOVA 分析表明，8 个养殖品种（系）的遗传变异主要来自于群体内部（90.69%），群体间的遗传差异不大（9.31%）。俄罗斯两个野生海带群体（Fst=0.0117；Nm=21.1175）间的遗传

表 1-9-9 海带养殖品种和野生群体间的遗传分化（Fst，对角线下）和遗传距离（对角线上）（Liu et al.，2012a）

	ZK1	ZK2	BN	LZ	DF3	901	DF2	GW	RU1	RU2	JA1	JA2
ZK1		0.0656	0.0785	0.0320	0.0501	0.1329	0.0746	0.1238	0.2183	0.2503	0.1403	0.1920
ZK2	0.0648		0.0459	0.1258	0.0341	0.1175	0.0582	0.0297	0.1661	0.2079	0.1246	0.1878
BN	0.0918	0.0128		0.0945	0.0910	0.1018	0.0498	0.0640	0.1309	0.1408	0.0735	0.1170
LZ	0.0677	0.0866	0.0626		0.0815	0.1773	0.0817	0.0296	0.2505	0.2340	0.1340	0.1656
DF3	0.0560	0.0213	0.0530	0.0592		0.0815	0.0378	0.0539	0.1230	0.1446	0.0692	0.1241
901	0.0790	0.0225	0.0110	0.5230	0.0710		0.1131	0.1468	0.1826	0.1956	0.0967	0.1143
DF2	0.1097	0.0820	0.0245	0.0473	0.0687	0.0340		0.0824	0.1658	0.1374	0.0952	0.1782
GW	0.1031	0.1222	0.0603	0.0426	0.1595	0.0782	0.0886		0.1073	0.1377	0.1957	0.1708
RU1	0.1392	0.1281	0.1224	0.1351	0.1221	0.0941	0.1594	0.2129		0.0333	0.0503	0.0926
RU2	0.1628	0.1125	0.0978	0.1049	0.1156	0.0846	0.1304	0.1741	0.0211		0.0439	0.1031
JA1	0.1566	0.0928	0.0623	0.1714	0.0913	0.0655	0.0926	0.1292	0.0761	0.0458		0.0706
JA2	0.1934	0.0972	0.0714	0.1818	0.0978	0.0678	0.0969	0.1338	0.0461	0.0451	0.0131	

分化程度较小，具有较高的基因流。AMOVA 分析也表明这两个群体间的遗传差异较小，群体的遗传差异主要来自于群体内部（69.81%）。日本两个野生群体的遗传分化也有相似结果，两群体间的遗传分化系数 Fst 和基因流 Nm 分别为 0.0849 和 2.6953，群体间的遗传差异仅占整个群体遗传差异的 21.16%。

表 1-9-10　海带养殖品种和野生群体间的遗传分化的 AMOVA 分析（Liu et al.，2012a）

变异来源	变异组分	变异百分率	Φ 统计值	P 值
组间	0.157	21.16	Φ_{CT}=0.212	< 0.01
组内群体间	0.067	9.03	Φ_{SC}=0.115	< 0.01
群体内	0.518	69.81	Φ_{CT}=0.302	< 0.01

养殖群体间、不同养殖群体与野生群体间的遗传距离是怎么样的呢？表 1-9-9 列出了当前我国主要养殖群体间及其与日本和俄罗斯野生群体间的遗传距离和遗传相似度。对 12 个品系或群体而言，其中来自中国福建的品系‘LZ’和来自俄罗斯的野生群体‘RU1’的遗传距离最远（0.2505），来自中国福建连江的两个栽培品系‘LZ’和‘GW’的遗传距离最小（0.0296）。依据品种或群体间的 Nei’s 遗传距离，通过 UPGMA 聚类分析方法构建了 12 个品系或群体的系统表征图（图 1-9-6）。在国家层次上，来自不同国家的品系或群体分别聚成 3 个大分枝；在中国的 8 个养殖品系中，来自北方的 6 个品系和来自南方的两个品系分别聚在一起。

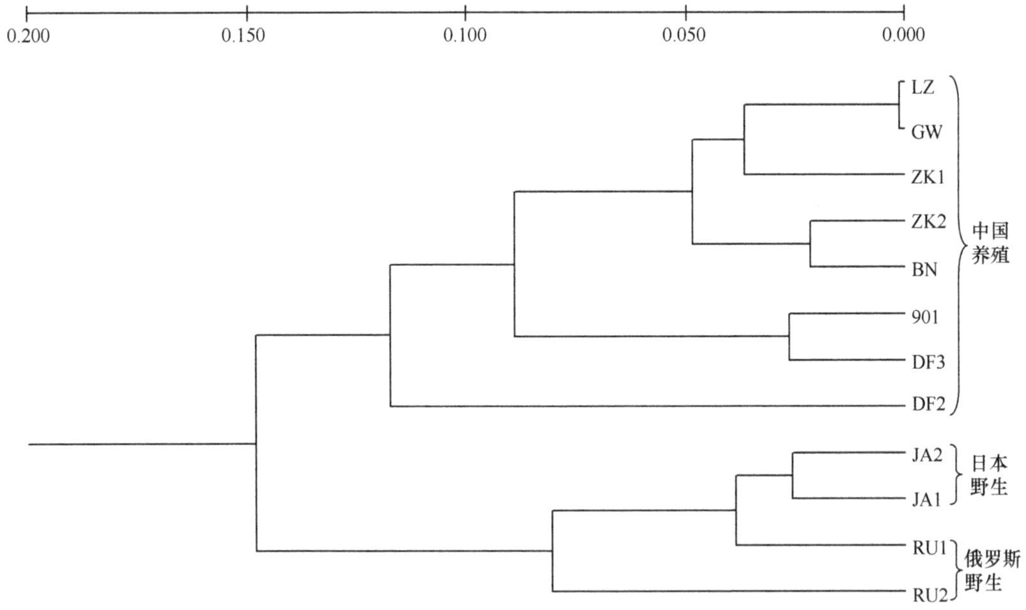

图 1-9-6　基于遗传距离（Nei，1978）用 UPGMA 法构建的海带野生和养殖群体的系统树（Liu et al.，2012a）

通过 Mantel 检验遗传距离和地理距离的关系。结果表明，海带养殖品系和野生群体的遗传距离和遗传分化与地理距离呈正相关（R=0.8764，P=0.167），符合距离隔离（isolation by distance，IBD）模型（Wright，1946）。养殖海带与野生群体的遗传分化，除了受地理距离及一定程度的生殖隔离影响外，人为干预也是另一重要因素。由于养殖海带的祖先来自于日本野生海带，在引种过程中海带可能经历了巨大的遗传漂变，建立者效应使养殖群体遗传多样性降低的同时也导致了其与野生群体间的遗传分化。另外，野生海带引种到中国后，经历了自然（适应新的生境）和人为（遗传改良和品种选育）选择压力，这也可能导致养殖海带和野生群体间的遗传分化。中国 8 个海带养殖品种间具有中等水平的遗传分化（Fst=0.0931），群体间具有较高的基因流（Nm=2.4367），表明这些养殖品种间有一定程度的混杂，其可能与当前的生产中采用自然光低温流水育苗法混采游孢子有关。

三、海带群体的遗传结构

以当前我国主要的养殖品系及日本、俄罗斯的野生群体为材料，对海带主要的群体进行群体遗传结构分析，结果表明，海带品种和野生群体可划为 3 个亚群（图 1-9-7）。这 3 个亚群占总体遗传多样性的比例分别是 39%、32%和 29%（图 1-9-8）。亚群 1（cluster 1）包括中国的 5 个养殖品种（系）‘中科 1 号’、‘中科 2 号’、‘奔牛’、‘连杂’、‘官坞’，它们都是由中国首批引种并长期养殖的海带培育而来；亚群 2（cluster 2）包括中国的 3 个养殖品种（系）‘901’，‘东方 2 号’，‘东方 3 号’，它们是我国长期养殖的海带（*S. japonica*）和由日本引种而来的长海带（*S. longissima*）杂交得到的品种；亚群 3（cluster 3）包括两个俄罗斯（‘JA1’ 和 ‘JA2’）和两个日本海带野生群体（‘RU1’ 和 ‘RU2’）。当前，我国的养殖海带群体主要包括了亚群 1 和亚群 2，为了提高养殖海带的遗传多样性，丰富养殖海带的种质材料，应当充分利用亚群 3 的遗传多样性，即以野生海带群体作为养殖海带种质改良和创新的种质资源，充分利用野生海带群体中蕴含的优良基因，培育新的养殖海带良种。

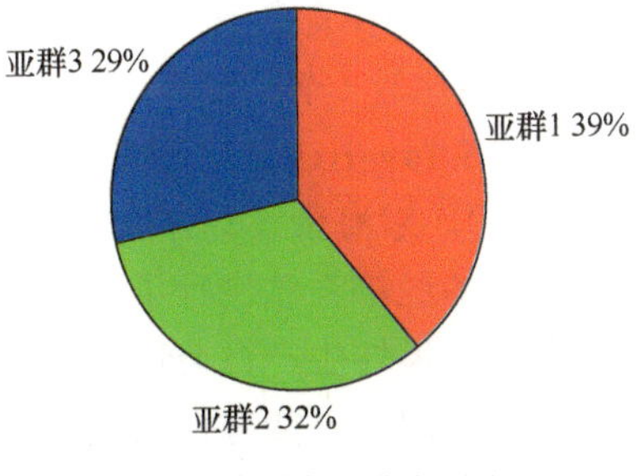

图 1-9-7　3 个亚群在海带总遗传变异中的比例（Liu et al.，2012a）

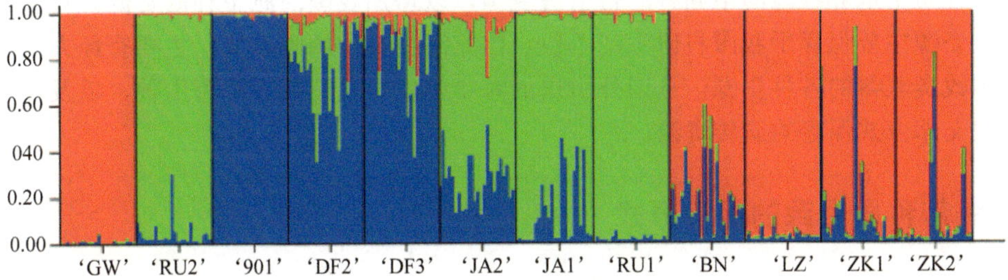

图 1-9-8　养殖品种和野生群体各自携带 3 个亚群遗传组成的比例（Liu et al.，2012a）

第十章　海带种质资源与利用

第一节　海带种质资源

一、海带种质资源的概述

据联合国粮食及农业组织的最新统计，2010 年全世界海带总产量为 5 146 883 t，其中大部分是由我国人工栽培生产的（FAO，2010）。海带产量的逐年提高离不开人工养殖工艺的改进，更与海带的品种选育及改良密切相关。在我国，海带人工栽培发展的历史，也是海带品种选育及遗传改良的发展史。从 1952 年人工筏式养殖技术创制成功养殖生产第一批商品海带起，我国的藻类学工作者及相关生产单位的科研人员，采用定向选择及累代自交、杂交选育、远缘杂交、单倍体育种、诱变育种等技术，从最先的杂合度很高的野生养殖群体中培育出了‘海青一号’到近几年培育的‘东方 2 号’、‘东方 3 号’等海带新品种，对海带产业的发展起了推动作用。

由于我国不是海带自然栖息地，虽然经过了长期的引种和驯化，养殖已获得成功，在山东烟台、威海及青岛等也形成了新地理种群，但从遗传角度看，我国养殖海带种质资源存在一定的局限性。人们从海带原产地日本北海道、俄罗斯远东地区等地引入海带野生种质资源，结合海带近缘野生种进行了生产栽培试验及杂交试验。20 世纪 80 年代中国科学院海洋研究所从加拿大引进了长腿海带（*S. longgicruris*）、掌状海带（*S. digitata*）及一种未定名海带（*Saccharina* sp.），并在青岛海区进行了栽培试验，对几种海带孢子体的叶长、柄长及光合速率进行了初步比较（李家俊等，1984）。张泽宇等（1999）在 1990～1997 年，对从日本引进的长海带（*S. longissima*）、利尻海带（*S. ochotensis*）、鬼海带（*S. diabolia*）、狭叶海带（*S. angustata*）、皱海带（*S. religiosa*）与我国养殖的海带进行了种间杂交的栽培试验，并对杂交子代的经济性状进行了分析。李美真等（2003）对从日本北海道引进的真海带在我国进行了规模性生产育苗试验。由于早期很多试验证明海带不同种可进行有性杂交并且杂种可育，即使不能有性杂交，理论上通过细胞融合、转基因等生物技术手段也能实现转基因海带个体正常生长发育继而进行传代，因而可通过引种方式将分布于世界各地的不同种海带引进我国，以增加我国的海带种质资源。目前，海带种质资源主要保存于我国科研生产单位、国家海带良种场等单位，主要有经人工选育和遗传改良获得的各种资源，从国外引进的海带野生种及海带近缘野生种，以及近年来以基因文库方式保存的遗传资源。

二、海带种质资源的保存形式

海带种质资源的保存形式主要是将海带生活史中的雌、雄配子体细胞，经人工分离，并在适当培养条件下抑制其形成精子囊或卵囊，只进行营养生长，成为丝状体细胞的聚集体，由于这些丝状体细胞均由一个细胞无性繁殖而来，因此也称为克隆（clone）。

海带的生活史是海藻中典型的异形世代生活史，即由大型的二倍体孢子体世代和微型的单倍体配子体世代组成。与陆生的高等植物不同，海带生活史中不存在种子的组织形式，因此，海带不能像高等植物一样，以种子作为种质的保存形式。同时，海带的孢子体藻体太大，在室内长时间培养非常困难，因而，孢子体也不能作为海带种质资源的保存形式。Sauvageau（1915）在研究褐藻囊根藻（*Saccorhiza bulbosa*）的发育时，发现其生活史中存在微型的配子体（Lüning and Neushul，1978）。随后，我国藻类学工作者在20世纪五六十年代对我国人工养殖的海带配子体进行研究，证明海带配子体在某些条件下只行营养繁殖而不发育，如在温度较高条件下（15～18℃，甚至20℃以上）（曾呈奎等，1962；方宗熙和李家俊，1963a，1963b）、连续光照下（欧毓麟等，1979）、或在培养基中添加维生素C（方宗熙和江乃萼，1974）的条件下，配子体即由单细胞长成由千万个细胞构成的丝状体簇集体。由此可见，海带配子体是目前较切实可行的种质资源保存形式。国内科研、教育及生产单位，均建立了以配子体为主的海带种质资源库（杨锐，2009）。

借鉴高等植物的组织培养技术，获取海带的原生质体或愈伤组织，然后分离单个细胞，形成海带体细胞的丝状体克隆，这种体细胞克隆，生长快，可以永久保存，也可将其作为海带种质保存的一种形式，但与配子体的海带种质保存形式相比，通过组织培养进行海带种质保存目前仅处于理论研究阶段，并未进入实践（王希华和秦松，1995；邵魁双，2003）。

三、海带配子体分离

海带配子体的分离，现已成为海带种质保存的常规技术，其主要步骤为具成熟孢子囊种海带的选择及预处理，海带游孢子的刺激释放及附着，雌、雄配子体的分离及雌、雄配子体的培养与保存（戴继勋和方宗熙，1976）。

1. 种海带选择及预处理

选择性状独特且孢子囊已发育完全具有种质保存价值的种海带，用灭菌海水清洗海带叶片，并用纱布或毛笔清洗其叶片表面，除掉表面的污物及附生生物。如果叶片表面附着的有害生物较多，或者尽可能地去除杂藻的游孢子，一般在室温18～22℃条件下，用5%～7%浓度的碘液处理15～30 min或3/10 000～4/10 000的氟化氢处理5 min，效果最好。

2. 海带游孢子的刺激释放及附着

将预处理后的种海带的孢子囊叶片切下，切割面积视使用容器的体积大小而定，在低温环境（17℃左右）下阴干4～24 h后，放置到低温的消毒海水中，进行游孢子放散，当在160倍的视野下镜检时，游孢子数目达到1～5个，即可停止放散；游孢子水经筛绢（300目）过滤后，注入已灭菌的并放有载玻片的染色缸内，使其附着24 h；在光强1000～

2000 lx、光周期 10L/14D，水温 10～15℃的条件下，在加有适量氮、磷营养盐的灭菌海水中进行培养。

3. 雌、雄配子体的分离

当游孢子培养一周左右，从细胞的外观形态可以区分出雌、雄配子体时（雌配子体细胞略大于雄配子体细胞），在显微镜下可用灭菌的毛细管将单个配子体吸出，置于灭菌的盖玻片上，镜检确认只含有单个配子体细胞时，将该玻片接种到装有液体培养基或固体培养基的试管中进行单独培养，即完成了海带雌、雄配子体的分离。

4. 海带雌、雄配子体培养与保存

将海带雌、雄配子体在一定培养条件下进行培养，如 24 h 连续光照，在光强 1000～2000 lx、水温 10～15℃的条件下，在加有 4 ppm 硝酸钠、0.4 ppm 磷酸二氢钾的灭菌海水中，使其进行营养生长，生物量达到一定数量后，如果配子体丝状体细胞呈均匀分散状态，则可直接将部分培养物取出（反之，则需要用匀浆器将浮球状的丝状体细胞打散后，预培养一定时间后再进行后续操作），转移至合适的容器中，选择合适的保存方法，详细记录海带种质的原始地理分布位置或者品种名称由来、种质孢子体的标志性形态特征及其他独有种质特征、分离保存日期、操作人等重要信息，标记后，进行入库管理保存。每一海带种质均由雌、雄配子体克隆两种培养物组成。

四、海带种质保存方法

海带种质的保存方法主要有低温弱光保存法、化学物质抑制保存法及超低温保存法 3 种（崔竞进和欧阳麟，1979；缪国荣，1982；张全胜等，2005；刘涛等，2006；Zhang et al.，2007，2008）。

1. 低温弱光保存法

在培养基为适当添加氮、磷的灭菌海水，低温（4～5℃）及弱光（50～100 lx）、光周期 10L/14D 培养条件下保存分离培养的海带种质配子体无性繁殖系，5～6 个月更换一次培养液。在此条件下，配子体长期保持在缓慢的丝状体营养生长阶段，色素状态正常或加深，保持大部分的生活力，长时间处于不发育的状态。当将其恢复到正常温度及光照条件（8～12℃；1500～2000 lx）下培养后，大部分配子体在 15 天内就可转变为发育状态，排卵受精后很快产生小孢子体，并且新产生的孢子体在形态上没有任何不正常现象。由于该技术所需的培养基配置容易，操作维护简便易行，是目前保存海带种质的主要方法。

2. 化学物质抑制保存法

当培养基中存在浓度 50 ppm 的硫酸铜或者浓度为 50 mg/L 的 4-碘苯氧乙酸时，不仅配子体的发育完全停止，而且配子体的生长也被完全抑制，因此该方法仅适合于短期内保存海带种质，而不能用于海带种质的长期保存。实验证明，保存在硫酸铜溶液内的海

带配子体，在保存时间超过 30 天时，即使恢复到海带配子体的正常培养条件，配子体也失去了排卵、受精、发育生成幼孢子体的能力。因此，该技术未能用于保存海带种质的实践中，只停留在海带种质的相关研究中。

3. 超低温保存法

海带种质的游孢子、配子体可以利用包埋、脱水及两步法进行超低温保存，即保存在液氮中。其技术操作要点为：合适的冻存管及液氮装置，使用处于对数生长期的海带配子体材料进行冻存，选择一定浓度的二甲基亚砜（dimethyl sulfoxide，DMSO）作为抗冻剂，冻存复苏过程中进行快速的冻融等。虽然该方法在世界各藻类收集培养中心，如英国的藻类与原生动物培养中心（Culture Collection of Algae and Protozoa，CCAP）、美国得克萨斯大学的藻类培养中心（UTEX the Culture Center of Algae）等，已成功用于保存部分硅藻及绿藻等微藻种类，但目前还处于试验研究阶段，由于其具有能够永久保存海带种质材料且避免海带种质发生基因变异的巨大优点，因此，超低温保存方法是海带种质保存未来的发展方向。

第二节 海带种质特征鉴定及应用

一、海带种质特征分析

海带大型孢子体世代的藻体分为固着器、柄和叶片 3 个主要组成部分，没有高等植物根、茎、叶、花等复杂器官组织的分化。由于海带的外部形态简单，因此固着器的发达与否，柄的长短、扁圆，叶片基部的楔形与扁圆、叶片边缘的褶皱多少，叶片的长度、宽度与厚度，叶片中间两纵沟距离的宽窄，甚至整个藻体重量的鲜干比，叶片组织所含化学成分甘露醇、碘与褐藻胶含量的多少，均可作为海带品种间区分的重要指标，也是海带品种培育与遗传改良的目标。虽然现今各种分子标记手段发展迅速，但海带孢子体的形态外观特征明显易见，仍然作为海带品种识别的主要判别特征而被广泛使用。其他海带种质的特征还包括染色体数目的多少，以及同工酶、核糖体大小亚基间间隔序列（ITS）等（王飞久等，2004）。对于海带染色体的数目争议已久，最新的研究结果表明，海带基因组的染色体数目为 31，即 n=31；并已将雌配子体基因组克隆的特有片段，通过荧光原位杂交（fluorescence *in situ* hybridization，FISH）技术定位在某一染色体上，但该染色体是否为海带的性染色体，以及海带中是否存在性染色体，仍需试验验证（Liu et al.，2012b）。

二、海带种质遗传鉴定与评价

海带配子体现今作为海带种质资源保存的主要载体，由于不同种质间的配子体丝状体在外观形态上表现基本相似，难以从形态特征上对不同海带种质进行正确判别，需借助 DNA 标记等技术才能区分清楚。迄今为止，多种分子标记技术，如 RAPD、AFLP、SSR 等，已用于不同品种或株系的海带配子体基因组 DNA 谱带的比较分析（He et al.，

2003；Li et al.，2007a；张全胜等，2008），Wang 等（2004）构建了部分海带配子体的 DNA 指纹图谱及 SCAR 标记。通过分子标记技术估算配子体间的遗传距离，选择遗传距离较远的配子体进行杂交，获得能够进行育种的配子体组合，从而缩短新品种的培育周期，是种质鉴定技术在生产中的直接应用（Li et al.，2008b）。运用 DNA 分子标记技术，对典型海带种质资源的不同品种（系）雌、雄配子体的遗传关系进行标记分析，结果表明，经过多年的遗传选育与改良，用于人工栽培的海带品种的基因组已表现出与海带的野生群体不同的 DNA 谱带特征（Wang et al.，2005）。与此同时，要不断充实和丰富海带种质资源，或采用生物技术等手段，创制新种质，以应对海带产业不断发展的需要，为海带品种培育提供丰富的种质资源。

三、海带种质在理论研究及生产实践中的应用

1. 海带配子体克隆在海带基础研究中的应用

海带配子体无性繁殖系的分离、保存成功，为海带基础生物学研究提供了良好的材料基础，也加快了遗传、发育等基础生物学研究的进程。目前，以海带配子体无性繁殖系为对象，先后进行了孤雌生殖观察（戴继勋和方宗熙，1976；戴继勋等，1992），染色体数目的研究（戴继勋和方宗熙，1977；Yabu，1973；Yabu and Yasui.，1991；Zhou et al.，2004；刘宇等，2012），染色体 FISH 定位（Liu et al.，2012b；Gu et al.，2014），雌、雄配子体的差异表达基因的克隆研究（史西志等，2005）等。利用不同种质来源的配子体构建了相关的遗传作图群体（Li，et al.，2007b；Yang et al.，2009；Liu et al.，2009a），并对海带的长、宽数量性状进行了初步的 QTL 定位（Liu et al.，2010）。海带配子体无性繁殖系对海带生物学基础研究起重要作用。

2. 在分离培养条件下的海带配子体及其生殖过程

分离海带配子体最适时期是采游孢子后 7～10 天，此时雌、雄配子体可明显地区分开来，随着细胞的变大，更易于区分和分离，此时可将海带配子体移到弱光下保存（150 lx），也可用 4-碘苯氧乙酸等药物处理，抑制配子体成熟排精、排卵，待要分离时，再恢复到正常条件下培养并进行分离。也可将配子体培养在高温（18～20℃）条件下来抑制配子体的成熟，在该温度条件下，雌配子体一般不会排卵，配子体健康可促进细胞分裂，使其长得大些，更便于分离和培养。如果在低温条件下，可连续光照培养，或用低浓度维生素 C（50 mg/100 ml 海水）处理 1～2 次，促使细胞分裂，便于分离。

雌、雄配子体在分离后进行培养，与原来雌、雄配子体混合培养，在生长发育、形态上都有很大的差异。在低温（10℃左右）条件下，只要营养条件正常，海带雌、雄配子体就能成熟排卵、排精并受精，萌发形成幼孢子体；而在单独培养下，雌、雄配子体都是由单细胞或少数细胞组成的简单分枝体而长成复杂的分枝体或簇状体，在形态上发生了较大变化（图 1-10-1，图 1-10-2）。经较长时间的营养繁殖后，雌性的分枝体和簇状体分枝末端的细胞可转化为卵囊，并能正常排卵。排出的卵不经受精可行孤雌生殖，形成新的孤雌孢子体。单独培养的雄配子体，发生孤雄生殖，在其生长繁殖后，也在分枝

末端形成孤雄孢子体，但其发生率比孤雌植株要少得多。

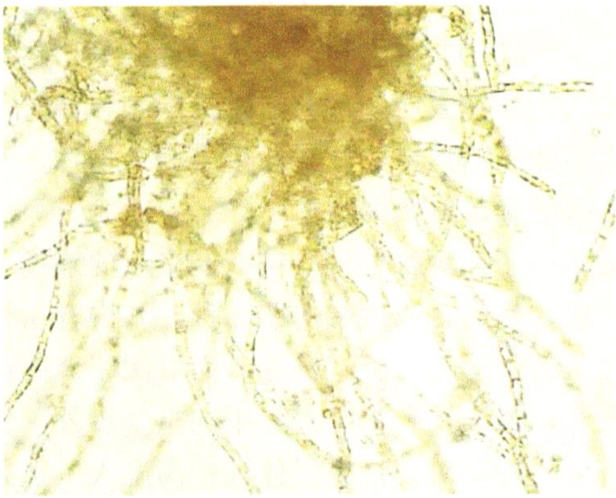

图 1-10-1　海带雄配子显微观察（100 倍）

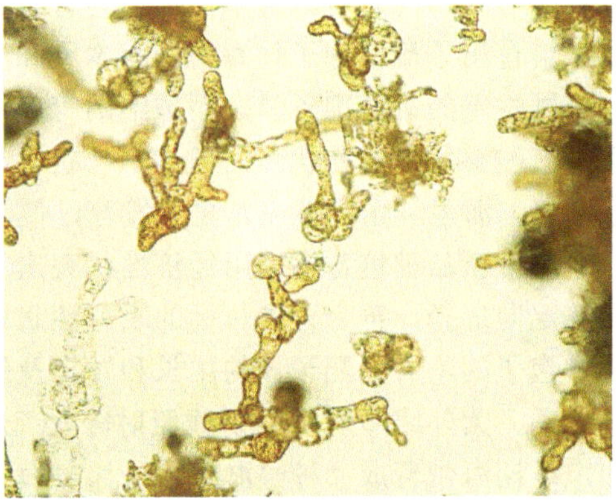

图 1-10-2　海带雌配子显微观察（100 倍）

方宗熙等（1978）开展了海带配子体的分离及培养，发现在孤雌生殖或孤雄生殖过程中，发生了染色体的自然加倍，新形成的幼孢子体染色体是 $2n$。海带雌配子体细胞分裂中的自然加倍率约为 1.5%，用 1‰的秋水仙碱处理雌配子体 3～4 天，能使染色体加倍的比例提高到 13.7%（表 1-10-1）。

表 1-10-1　海带雌配子体经过 1‰秋水仙碱处理 3～4 天，染色体加倍情况（方宗熙等，1978）

	单倍体分裂组	二倍体分裂组	染色体加倍/%
处理组	151	24	13.7
对照组	136	2	1.5

由孤雌生殖所产生的孢子体，成熟后产生雌配子体，可行孤雌生殖并长成幼孢子体，自然加倍数量可达 45%，并能出现四倍体和嵌合体（表 1-10-2）。

表 1-10-2　海带连续性第二次孤雌生殖时染色体自然加倍的比率（方宗熙等，1978）

	个体总数	单倍体	二倍体	四倍体	嵌合体
个数	129	63	59	4	3
百分比/%	100	48.8	45.7	3.1	2.4

运用分离培养所获得的海带雌、雄配子体（簇状体），将其打碎分成数以千计的小的分枝体。再将这些小的分枝体继续培养，其能形成更多的雌、雄配子体（簇状体）。因此，只要控制适当的培养条件，从单细胞或多细胞的一个配子体就可通过无性繁殖获得数目庞大的分枝体（簇状体）。通过人工打碎并继续扩繁，来扩大海带分枝体（簇状体），培育成许多独立的个体，该方法就称为无性繁殖系（或称为“克隆”系），这为海带种质保存、扩繁及繁育、杂交育种等提供了很好的技术支撑。

3. 配子体克隆系在海带新品种培育中的作用

Schreiber（1930）最早认为海带属植物中也有单性生殖，单性生殖产生的海带幼苗具有孢子体结构。Yabu（1964）开展了海带雌、雄配子体分离与单独培养试验，其将雌、雄配子体分离培养后，由孤雌生殖培育出小孢子体，但这些孢子体绝大多数是畸形的。方宗熙等（1978）对海带单倍体遗传育种进行了研究，其通过海带单性雌配子体孤雌生殖，培育出了雌性孢子体海带。蒋本禹和唐志洁等（1979）也通过雄配子体诱导，培育出孤雄生殖的雄性孢子体。而戴继勋等（1997）的研究表明，部分海带雄配子体经过单性生殖能够发育成叶状体，但这些叶状体绝大多数为畸形，染色体计数全为单倍体，将它们移入海里养殖，能正常生长发育，但没有孢子囊，不产生游孢子。

海带新品种培育多采用经济性状突出的海带孢子体进行单棵采苗，经多年的连续自交及定向选择，符合育种目标的表型性状稳定后，最终育成海带的新品种，其中育苗初期游孢子的附着、配子体的生长和发育及幼苗的初生均在实验室进行，而对配子体的高温处理、紫外线照射、X 射线照射等人工选择是海带新品种培育过程中的重要步骤。例如，早期海带育成品种‘海青一号’、‘海青二号’均是对海带配子体进行高温人工选择后培育成功的，无论是叶片的长度、宽度，柄的长度等性状，还是耐高温的性状均比对照组表现出一定的优势（方宗熙等，1962；方宗熙和蒋本禹，1963；方宗熙等，1966）。

迄今为止，海带中仅发现雌配子体孤雌生殖获得的部分孢子体，有正常表型性状且可育，这可缩短海带纯系获得的时间，为利用纯系杂交获得杂种优势提供了前提；至今尚未获得海带雄配子体由孤雄生殖发育而成的可育孢子体。目前，仅有培育的‘单海一号’海带品种，其母本为孤雌生殖的孢子体（方宗熙等，1983）。

海带雌、雄配子体无性克隆系的分离及培育，也为海带杂交育种打下了坚实的基础。近年来，海带新品种‘901’（张全胜等，2001）、‘东方 2 号’（Li et al.，2007a）、‘荣福’（Zhang et al.，2011）等均用配子体杂交，结合连续自交及定向选择培育而成。例如，‘东方 2 号’是分别利用长海带雄配子体克隆和海带雌配子体克隆为父母本，通过杂交获得的海带杂交种。随着人工选育海带新品种的增多，以及保存的海带配子体无性繁殖系的不断丰富，海带配子体杂交将是今后海带新品种培育的重要途径。

4. 海带配子体无性繁殖系在海带生产育苗中的作用

海带生产性育苗主要采用 20 世纪 50 年代末 60 年代初建立的低温自然光培育夏苗的方法，其有效解决了之前因自然海区培育秋苗所面临的困难，如海带苗生长期附生杂藻、污损物，后期分苗海上作业艰苦（分苗时期多为 1 月的隆冬季节）等，可实现海带海上养成延长 2 个多月，不仅提高了海带产量，也为我国海带产业健康稳定地发展提供了有利的技术支持（缪国荣等，1984）。尽管如此，夏苗培育要在每年 8～9 月（北方）或 9～10 月（南方）进行，这就需要进行持续低温制冷（一般低于 10℃），以满足和维持海带苗在育苗室的生长和发育，耗能巨大，经过两个多月的夏苗培养，海带苗出库前期需要低光抑制幼苗的生长，易引发病害等，因此，有人曾提出改进现行海带育苗方法的看法（孙国玉，1981；陈家鑫和缪国荣，1983）。

海带配子体克隆分离及保存的成功，为海带低温自然光育苗技术的改进提供了一个新的思路（Li et al.，1999）。海带配子体克隆育苗技术工艺主要包括：配子体克隆规模扩繁、配子体采苗、克隆苗培育等 3 个主要环节。该工艺可将海带育苗时间由孢子体育苗时所需 80～100 天减为 50～60 天，降低了生产能耗和成本。另外，来源于单细胞的配子体克隆，对育成海带的主要经济性状（长、宽等）表现较均一，避免了孢子体采苗中，引发不同品种采苗导致种质混杂和退化的问题。有关研究表明，36 kg 湿重的海带配子体，可产出 4 亿株海带苗，能满足 1300 hm^2 海域的海带养殖需求（Zhang et al.，2008b）。此外，配子体克隆规模培养后进行附苗前的丝状体细胞发育状态的诱导，附苗时配子体克隆丝状体细胞的打碎程度（细胞段尽可能小），附苗后静水培养的时间长短、流水培养及洗刷时机的选择都是决定海带配子体克隆育苗能否成功的技术关键（杨迎霞，2003）。尽管海带配子体克隆育苗技术在部分海带育苗场进行了一些生产性育苗试验（张培玉等，2005），但其实际育苗效果依然达不到孢子体育苗的程度和水平。因此，要使该工艺完全取代海带夏苗培育工艺，仍需彻底解决配子体采苗过程中细胞附着均匀、牢固，以及出苗后脱苗等技术问题。

第十一章　海带品种选育

第一节　育种目标

育种环节中的基础是确定目标性状，其直接体现了整个育种工作期望达到的目的。我国海带养殖时间较长，在不同时期，根据生产要求，形成了各种各样的目标性状，主要有成熟早晚、出菜率高、高产、优质等，其他性状还包括抗强光、根系发达等。

一、成熟早晚

如果海带收获期过于集中，许多养殖区会存在晒菜场地有限、人员调配困难等问题，因此需要成熟期不同的海带品种。例如，北方许多养殖单位倾向于早熟品种，如“早厚成”海带。而在我国南方养殖海域，由于水温上升比较快，海带生长时间短，其干物质积累和产量较低，这就需要晚熟品种。晚熟品种需要具备耐高温性状，即孢子囊出现较晚且脱落较轻。脱落有两种表现：一是整株藻体都出现边缘脱落；二是梢部脱落明显，而中带部以上基本不脱落。耐高温也是抗逆性的表现。

二、食品加工菜

目前养殖的海带主要用于漂烫等食品菜加工需要，还有一些用于“板菜”的加工和出口，这就需要海带具叶片平展肥厚、中带部宽、色泽浓褐等特征。理论上讲，该类海带需要的干物质含量高，而干物质主要是在光合过程中通过碳同化作用所形成，因此，该类海带应从光合效率角度来考虑育种目标的选择。从海上混杂群体中用系统选育法培育成的‘黄官 1 号’（图 1-11-1），其食品加工菜出菜率 82%以上，适合一般漂烫加工需要。另外，运用杂交技术，获得海带‘荣科’系列（图 1-11-2），相比于一般养殖品系，其具有叶片更长、更宽，边缘部更窄等特点，也是为了满足海带漂烫加工的需要，出菜率高。

三、高产

高产海带是许多养殖单位所喜爱的种菜，因此，海带产量的提高一直是育种工作者重视的品质特征，大多选育的品种具有高产的特征。

四、优质

海带可用于碘、褐藻胶和甘露醇的制备，这些物质的产量可通过提高海带产量来

图 1-11-1　海带‘黄官 1 号’

图 1-11-2　海带‘荣科 1 号’

提高，也可通过提高这些物质的含量达到这个目的，因此其也是选育的目标。例如，‘860’和‘1170’两个品种具有含碘量高的特点（其含碘量情况见表 1-11-1）。

表 1-11-1　不同海带品系含碘量比较（中国科学院海洋研究所）

品种＼结果＼地区	旅大		青岛		温岭县	
	棵数	平均碘含量和标准差/‰	棵数	平均碘含量和标准差/‰	棵数	平均碘含量和标准差/‰
‘860’	41	5.47±1.00	52	6.46±0.92	42	5.17±1.10
‘1170’	39	4.91±1.05	30	7.05±1.31	42	5.39±1.20
‘865’（低碘）	70	3.90±0.98	65	3.86±1.00	72	3.39±0.67
当地种	49	4.25±1.21	62	5.71±1.33	68	4.51±1.06

注：旅大即今辽宁省大连市，温岭县即今浙江省温岭市

第二节　选择育种法

海带选择育种是以现有的海带种质资源群体的表现型为基础，选择具有目标性状的自然变异海带株系，培育后代使所选目标性状稳定地遗传下去。选择的方法主要有系统选育（单株选择）法和混合选择法。选育过程一般要经过选择、比较鉴定、繁育、示范、推广等几个步骤。

一、海带的系统选育法

从现有大面积栽培海带群体中，选择具有目标性状的优良单株，单棵采游孢子，连续累代自交，使后代产生性状分离，选择目标海带后代，最终实现目标性状的稳定遗传，经过这样程序获得的单株后代可产生新品种，该方法又称单株选择法或个体选择法。这种方法要求在观察目标海带大量群体的前提下，通过选择，获得优良的个体或群体，分别栽培后，再比较鉴别，连续筛选，最终形成目标性状的新群体。这样，单株的个性构成品种的共性，即品种的特性。但由于许多性状会受到环境的影响，还需进行 3～5 代养

殖验证。目前该方法是海带遗传选育中最常用的方法之一，在海带品种育成的各个时期都占有一定的比例，如‘海青一号’和近几年育出的‘黄官1号’。

1. 系统选育方法

我国从20世纪60年代就开始进行海带品种选育，在半个多世纪的海带品种选育进程中，积累了极其丰富的经验，现概括总结如下。

1）选择对象

根据市场需求提出的育种目标，以在生产上大面积栽培的品种中进行选择最为有效，这样育成的新品种对当地自然条件的适应性强，品质较好。要掌握好系统育种的选择方法，需有多年对选择对象观察的经验，并对本地区品种的优缺点有所了解，对养殖品种类型有较充分的判断和分析能力，才能比较准确地选择出适于当地栽培的系统。近年来，系统育种工作，已由过去以“量”为主，逐步向“质”转变。例如，我国海带在20世纪50年代南移至福建养殖，经过几十年的定向选择，虽然海带的产量提高，但是其口感较差，这就需要降低海带中纤维含量，提高褐藻酸、甘露醇等物质含量，使海带更加鲜、嫩、脆。

2）选择数量

用于种菜的藻株数量一般是10～20棵，但是被选择群体的数量一般不低于1000棵，有的育种人员采用理化方法对海带进行前处理，再使用处理过的海带育种，其数量可减少。育种后代采取筛选原则，逐步集中精选优株优系，即在性状稳定开始扩大生产之前，每一代的藻株数量不低于20棵。这就要在全面养殖检验与大量选择的基础上，进行海带目标性状的连续选育。如果发现某一藻株性状特别突出，也可只使用此单株作为种菜，但这种情况出现的概率较小，育种人员需随时留意。

3）选择技术

选择单株时要多看、精选，分阶段观察和多次评选。海带生长分为幼龄期、凹凸期、脆嫩期、厚成期、成熟期和衰老期，各阶段的生长特性各不相同，而且不同品种（系）的海带在不同阶段其特征也不相同，经常出现优质海带在成熟期以前性状表现不如普通海带的情况，需根据海带的生长特点在各个发展变化时期及时进行观察记录，记录内容一般包括长度、宽度和厚度等数量性状及各种质量性状，以便掌握全面的信息。有的性状还需多次检验和观察方能获得。一般成熟期最能反映海带的产量、抗性、品质。

2. 系统育种的程序

1）选株

在海带养殖过程中，根据育种目标和单株特征进行目标性状的选择。在选择海带优良单株时，除考虑该海带目标性状的特点外，还要注意其缺点。结合海上养殖，进行海带单株选择，采收后，再在育苗室内进行自交工作。

2）累代自交

将选择的具有目标性状海带单株分别在育苗室进行单株海带自交采苗，育成后出库下海养殖，根据其不同时期性状观察、比较，验证性状表达的稳定性，自交试验要进行两年以上，性状才能稳定。对于少数优异海带株系，也可进行适应性较广的筛选，如在高、中、低养殖海区进行对比。

3）区域化试验和生产试验

在不同养殖海区进行区域化试验，测定所选海带的生长参数及不同时期特点，分析记录其推广的海区养殖方式和水文数据，最后再进行大面积养殖推广检验。

4）品种审定与推广

在区域化试验和养殖推广试验中养殖的海带新品系，其产量、品质和抗性、成熟期等性状符合推广条件，可申请国家水产原良种委员会的审定，审定合格的海带批准成为新品种后，有计划、有组织养殖示范和大面积推广。

3. 系统选育法的成果及实例

海带系统选育的成果很丰富，本部分列举其主要内容。我国第一个海带品种‘海青一号’就是通过该方法获得的，以后的‘海青二号’、‘海青三号’和‘海青四号’，以及高产、高碘品种海带‘860’和海带‘1170’也是按照系统选育法进行的。此外，还包括‘早厚成一号’、‘黄官1号’‘荣福’等（表1-11-2）。

表1-11-2　不同海带品系表型

品种	原始材料	主要选育过程	主要性状	年份
‘海青一号’	青岛团岛湾的养殖海带	对配子体进行高温选择	生长时间长，耐高温	1962
‘海青二号’	养殖的普通海带	对配子体进行高温选择；挑选叶片最长，自然脱落最轻的海带	叶片长，雌配子体比普通海带耐高温	1966
‘860’	广东种群	高碘含量藻体筛选	叶片长，耐高温，碘含量高，含水量较少，藻体韧性较大，中带部较宽，但孢子囊面积小	1974
‘1170’	浙江种群	X射线处理	耐高温，碘含量高，含水量较少，中带部宽而不明显，藻体韧性大，浓褐色	1974
‘早厚成一号’	青岛养殖海带	选择深水的厚成早海带	海带孢子囊出现的较早，厚成期提前半个月	1989
‘黄官1号’	福建群体	综合性状定向选择	叶片肥厚、中带部宽、叶缘窄而宽，耐高温	2011

单株选择以海带个体当代及其后代的表现型作为选择的依据，来确定其在遗传上是否优异，但也存在着一定的局限性，一是如在同一海带优良品种内进行选择，除特殊变异外，单株间或系统间差异甚微，育种经验较少的人员往往需要花费较多的时间和精力；二是该方法需单独育苗条件，这对海带育苗企业来讲比较困难；三是该方法中的自交能够纯合某些基因，但是因为数量性状本身受多基因调控，总会出现变异，所以培育的后

代的稳定性是相对的、局部的和暂时的。选育的海带品种一般经过 3 代后出现稳定性状，但连续使用 3～5 代后，目标性状会出现一定程度的退化，这也是一些早期品种到现在无法被准确分辨的原因之一。

二、海带混合选择法

从海带养殖群体中，把性状一致的或相似的优良个体选出，混合采种，这一方法称为混合选择法。翌年所获海带再与原品种比较，选择比原品种优异的，不间断地对目标性状海带进行检验和记录，最后进行推广。

混合选择法程序较为简单，相对来讲短时间内可迅速获得大量海带种质，可供规模生产使用，目前许多海带育苗单位主要采用该方法。当海带品种群体复杂而表现出若干类型，且每一个类型又有一定数量海带个体时，可把每一个类型相同的海带个体选出，集中起来采种，翌年再对海带各种进行比较，该方法称为集团选择法。混合选择法具有工作简易、收效迅速和不需要较多的劳动力等优点。其缺点是由于海带自然种群具有杂种性，选育的后代具有性状分离的趋势，会影响整个品种群体的优良程度，因而降低了海带选择的效果。

三、提高海带选择效率

1. 在养殖生产中常使用海带群体选择

我国经过半个多世纪的海带品种选育，当前大面积生产的海带品种具有较多的优良性状，而且大面积养殖的海带分布在不同养殖环境，受不同选择压力，所表现出的性状具有多样性，这就更易选育出目标性状优良的海带种质，也可为后续的品种选育和检验打下基础。

2. 在条件一致的海带群体中选择

海带品种性状的表现是遗传基础和环境条件共同作用的结果。在大面积养殖的海带群体中进行选择，需考虑其海流、海况、栽培方法、施肥水平等。尽量保证养殖环境及方法的一致，从中选出性状优良的海带。在环境条件不均匀的海区进行选择，表现一般的个体可能由于刚好生长在良好的条件中而被误选；一些具有优良性状的海带由于生长在一般的条件下，其性状未能完全表现。

3. 根据综合性状有重点选择

海带育种实践表明，高产量海带绝大多数都是个别性状并不十分突出而综合性状表现良好的，如叶宽、叶长和叶厚的综合性状，从选择角度看，没有十全十美的海带品种。海带选育应以获得高产、稳产为基础，然后才是有重点地对个别性状进行选择。

4. 根据海带性状的遗传相关性进行选择

海带遗传学研究表明，海带的产量与其叶片的面积有密切关系，而面积取决于叶片的长度和宽度。其中，多数情况下，海带遗传率最大的是叶宽，其次顺序是鲜重、干重和叶长，厚度的遗传率最小。在海带性状间的遗传相关性中叶片长度和宽度的相关系数一般较高，而长度和厚度、宽度和厚度因材料不同而差异较大。目前，高产海带的遗传选育依据都是叶长、叶宽，但数量性状本身易受环境条件影响，而且不同的材料表现不同，因此，在育种时也要适当参考其他相关性状（图 1-11-3，表 1-11-3，表 1-11-4）。另外，有些性状的遗传率和相关性的研究还没有开展，如成熟期早晚、耐高温与典型数量性状的相关性。

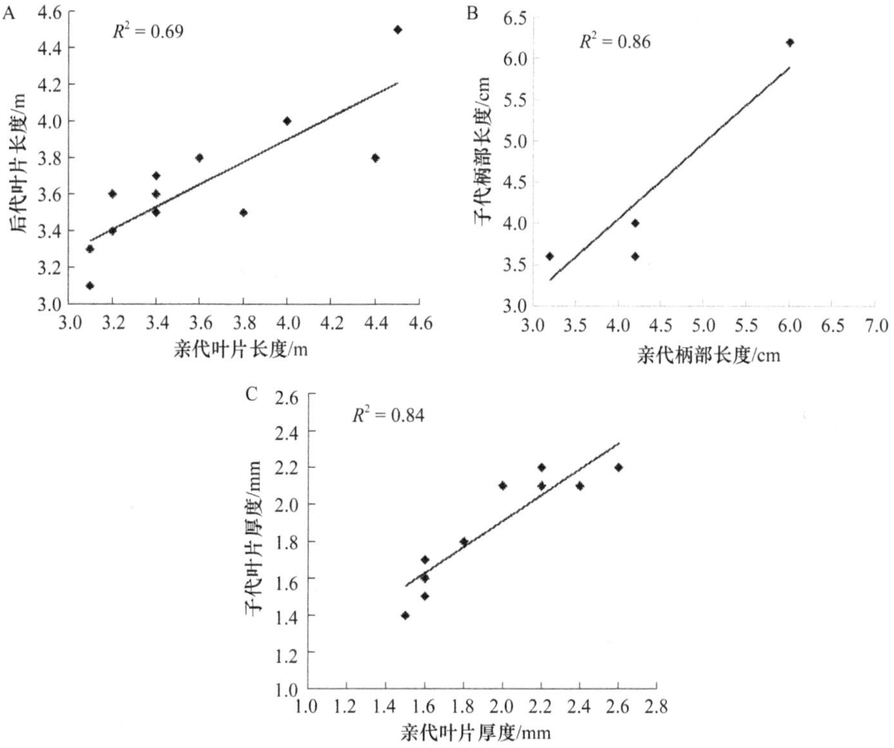

图 1-11-3　海带亲本与子代主要性状相关性分析
[方宗熙等，1965（A），1962b（B）；张景镛和方宗熙，1980（C）]

表 1-11-3　不同组合海带孢子体各性状的遗传率（王清印，1984）

性状	杂交组合			遗传率（平均值）/%
	‘860’ × ‘Lc21’	‘860’ × ‘Lc11’	‘1170’ × ‘Lc21’	
叶长	66.09	63.64	75.23	68.32
叶宽	56.47	78.55	88.00	74.34
叶厚	47.98	32.99	56.87	45.95
鲜重	58.96	77.08	81.47	72.50
干重	61.19	71.01	78.80	70.33

注：‘860’ × ‘Lc21’ 杂交组合的遗传率变化趋势与其他两组不同

表 1-11-4　不同杂交组合海带孢子体各性状的相关系数（王清印，1984）

相关性状	‘860’ × ‘Lc21’			‘860’ × ‘Lc11’			‘1170’ × ‘Lc21’		
	表型	遗传	环境	表型	遗传	环境	表型	遗传	环境
叶长/叶宽	0.794**	0.956	0.403	0.863**	0.855	0.420	0.756**	0.806	0.427
叶长/叶厚	0.514**	0.559	0.434	0.663**	0.749	0.342	0.606**	0.698	0.475

续表

相关性状	'860' × 'Lc21'			'860' × 'Lc11'			'1170' × 'Lc21'		
	表型	遗传	环境	表型	遗传	环境	表型	遗传	环境
叶长/鲜重	0.920**	0.979	0.759	0.908**	0.925	0.853	0.920**	0.938	0.834
叶长/干重	0.892**	0.991	0.720	0.918**	0.956	0.798	0.957**	0.991	0.772
叶宽/叶厚	0.438**	0.674	0.094	0.604**	0.475	−0.223	0.400**	0.478	0.265
叶宽/鲜重	0.880**	0.934	0.620	0.901**	0.950	0.425	0.916**	0.975	0.314
叶宽/干重	0.867**	0.974	0.640	0.876**	0.932	0.483	0.887**	0.922	0.687
叶厚/鲜重	0.609**	0.755	0.470	0.613**	0.669	0.397	0.283**	0.218	0.478
叶厚/干重	0.450**	0.467	0.422	0.572**	0.630	0.338	0.505**	0.569	0.424
鲜重/干重	0.982**	0.994	0.963	0.959**	0.988	0.954	0.992**	0.995	0.978

**表示表型相关系数极显著

第三节 杂交选育法

杂交育种是指利用具有不同遗传特征的同种（或不同种）生物个体进行杂交，其通过相对性状的纯合体作亲本，进行杂交获得子一代，然后再通过自交获得子二代，从子二代中选择目标性状的个体。如果所需要表型是隐性性状，选育就此结束，但如所需表型是显性性状，则用子二代中选出的个体进行连续自交，直至获得能稳定遗传的类型为止，杂交育种可分为组合育种及超亲育种。海带杂交育种常用组合育种。

一、海带杂交亲本的选择

1. 要熟悉亲本材料的性状

杂交育种应对亲本的性状进行仔细的观察和研究，并做好记录，对它们的优缺点、种源和历史了解清楚。目前海带品种较多、遗传背景复杂，应收集这些亲本的主要特性和性状变化趋势材料，作为选择杂交亲本时的参考。

2. 选用优良性状多的种菜作亲本，亲本之间优缺点互补

目前海带育种的目标性状多属于数量性状遗传范畴，杂种后代群体的性状表现与亲本平均值有密切关系，所以要求亲本的优点要多，并且亲本尽量选用纯种。但海带种间存在成熟期不同步等问题，这就需要提高海带育种技术，如采用配子体杂交等技术。

3. 亲本中最好含有当地养殖品种

为使海带新育成品种具有大面积推广的潜力，亲本之中最好有一个适应当地条件的推广良种，但是由于我国不是海带原产地，因此海带原种选择范围较小，仅能在有限的已推广养殖种群群体中进行选择，这也降低了海带的选择力。长期选择会产生海带种质退化的问题，需要不断加强海带野生种质的引进和驯化，扩大选育的选择范围。

4. 亲本间的遗传差异性

我国不是海带原产地也是一种优势，只要对引进的种类加以驯化以适应我国的养殖海域条件，就可增加海带的遗传多样性，很可能对于杂交育种有利。

二、杂交方式

杂交方式主要包括成对杂交和多元杂交，其中成对杂交是海带杂交选育的主要方法，是指以两个不同品种的海带雌、雄配子体克隆系各为父母本一方进行杂交。其中雌、雄配子体克隆系最好来源于孤雌生殖和孤雄生殖，两个杂交亲本相互作为母本和父本的杂交，又称为正反交。正交与反交在海带育种效果上存在较大差异。张泽宇等（1999）采用日本引进的 6 种海带的雌、雄配子体进行了种间正反交，测定了 30 个组合的受精率及其后代的生长情况。发现正反交后受精率及其后代生长方式存在差别，这可能是因为海带存在细胞质遗传。

多元杂交是指在两个以上亲本间进行一次以上的杂交。一般做法是先将一些亲本配成单交组合，再在组合之间或组合与品种间进行第二次乃至更多次的杂交，多元杂交所需年限较长，分离世代始自 F_2 代，而 F_1 代要靠人工杂交得来，其工作量大，但这种杂交可以丰富杂种的遗传基础。

三、杂交后代的处理方法

1. 系谱法

系谱法类似于系统选育法，即自杂种第一次分离的海带开始进行选择单株，分别栽培成株系，即系统，以后各世代均在优良系统中进行单株选择自交，直至选到目标性状一致时，进行养殖检验。该过程对海带所属杂交组合株、系、群等均按亲缘关系编号和性状记载。

杂交海带各世代的基本工作内容有以下几种。

1）子一代

按杂交需要组合排列，对比养殖海带亲本。理论上讲，如果是两个海带纯种的单个配子体克隆系杂交所得 F_1 群体性状表现应基本一致，所以这一代一般是淘汰有严重缺陷的组合，注明组合号；如果不是两个海带纯种杂交的多个配子体，那么可能出现性状分离，不仅要淘汰不理想组合，还要选择优良个体。

2）子二代

同属于一个 F_1 单株的系统，很可能具有共同的优异表型。根据育苗的实际情况，多选单株种菜进行自交成 F_2 代，而且不应将 F_2 代的选择标准过分提高，利于提高遗传重组的概率，出现较多优良性状。

3）子三代

将 F_2 当选单株自交后，按组合先后排列。在海上均匀分布，并与对照品种同时期、同条件进行养殖，以利于选择。这一世代性状一般差异明显，有不同程度的分离，是对 F_2 当选单株作进一步鉴定和选拔的重要世代，将 F_3 代的评定和选拔称为遗传选育关键的时期。

4）子四代及其以后各世代

这一时期更倾向于选拔优良一致的品系进行产量试验；符合要求但尚有分离的系统只进行选株，但对少数优异株系也可预测其性状发展趋势。

2. 只选取子一代

前面系谱法提到子一代的性状很可能性状均一，那么海带杂交后可只使用子一代作为生产用种苗。使用这种方法需要注意两个方面，一是杂交组合的选择尤为重要，即对于杂交亲本的选择和杂种优势的预测需要有较高的水平，否则会大大增加工作量；二是生产用的种质始终来源于配子体克隆系，配子体育苗技术要达到大规模生产的要求。

还有一种杂交方法是采用不同海带种的孢子体进行杂交，这种方法理论上不属于杂交，但在实际育种工作中也有使用。

杂种各世代的选择是一项艰苦、细致而又复杂的工作，在早期应选择海带遗传力高的性状。一般来讲，F_2 的性状基本上决定着后代在该性状上表现的程度，但 F_2 以后，选择仍有一定的改进作用。同一性状的海带随代数增加，其遗传力逐渐增高，一般在第 3～5 代达到最高程度后，再到一定代数，就会逐渐下降，如‘901’海带经过 8 代以后出现这种情况。一般一个品种从开始培育到性状退化的时间跨度为 8～12 年。

四、杂交育种策略

1. 原则

首先，要考虑海带杂种各世代的栽培与选择规模。其次是杂交组合的多少。如果品种产量水平不很高，育种目标比较单纯而明确，亲本缺点少，较适应当地条件，那么组合可较少。对 F_1 代尽量选择较大的繁殖群体。对以后的世代的选择数量也应适当扩大，因为一般情况下性状涉及的基因数目很多，难以获得全部性状总共受多少基因支配，在海区及人力许可条件下，尽可能扩大有希望组合的群体，单株选择强度一般在 5%～10%，再从中选择性状最优秀的单株海带作为育种用。

2. 杂交育种预测

Liu 等（2009b）的研究结果表明，海带杂交后代的表现大部分符合孟德尔遗传方式，但是存在部分的偏分离现象。这一点在海带的叶长和叶宽中有所表现，如果将宽大的海带和狭小海带进行正反杂交，则其子一代长度和宽度具有明显的母性倾向，说明长度和宽度性状受细胞质中的基因影响更大一些。

海带杂种优势预测主要以海带的遗传特征为基础，从生态类型、生理生化及遗传差异性等方面进行预测，特别是基于双亲遗传距离的杂种优势预测，可减少海带杂交配组盲目性强、工作量大的缺点。同工酶标记和分子标记技术及 DNA 芯片检测技术对海带杂种优势有良好的预测。Li 等（2008b）发现在叶长、干重、鲜重和产量方面，杂种优势率和微卫星 DNA 标记技术检测的遗传距离存在线性相关关系（表 1-11-5），以此为基础对杂交组合进行筛选，又根据表型性状进行了对比，确定最终组合。

表 1-11-5　海带杂交组合与杂种优势率和遗传距离的关系（李晓捷，2008）

	杂交组合	长度/%	宽度/%	厚度/%	株鲜重/%	株干重/%	产量/%	亲本遗传距离/cM
高产早厚成系列	D1×D31	–28.9	–3.5	–13.6	–30.7	–34.7	–34.7	0.3365
	D21×D31	–27.1	11.6	4.3	–25.9	–31.3	–31.3	0.3365
	D5×D47	1.2	–1.0	–4.8	3.5	–3.6	–3.6	0.3365
	D13×D31	–23.8	26.3	4.2	–11.6	–13.1	–13.1	0.4418
	D5×D45	–6.7	-9.9	0.9	–9.0	–7.3	–7.3	0.6931
	D19×D31	–3.9	2.6	–3.7	–6.9	–6.9	–6.9	0.6931
	D5×D39	6.1	8.7	–4.2	6.0	16.0	16.0	0.6931
	D5×D28	10.3	4.9	8.4	15.8	13.6	13.6	0.8473
	D5×D48	17.3	17.2	0.0	25.5	15.0	15.0	1.0296
	D2×D31	28.3	13.7	–16.3	40.8	42.8	42.8	1.2528
抗强光系列	D18×D37	–7.5	–5.4	–9.3	–7.2	–10.7	–10.7	0.6931
	D1×D42	1.0	5.2	–12.5	5.5	–8.5	–8.6	0.6931
	D17×D27	–4.9	–5.3	–2.1	–3.9	–8.0	–8.1	0.6931
	D16×D27	–13.6	–7.7	–2.8	–9.7	–6.7	–6.8	0.6931
	D18×D28	–6.9	11.1	21.7	9.7	8.2	8.2	0.6931
	D18×D47	3.5	–4.7	3.8	4.8	3.7	3.7	0.8473
	D2×D44	2.9	8.1	9.4	8.4	6.7	6.7	0.8473
	D18×D31	13.7	5.8	–5.4	16.8	16.1	16.1	1.0296
	D3×D44	15.3	–5.2	1.5	19.1	20.9	20.9	1.0296
	D2×D35	43.4	52.5	–2.4	59.2	54.1	54.1	1.2528
适鲜加工系列	D1×D47	–5.1	–19.6	–20.2	–30.4	–31.4	–31.4	0.4418
	D21×D27	–26.1	2.9	–11.3	24.3	–28.4	–28.4	0.4418
	D13×D42	–7.1	–22.5	–4.2	–3.7	–10.4	–10.4	0.6931
	D13×D27	–13.8	15.3	–6.1	–3.4	-3.5	–3.6	0.6931
	D16×D39	7.5	–27.0	–9.6	7.4	0.9	0.9	0.8473
	D21×D43	12.0	1.1	–0.2	27.3	24.9	24.8	1.0296
	D1×D39	10.5	27.7	–10.2	18.8	31.4	31.3	1.0296
	D24×D47	21.8	–3.5	6.4	38.7	42.8	42.8	1.2528
	D9×D28	16.6	22.0	–7.3	37.7	34.7	34.7	1.2528
	D13×D28	31.6	–3.7	19.0	40.8	56.2	56.2	1.5404

五、海带杂交育种的成果及介绍

利用杂交育种得到的海带品种主要有‘单海 1 号’、‘海杂一号’、‘单杂 10 号’、‘901’、‘东方 2 号’ 和 ‘东方 3 号’ 等（表 1-11-6），其在养殖生产上都有高产表现。

表 1-11-6 不同海带品种育成比较

品种	父本	母本	主要性状	年份
‘单海 1 号’	雄配子体	‘单 1’	叶片较厚，中带部较宽，厚成较好，藻体韧性较大，后期脱落较轻，抗烂能力较强	1983
‘海杂一号’	‘860’	‘1170’	中带部宽，早成熟，幼苗健壮病害少	1983
‘单杂 10 号’	‘MHJ’	‘FH10’	根系特别发达，固着能力很强。柄部粗壮，叶基部呈楔形，叶面平直，厚度均匀，中带部不明显，成熟期晚，后期脱落较轻，能耐受较高温度	1985
‘901’	‘长海带’	早厚成	生长速度快、耐高温、色泽浓褐、个体宽大、纵沟较明显、基部终身楔形	2001
‘东方 2 号’	‘长海带’	真海带	色泽深褐、纵沟明显、根系发达、抗强光能力较强	2004
‘东方 3 号’	‘LZZ’ 品系	‘7 号’ 品系	根系发达，基部偏圆，纵沟较明显边缘较厚，波褶少，叶片上下厚度均匀，色泽浓褐，抗强光，耐高温	2007
‘荣福’	‘远杂 10 号’	福建种群	耐高温	2008
‘三海’	‘荣福’	福建种群	耐高温，薄嫩期生长快，厚成期干物质积累快	2011

在杂交育种中还有一种是远缘杂交，即不同种、属或亲缘关系更远的杂交，其所产生的后代称为远缘杂种。种内不同类型的杂交，称为亚远缘杂交。通过远缘杂交，不仅能培育优良品种，还可以创造新物种。在其他植物中远缘杂交不成功的一个重要原因是生育期不同，但在海带中这个问题影响不大，因为海带配子体克隆可以长期保存，它们放散精子和卵子的时间基本相同，因此不存在发育不同步问题。应用远缘杂交成功地培育出了‘远杂’系列海带种，其父母本分别是真海带和糖海带。在海带远缘杂交的分离规律等方面有待全面、深入研究。

第四节 孤雌生殖法

海带的生活周期中存在着两个性质不同的世代，即孢子体的无性世代与配子体的有性世代相互交替。孢子体为二倍性（$2n$），即含有来自双亲（雌、雄配子）的两套染色体。孤雌生殖是指采用海带雌配子体在不受精条件下发育形成成体。目前，海带孤雌生殖的遗传机制尚不十分清楚。

戴继勋和方宗熙（1976）首次观察到了海带具有孤雌生殖的现象，并将其进行育苗及海上养殖，从中发现海带孢子体成熟时放散的游孢子均能萌发成雌配子体，未发现雄配子体，所形成的雌配子体也能成熟正常排卵，并再进行孤雌生殖，形成新的孢子体，从而完成海带生活史。其后，戴继勋发现海带孤雌生殖所长成的孢子体有一部分是正常的，但大部分是畸形的，其畸形率为 77%。

利用海带孤雌生殖进行育种主要有两方面的优点：一是增加选择海带优良基因型的

概率，孤雌生殖能将高度杂合的基因型，包括远缘杂交基因型固定下来。理论上讲，也可产生单倍体，无显性作用，所有基因效应都能表现出来，如果选择优良突变体加倍成纯合二倍体，可用于育种。二是缩短育种周期，孤雌生殖产生的单倍体加倍成纯合二倍体，迅速稳定株系，加快育种进程。

对海带孤雌生殖的遗传率研究表明，也是叶宽最大，依次是鲜重、干重、叶长和叶厚；大部分性状间呈正相关，但是长度和厚度、宽度和厚度、厚度与鲜重和干重相关系数变异较大（表 1-11-7，表 1-11-8）。

表 1-11-7　海带孤雌生殖经济性状的遗传率（王清印，1984）

参数 数量 性状	遗传变量 σ_g^2		环境变量 σ_e^2		遗传力估值 h^2/%	
	1979～1980 年	1980～1981 年	1979～1980 年	1980～1981 年	1979～1980 年	1980～1981 年
叶长	286.24	822.17	350.54	1129.01	44.95	42.14
叶宽	5.44	74.09	3.59	7.81	60.24	90.46
叶厚	0.0153	0.0108	0.0394	0.0421	27.9	20.45
鲜重	1465.08	21559.4	1439.8	10990.5	50.44	66.23
干重	40.36	407.13	94.11	365.95	30.02	52.06

表 1-11-8　海带孤雌生殖各性状的相关系数（王清印，1984）

相关性状	1979～1980 年			1980～1981 年		
	表型相关	遗传相关	环境相关	表型相关	遗传相关	环境相关
叶长/叶宽	0.397**	0.471	0.346	0.662**	0.960	0.482
叶长/叶厚	0.044	0.376	–0.096	0.358**	0.251	0.422
叶长/鲜重	0.752**	0.820	0.710	0.906**	0.994	0.876
叶长/干重	0.625**	0.700	0.600	0.883**	0.985	0.818
叶宽/叶厚	0.195*	0.690	–0.076	0.084	0.112	0.144
叶宽/鲜重	0.740**	0.884	0.610	0.825**	0.982	0.482
叶宽/干重	0.760**	0.980	0.690	0.795**	0.944	0.601
叶厚/鲜重	0.337**	0.727	0.164	0.276**	0.156	0.400
叶厚/干重	0.01	0.846	–0.365	0.276**	0.079	0.309
鲜重/干重	0.825**	0.990	0.749	0.975**	0.997	0.970

*显著；**极显著

目前，孤雌生殖用于海带育种尚在尝试阶段，这为单倍体育种提供了新的思路。

我国海带育种经过 60 多年的发展，取得了巨大的成果，形成了海带特有的育苗育种理论和技术体系，并且育成了许多优良品种。由于长时间的遗传育种，海带群体的遗传特性发生了较大变化，突出的表现是海带产量提高和南方海带具有了稳定的耐高温性状。但这也带来了一些疑问和思考，如这些性状变化能不能稳定遗传，或者其只是由于生长环境的改变而引起的。

参 考 文 献

陈家鑫，缪国荣．1983．培育海带夏苗新方法的初步实验．海洋湖沼通报，4：81-84．
陈家鑫．1983．海带几个主要数量性状遗传的研究．II 海带碘富集速率的测定及在遗传育种中的应用．海洋水产研究，5：103-107．
陈胜勇，李观康，汪云，等．2010．谷氨酰胺合成酶的研究进展．中国农学通报，26（22）：45-49．
陈贞奋，吴彬彬．1962．高温培育配子体对海带耐温能力的影响．厦门大学学报，9：322-328．
程艳，陈丽娇，肖欣欣，等．2011．国内外海带加工现状与福建省的发展对策．福建水产，33（2）：61，89-92．
崔竟进，欧阳麟．1979．弱光保存海带配子体的初步实验．山东海洋学院学报，1：312-137．
戴继勋，崔竟进，欧阳麟，等．1992．海带孤雌生殖和染色体自然加倍的研究．海洋学报，14-1：105-107．
戴继勋，方宗熙．1976．海带孤雌生殖的初步观察．遗传学报，3（1）：32-38．
戴继勋，方宗熙．1977．海带的染色体．遗传学报，4（4）：325-328．
戴继勋，方宗熙．1979．海带雌配子体和幼雌孢子体的细胞分裂．山东海洋学院学报，1：123-127．
戴继勋，欧毓麟，崔竞进，等．1997．海带雄配子体的发育研究．青岛海洋大学学报，27（1）：41-44．
丁雁雁．2012．温度、光照对东海几种典型赤潮藻生长及硝酸还原酶活性的影响．青岛：中国海洋大学硕士学位论文．
董双林，刘静雯．2001．海藻营养代谢研究进展—海藻营养代谢的调节．青岛海洋大学学报，31（1）：21-28．
樊星，魏皓，原野，等．2009．近岸典型养殖海区的潮流垂直结构特征．中国海洋大学学报，39（2）：181-186．
方建光，孙慧玲，匡世焕，等．1996．桑沟湾海带养殖容量的研究．海洋水产研究，17（2）：8-17．
方宗熙，崔竟进，欧阳麟，等．1983．海带“单海 1 号”新品种的选育．山东海洋学院学报，13（4）：63-70．
方宗熙，江乃萼．1974．海带雌配子体对维生素 C 的反应．植物学报，16（4）：333-341．
方宗熙，蒋本禹，李家俊．1962a．海带柄长的遗传．植物学报，10（4）：327-335．
方宗熙，蒋本禹，李家俊．1965．海带叶片长度遗传的进一步研究．海洋与湖沼，7（1）：59-66．
方宗熙，蒋本禹，李家俊．1966．海带长叶品种的培育．海洋与湖沼，8（1）：43-50．
方宗熙，蒋本禹．1963．海带叶片长度的遗传．海洋与湖沼，5（2）：172-182．
方宗熙，李家俊．1963a．海带雌配子体对温度的反应规范．山东海洋学院学报，1：57-67．
方宗熙，李家俊．1963b．海带配子体在不同发育时期对高温的适应力．山东海洋学院学报，1：51-56．
方宗熙，欧毓麟，崔竞进，等．1978．海带单倍体遗传育种的实验．中国科学，21：226-231．
方宗熙，吴超元，蒋本禹，等．1962b．海带“海青一号”的培育及其初步的遗传分析．植物学报，10（3）：197-209．
方宗熙．1963．从海带的遗传育种工作谈育种的一般原理．山东海洋学院学报，2：109-119．
高尚德，于松，马志华．1985．海带硝酸还原酶活性的研究．山东海洋学院学报，15（3）：53-58．
何培民，徐姗楠，张寒野．2005．海藻在海洋生态修复和海水综合养殖中的应用研究简况．渔业现代化，4：15-16．
黄鹤忠，易剑国．1998．海带．*Laminaria japonica* Aresch．胚孢子萌发和配子体生长与光照波长间关系的研究．水产科技情报，25（6）：265-269．
黄健，唐学玺，段德麟，等．2002．不同光照条件下海带体内各种化合物的含量及光合作用和呼吸作用的变化．海洋科学，26（4）：55-58．
江志兵，曾江宁，陈全珍，等．2006．大型海藻对富营养化海水养殖区的生物修复．海洋开发与管理，4：57-63．
蒋本禹，唐志洁．1979．从海带雄配子体培养出大孢子体．科学通报，24：713-714．
金振辉，刘岩，张静，等．2009．中国海带养殖现状与发展趋势．海洋湖沼通报，1：141-150．
鞠青，王悠，刘素，等．2009．不同氮、磷配比人工海水对海带胚孢子早期发育的影响．应用生态学报，20（8）：1947-1951．
李爱芬，陈敏，周百成．1999．褐藻光合作用色素-蛋白质复合物—研究进展和问题．植物学通报，16（4）：365-371．
李爱芬，陈敏，周百成．2000．3 种褐藻色素-蛋白复合物的分离及光谱特性．海洋科学，24（2）：47-51．
李纯厚，齐占会，黄洪辉，等．2010．海洋碳汇研究进展及南海碳汇渔业发展方向探讨．南方水产，6（6）：82-86．
李大鹏．1999．海带单倍体克隆育种和育苗生物技术的研究．青岛：中国科学院海洋研究所硕士学位论文．
李宏基．2013．李宏基文集．青岛：中国海洋大学出版社：82-95．
李家俊，彭作圣，张京甫，等．1984．两种海带的引进与培养的初步观察．海洋科学，5：51-54．
李美真，于波，胡炜，等．2003．日本真海带规模化人工育苗技术研究．齐鲁渔业，20（9）：25-27．
李晓捷．2003．海带配子体克隆培养技术研究．青岛：中国海洋大学硕士学位论文．
李晓捷．2008．杂交海带培育与应用研究．青岛：中国海洋大学博士论文．

刘德厚，于波，田素敏．1997．不同营养元素对海带幼体发病及育苗效果的影响．齐鲁渔业，14（4）：10-12．
刘涛，张静，孟祥红，等．2006．海带雌性配子体克隆细胞的超低温保存实验．海洋学报，28（2）：175-177．
刘恬敬，胡敦清．1960．温度对海带配子体与孢子体生长发育的影响．黄海水产研究所丛刊，1：3．
刘宇，毕燕会，周志刚．2012．海带染色体的DAPI染色及核型初步分析．水产学报，36（1）：50-54．
陆亦恺．2010．大型海藻修复海洋污染的研究与应用动态．上海：上海海事大学硕士学位论文．
罗世菊，丛义周，曲善村，等．2008．海带配子体克隆育苗的关键技术．齐鲁渔业，25（1）：1-3．
吕嘉扬，王大志，洪华生，等．2004．两种硝酸盐浓度下威氏海链藻和盐生杜氏藻硝酸还原酶活力研究．集美大学学报（自然科学版），9（1）：6-10．
吕建洲，周驰，朱英庆，等．2004．甲壳素对海带生长和生理活性的调控．水产科学，23（8）：11-14．
毛玉泽，叶乃好，王金叶，等．2008．海带藻片对氮营养盐吸收特性研究．2008年中国水产学会学术年会论文摘要集．
缪国荣，陈家鑫，崔英林．1984．海带的发生和人工苗的培育．北京：海洋出版社．
缪国荣，张建中，王俊红，等．1989．海水比重对海带幼苗生长发育的影响．青岛海洋大学学报，19（2）：20-26．
缪国荣．1982．海带配子体的室内保存方法．海洋渔业，4（1）：19-20．
农业部渔业局．2014．2014中国渔业统计年鉴．北京：中国农业出版社．
欧毓麟，崔竟进，方宗熙．1979．海带雌配子体对连续光照的反应．山东海洋学院学报，1：128-131．
尚书，石媛媛，杨官品．2007．我国引种海带（*Laminaria japonica*）和长海带（*L. longissima*）配子体克隆随机扩增多态性DNA分析．海洋湖沼通报增刊：142-146．
尚书．2008．海带配子体克隆的扩增培养及多样性分析．青岛：中国海洋大学硕士学位论文．
邵魁双．2003．海藻无性系的构建．北京：中国科学院研究生院博士学位论文．
沈淑芬．2013．海带的生物修复作用及无性繁殖系的建立．福州：福建师范大学硕士学位论文．
史洁，魏皓，赵亮，等．2010．桑沟湾多元养殖生态模型研究：Ⅲ海带养殖容量的数值研究．渔业科学进展，31（4）：43-52．
史西志，毕燕会，周志刚．2005．海带雄配子体差异表达基因片段的克隆及筛选．水产学报，29（5）：666-669．
宋金明，李学刚，李宁，等．2004．一种海水中溶解无机碳的准确简易测定方法．分析化学，32（12）：1689-1692．
孙革，杨涛．2010．从古生物证据探讨日本海的形成．海洋科学，34（5）：89-92．
孙国玉．1981．改进海带夏苗培育法的建议．福建水产科技，1：35-36．
孙琼花．2013．大型海藻对养殖废水营养盐吸收及海区的生物修复．福州：福建师范大学硕士学位论文．
汪进兴，薛龄鹤．1959．渡夏种海带在低温室内产生孢子囊的观察．植物学报，8（4）：259-261．
王飞久，刘涛，段德麟，等．2004．海带种质特征．海洋水产研究，25（1）：48-51．
王金花，唐洪杰，杨茹君，等．2008．氮磷营养盐对中肋骨条藻生长及硝酸还原酶活性的影响．海洋科学，32（12）：64-68．
王清印．1984．海带几个经济性状遗传力和遗传相关的研究．山东海洋学院学报，14（3）：65-76．
王希华，秦松．1995．褐藻愈伤组织研究．海洋科学，3：17-20．
王莹，戴继勋．1999．海带（*Laminaria japonica*）丝状体遗传多样性的比较研究．生物多样性，7（3）：197-201．
王宗诚，方宗熙．1980．无机氮和磷对海带配子体生长发育的影响．山东海洋学院学报，10（4）：74-77．
吴荣军，朱明远，李瑞香，等．2006．海带（*Laminaria japonica*）幼孢子体生长和光合作用的N需求．海洋通报，25（5）：36-42．
武晋宣，孙耀，张前前，等．2005．桑沟湾养殖水域沉积物中营养要素（TOC、TN和TP）溶出动力学特性．海洋水产研究，26（2）：62-67．
谢琳萍，蒲新明，孙霞，等．2013．荣成湾营养盐的时空分布特征及其影响因素分析．海洋通报，32（1）：19-27．
徐志明，姚南瑜，李建之．1991．海带中PEP羧激酶性质的研究．海洋科学，2：41-45．
徐智广，李美真，霍传林，等．2012．高浓度CO_2引起的海水酸化对小珊瑚藻光合作用和钙化作用的影响．生态学报，32（3）：699-705．
徐智广，邹定辉，高坤山，等．2011．不同温度、光照强度和硝氮浓度下龙须菜对无机磷吸收的影响．水产学报，35（7）：1023-1029．
徐智广，邹定辉，张鑫，等．2007．光照和不同形态氮营养盐供应对坛紫菜硝酸还原酶活性的影响．水产学报，31（1）：90-96．
严小军，周天成，娄清香，等．1996．褐藻多酚含量的季节变化．海洋科学集刊，5：39-42．
杨锐．2009．大型海藻的遗传育种及应用．海洋湖沼通报，1：113-122．
杨迎霞．2003．海带配子体克隆育苗技术及培育优势杂交苗种的研究．青岛：中国海洋大学硕士学位论文．
杨宇峰，费修绠．2003．大型海藻对富营养化海水养殖区生物修复的研究与展望．青岛海洋大学学报，33（1）：53-57．
姚南瑜，李建之．1981．海带光合特性研究．植物生理学通讯，4：18-20．
余贞，毕燕会，周志刚．2011．海带配子体碳酸酐酶（CA）基因的克隆及其特征分析．水产学报，35（9）：1343-1353．
岳冬冬．2012．海带养殖结构变动与海藻养殖碳汇量核算的情景分析．福建农业学报，27（4）：432-436．

岳国峰．2000．海带配子体和幼孢子体无机碳素营养的比较研究．青岛：中国科学院海洋研究所博士学位论文．

岳昊，孙英泽，胡婧，等．2013．中国海带产业及国际贸易情况分析．农业贸易展望，9：65-74．

曾呈奎，潘忠正，周百成．1981．底栖海藻比较光合作用的研究，Ⅰ．潮间带褐藻的光合作用与光强的关系．海洋与湖沼，12（2）：245-256．

曾呈奎，任国忠，吴超元．1959．关于海带配子体的排卵和排精现象及精子的形态．科学通报，4：129-130．

曾呈奎，吴超元，任国忠．1962．温度对海带配子体生长发育的影响．海洋与湖沼，4（1-2）：22-28．

曾呈奎，吴超元，孙国玉．1957．温度对海带孢子体的生长和发育的影响．植物学报，6（2）：103-130

曾呈奎，吴超元．1962．海带养殖学．北京：科学出版社．

张继红，方建光，唐启升．2005．中国浅海贝藻养殖对海洋碳循环的贡献．地球科学进展，20（3）：359-365．

张景镛，方宗熙．1980．海带叶片厚度遗传的初步研究．遗传学报，7（3）：257-262．

张培玉，张全胜，唐学玺，等．2005．海带配子体克隆育苗生产中幼苗培育技术的研究．应用与环境生物学报，11（5）：545-548．

张全胜，刘升平，曲善村，等．2001．“901”海带新品种培育的研究．海洋湖沼通报，2：46-53．

张全胜，石媛媛，丛义周，等．2008．我国引种海带和栽培品种（系）来源配子体克隆的 AFLP 分析．中国海洋大学学报，38（3）：429-435．

张全胜．2005．海带种质保存技术．中国水产，9：64-65．

张泽宇，范春江，曹淑清，等．1999．海带属种间杂交育种的研究．大连水产学院学报，14（4）：13-17．

赵焕登，田学琳，孙守田．1978．微量元素锰对海带生长的效应．山东海洋学院学报，1：128-133．

赵素达，高尚德．1994．海带和裙带菜硝酸还原酶活性比较．青岛海洋大学学报，24（1）：65-70．

浙江省海洋水产实验所．1959．种海带采苗实验总结．中国水产，1959（6）：20 -21

中国科学院海洋研究所，青岛海洋水产研究所．1978．高碘、高产海带新品种的培育技术材料．青岛海洋水产研究所调查研究报告第 143 号．

中国科学院海洋研究所．1962．中国经济海藻志．北京：科学出版社：63-69．

中国科学院海洋研究所．1976．高产高碘海带新品种的培育．中国科学，5：512-517．

中华人民共和国水产部烟台海水养殖试验场．1964．关于夏苗运输、暂养及分苗利用经验总结．1964 年全国海带夏苗技术经验交流座谈会会议汇编．

周志刚，史西志，胡远皆，等．2003．中国海区不同养殖品系海带与长海带之间的遗传关系．中国水产科学，10（6）：474-480．

朱明远，吴荣军，李瑞香，等．2004．温度对海带幼孢子体生长和光合作用的影响．生态学报，24（1）：22-27．

邹丹燕，毕燕会，周志刚．2009．光对海带雌、雄配子体 *lhcf5* 和 *lhcf6* 基因相对转录量的影响．中国水产科学，16（6）：850-858．

长谷川由雄．1963．浅海养殖笔记，1．海带，北水试月报，17（12）：1-10．

川嶋昭二．1989．日本産コンブ類図鑑．札幌：北日本海洋センター：23-45，194-200．

船野隆．1980．喷火湾沿岸伊達市にすりねマコンブの生態すぢびコンブの生態すよびコンクリ-トブロツワ，割石によろコンブ礁造成，第Ⅰ報マコンブの生態，北海道立水產試驗場報告，22：17-77．

木下虎一郎，平野義见，高橋武司．1936．リシリコンブの發生適温試験（5）．水產研究誌，31（4）：200-205．

木下虎一郎．1947．ユンブとクカメの增殖｜こ关する研究．东京：北方出版社．

神田千代一．1935．二、三の昆布科植物の配偶体に就て．北海道帝國大学理学部海藻研究所报告 4 号．

西林长郎，猪野俊平．1956．Morphogenetical studies in Laminariales. The development of zoosporangia and the formation of zoospores in *Laminaria angustata* Kfellm. Biol J Okayama Univ，2（4）：147-158．

远藤吉三郎．1911．海产植物学．东京：东京博文馆．

殖田三郎，岩木康生，三浦昭雄．1963．水产植物学．恒星社生厚阁版．

殖田三郎．1929．ほそめこんぶ，発生ト温度ト，関係に就テ．水產講習所試験報告，24（4）：174-180．

Abe K. 1962. Chromosome number Algae. *In*: Altman P L，Dittmer D S. Growth including reproduction and morphological development. Wanshington: Federation of American Societies for Experimental Biology: 28-29.

Amy N K，Garrett R H. 1974. Purification and characterization of the nitrate reductase from the diatom *Thalassiosira pseudonana*. Plant Physiology，54（4）：629-637.

Anderson J M，Chow W S，Park Y I. 1995. The grand design of photosynthesis：acclimation of the photosynthetic apparatus to environmental cues. Photosynthesis Research，46：129-139.

Bartsch I，Wiencke C，Bischof K，et al. 2008. The genus *Laminaria sensu lato*：recent insights and developments. European Journal of Phycology，43（1）：1-86.

Barwell C J，Blunden G，Manandhar P D. 1989. Isolation and characterization of brown algal polyphenols as inhibitors of alpha-amylase, lipase and trypsin. J Appl Phycol, 1: 319-323.

Beer S, Sand-Jensen K, Vindbaek M T. 1991. The carboxylase activity of rubisco and the photosynthetic performance in acquatic plants. Oecologia, 87: 429-434.

Bi Y H, Zhou Z G. 2014. What does the difference between the female and male gametophytes of *Saccharina japonica* remind us of? Algolog Stud, 145/146: 65-79.

Bidwell R G S, Mclachlan J. 1985. Carbon nutrition of seaweeds: Photosynthesis, photorespiration and respiration. J Exp Mar Boil Ecol, 86: 15-46.

Bischof K, Krabs G, Wiencke C. 2002. Solar ultraviolet radiation affects the activity of ribulose-1, 5-bisphosphate carboxylase-oxygenase and the composition of photosynthetic and xanthophyll cycle pigments in intertidal gerrn alga *Ulva lactuca*. Planta, 215: 502-509.

Bowes G W. 1969. Carbon anhydrase in marine algae. Plant physiology, 44: 726-732.

Busch S, Schmidt R. 2001. Enzymes associated with the β-carboxylation pathway in *Ectocarpus siliculosus* (Phaeophyceae): Are they involved in net carbon acquisition? Eur J Phycol, 36: 61-70.

Chi C C, Ka H C, Put O A. 2010. Phylogeography of the marine macroalga *Sargassum hemiphyllum* (Phaeophyceae, Heterokontophyta) in northwestern Pacific. Molecular Ecology, 19: 2933-2948.

Deng Y Y, Yao J T, Wang X L, et al. 2012. Transcriptome sequencing and comparative analysis of *Saccharina japonica* (Laminariales, Phaeophyceae) under blue light induction. PLoS ONE, 7 (6): e39704.

Derelle E, Ferraz C, Rombauts S, et al. 2006. Genome analysis of the smallest free-living eukaryote *Ostreococcus tauri* unveils many unique features. Proc Nati Acad Sci USA, 103: 11647-11652.

Dring M J. 1981. Chromatic adaptation of photosynthesis in benthic marine algae: an examination of its ecological significance using a theoretical model. Limnology and Oceanography, 26: 271-284.

Eppard M, Krumbein W E, von Haeseler A, et al. 2000. Characterization of fcp4 and fcp12, two additional genes encoding light-harvesting proteins of *Cyclotella cryptica* (Bacillariophyceae) and phylogenetic analysis of this complex gene family. Plant Biol, 2: 283-289.

Evans LV. 1963. A large chromosome in the laminarian nucleus. Nature, 198 (4876): 215.

Evans LV. 1965. Cytological studies in the Laminariales. Ann Bot, 29 (116): 541-562.

Evans LV. 1966. The Phaeophyceae: Part I. *In*: Godward M B E. The chromosomes of the Algae. London: Edward Arnold Publishers Ltd: 122-148.

Falkowski P G. 1994. The role of phytoplankton photosynthesis in global biogeochemical cycles. Photosynth Res, 39: 235-258.

Fang Z, Yan Z, Wang Z. 1983. Some preliminary observations on tissue culture in *Laminaria japonica* and *Undaria pinnatifida*. Kexue Tongbao, 28: 247-249.

FAO. 2010. The state of world fisheries and aquaculture. Rome: FAO.

Fei X G, Jiang B Y, Ding M L, et al. 1989. The light demands of juvenile *Laminaria japonica*. Chinese J Oceanol Limnol, 7 (1): 1-9.

Field C B, Behrenfeld M J, Randerson J T, et al. 1998. Primary production of the biosphere: integrating terrestrial and oceanic components. Science, 281: 237-240.

Foyer C H, Notor G, Lelandais M, et al. 1993. Short-term effects of nitrate, nitrite and ammonium assimilation and amino biosynthesis in maize. Planta, 192: 211-220.

Foyer C H, Valadier M H, Migge A, et al. 1998. Drought-induced effects on nitrate reductase activity and mRNA and on the coordination of nitrogen and carbon metabolism in maize leaves. Plant Physiol, 117 (1): 283-292.

Fries L. 1980. Axenic tissue culture from the sporophytes of *Laminaria digitata* and *Laminaria hyperborea* (Phaeophyta). J Phycol, 16: 475-477.

Fukuzawa H, Suzuki E, Komukai Y, et al. 1992. A gene homologous to chloroplast carbonic anhydrase (*icfA*) is essential to photosynthetic carbon dioxide fixation by *Synechococcus* PCC7942. Proceedings of the National Academy of Sciences of the United States of America, 89 (10): 4437-4441.

Furbank R T. 2011. Evolution of the C4 photosynthetic mechanism: are there really three C4 acid decarboxylation types? J Exp Bot, 62 (9): 3103-3108.

Gao K S, Mckinley K. 1994. Use of macroalgae for marine biomass production and CO_2 remediation: a review. J Appl Phycol, 6: 45-60.

Geard V A, Driscoll T. 1996. Spectrophotometric assay for Rubisco activity: application to the kelp *Laminarina saccharina* and implications for radiometric assay. J phycol, 32: 880-884.

Genthon C, Barnola J M, Raynaud D, et al. 1987. Vostok ice core: climatic to CO_2 and orbital forcing changes over the last climatic cycle. Nature, 329: 414-418.
Giodano M, Mabery S C. 1989. Distribution of carbonic anhydrase in British marine macroalge. Oecologia, 81: 534-539.
Granum E, Raven J A, Leegood R. 2005. How do marine diatoms fix 10 billion tonnes of inorganic carbon per year? Canadian Journal of Botany, 83 (7): 898-908.
Gu J G, Sun Y P, Liu Y, et al. 2014. Sex identification and genetic variation of *Saccharina* (Phaeophyta) gametophytes as revealed by inter-simple sequence repeat. ISSR markers. J Appl Phycol, 26: 635-646.
Haugland R P. 1992. Handbook of molecular probes and research chemicals, 1992-1994. Molecular Probes, Eugene, Ore.
He Y J, Zou Y P, Wang X D, et al. 2003. Assessing the germplasm of *Laminaria* (Phaeophyceae) with random amplified polymorphic DNA (RAPD) method. Chinese Journal of Oceanology and Limnology, 21 (2): 141-148.
Heather J, McComb J A, Borowitzka M A. 1989. Tissue culture of *Ecklonia radiate* (Phaeophyeceae, Laminariales): effects on growth of light, organic carbon source and vitamins. J Appl Phycol, 1: 105-112.
Hillrichs S, Schmid R. 2001. Activation by blue light of inorganic carbon acquisition for photosynthesis in *Ectocarpus siliculosus*: organic acid pools and short-term carbon fixation. European Journal of Phycology, 36: 71-79.
Hoarau G, Coyer J A, Veldsink J H, et al. 2007. Glacial refugia and recolonization pathways in the brown seaweed *Fucus serratus*. Molecular Ecology, 16: 3606-3616.
Hoppe C J M, Langer G, Rost B. 2011. *Emiliania huxleyi* shows identical responses to elevated pCO_2 in TA and DIC manipulations. Journal of Experimental Marine Biology and Ecology, 406 (1-2): 54-62.
Hu Z M, Li W, Li J J, et al. 2011. Post-Pleistocene demographic history of the North Atlantic endemic Irish moss *Chondrus crispus*: glacial survival, spatial expansion and gene flow. J Evol Biol, 24: 505-517.
Hu Z M, Michael D G, Alan T C, et al. 2010. Phylogeographic patterns indicate trans-Atlantic migration from Europe to North America in red seaweed *Chondrus crispus* (Gigartinales, Rhodophyta). J Phycol, 46 (5): 889-900.
Huang X H, Kurata N, Wei X, et al. 2012. A map of rice genome variation reveals the origin of cultivated rice. Nature, 490: 497-501.
Hudson R R. 1991. Gene genealogies and the coalescent process. *In*: Futuma D, Antonovics J. Oxford Surveys in Evolutionary Biology. Oxford: Oxford University Press: 1-43.
Kain J M. 1969. Aspects of the biology of *Laminaria hyperborea* V. comparison with early stages of competitors. J Mar Biol Assoc UK, 49: 455-473.
Kaiser B N, Rawat S R, Siddiqi M Y, et al. 2002. Functional analysis of an *Arabidopsis* T-DNA "knock-out" of the high-affinity NH_4^+ transporter *AtAMT1; 1*. Plant Physiol, 130 (3): 1263-1275.
Kawashima Y, Tokuda H, Kominami H, et al. 1992. Effects of plant hormones on the induction of adventitious embryos from calluses of a brown algae, *Ecklonia cava* (Laminariales). Oceanis, 18: 1-9.
Kawashima Y, Tokuda H. 1990. Callus formation in *Ecklonia cava* Kjellman (Laminariales, Phaeophyta). Hydrobiologia, 204/205: 375-380.
Kerby N W, Evans L V. 1983. Properties of phosphoenolpyruvate carboxykinase from *Ascophyllum nodosum* (Phaeophyceae). Journal of Phycology, 19: 421-424.
Kremer B P, Küppers U. 1977. Carboxylating enzymes and pathway of photosynthetic carbon assimilation in different marine algae - evidence for the C4-pathway. Planta, 133: 191-196.
Kroth P G, Chiovitti A, Gruber A, et al. 2008. A model for carbohydrate metabolism in the diatom *Phaeodactylum tricornutum* deduced from comparative whole genome analysis. PLoS ONE, 3 (1): e1426.
Küppers U, Weidner M. 1980. Seasonal variation of enzyme activities in *Laminaria hyperborea*. Planta, 148: 222-230.
Lambeek K, Esat T, Potter E. 2002. Links between climate and sea levels for the past three million years. Nature, 419: 199-206.
Lane C E, Lindstrom S C, Saunders G W. 2007. A molecular assessment of northeast pacific *Alaria* species with reference to the utility of DNA barcoding. Molcular Phylogenetics and Evolution, 44: 634-648.
Lane C E, Mayes C, Druehl L D, et al. 2006. A multigene molecular investigation of the kelp (Laminariales, Phaeophyceae) supports substantial taxonomic re-organisation. Journal of Phycology, 42: 493-512.
Larsson C, Axelsson L. 1999. Bicarbonate uptake and utilization in marine macroalgae. Eur J Phycol, 34: 79-86.
Larson G, Dobney K, Albarella U, et al. 2005. Worldwide phylogeography of wild boar reveals multiple centers of pig domestication. Science, 307: 1618-1621.
Lee T. 1985. Aposporous gametophyte formation in stipe explants from *Laminaria saccharina* (Phaeophyta). Bot Mar, 28: 179-185.

Lewis R J, Jiang B Y, Neushul M, et al. 1993. Haploid parthenogenetic sporophytes of *Laminaria japonica* (Phaeophyceae). J Phycol, 29: 363-369.

Li B J, Shi Y Y, Yang G P, et al. 2008. Microsatellite DNA variation of the gametophyte clones isolated from introduced *Laminaria japonica*(Phaeophyta)and *L. longissima* of China and varieties derived from them. Journal of integrative plant biology, 50 (3): 352-359.

Li D P, Zhou Z G, Liu H H, et al. 1999. A new method of *Laminaria japonica* strain selection and sporeling raising by the use of gametophyte clones. Hydrobiologia, 398/399: 473-476.

Li X J, Cong Y Z, Yang G P, et al. 2007a. Trait evaluation and trial cultivation of Dongfang No. 2, the hybrid of a male gametophyte clone of *Laminaria longissimi* (Laminariales, Phaeophyta) and a female one of *L. japonica*. Journal of applied phycology, 19 (2): 139-151.

Li X J, Yang G P, Shi Y Y, et al. 2008b. Prediction of the heterosis of *Laminaria* hybrids with the genetic distance between their parental gametophyte clones. Journal of applied phycology, 20 (6): 1097-1102.

Li Y H, Yang Y X, Liu J D, et al. 2007b. Genetic mapping of *Laminaria japonica* and *L. longissima* using amplified fragment length polymorphism markers in a "Two-Way Pseudo-Testcross" strategy. J Integr Plant Biol, 49: 392-400.

Li Y H, Yao J T, Gao T X, et al. 2007c. Long interspersed elements in three species of *Gracilaria* (Gracilariaceae, Rhodophyta). Chin J Oceanol Limnol, 25 (1): 59-66.

Liu F L, Shao Z R, Zhang H N, et al. 2010. QTL mapping for frond length and width in *Laminaria japonica* Aresch (Laminarales, Phaeophyta) using AFLP and SSR markers. Marine biotechnology, 12 (4): 386-394.

Liu F L, Wang X L, Liu J D, et al. 2009a. Genetic mapping of the *Laminaria japonica* (Laminariales, Phaeophyta) using amplified fragment length polymorphism markers. Journal of phycology, 4 (5): 1228-1233.

Liu F L, Yao J T, Wang X L, et al. 2012a. Genetic diversity and structure within and between wild and cultivated *Saccharina japonica* (Laminariales, Phaeophyta) revealed by SSR markers. Aquaculture, 358-359: 139-145.

Liu Y S, Li L H, Wu W K et al. 2009b. A SCAR molecular marker specifically related to the female gametophytes of *Saccharina. Laminaria. japonica* (Phaeophyta). J Phycol, 45 (4): 894-897.

Liu Y, Bi Y H, Gu J G, et al. 2012b. Localization of a female-specific marker on the chromosomes of the brown seaweed *Saccharina japonica* using fluorescence *in situ* hybridization. Plos One, 7 (11): e48784.

Lobban C S, Harrison P J. 1994. Seaweed ecology and physiology. Cambridge: Cambridge University Press.

Ludewig U. 2006. Ion transport versus gas conduction: function of AMT/Rh-type proteins. Transfus Clin Biol, 13 (1-2): 111-116.

Lundberg P, Weich R Q, Jensén P, et al. 1989. Phosphorus-31 and nitrogen-14 NMR studies of the uptake of phosphorus and nitrogen compounds in the marine macroalgae *Ulva lactuca*. Plant physiology, 89 (4): 1380-1387.

Lüning K, Dring M J. 1972. Reproduction induced by blue light in female gametophytes of *L. saccharina*. Planta, 104 (3): 252-256.

Lüning K, Neushul M. 1978. Light and temperature demands for growth and reproduction of laminarian gametophytes in southern and central California. Mar Biol, 45 (4): 297-309.

Lüning K, Schmitz K, Willenbrink J. 1972. Translocation of ^{14}C-labelled assimilation in two *Laminaria* species. Proc Int Seaweed Symp, 7: 420-425.

Lüning K. 1980. Critical levels of light and temperature regulation the gametogenesis of three *Laminaria* species (Phaeophyceae). J Phycol, 16: 1-15.

Maberly S C. 1990. Exogenous source of inorganic carbon for photosynthesis by marine macroalgae. J Phycol, 26: 439-449.

Magne F. 1953. Méiose et nombre chromosomique chez les Laminariaceae (Laminariales, Pheophyceae). C R Acad Sci, 236: 515-517.

Manuel V, Iman S, Carmen B, et al. 2011. Phylogeography, genetic structure, and conservation of the endangered Caspian brown trout, *Salmo truttacaspius* (Kessler, 1877), from Iran. Hydrobiologia, 664: 51-67.

Martin P, Zuccarello G C. 2012. Molecular phylogeny and timing of radiation in *Lessonia* (Phaeophyceae, Laminariales). Phycological Research, 60 (4): 276-287.

Matsuda R, Ohashi-Kaneko K, Fujiwara K, et al. 2008. Effects of blue light deficiency on acclimation of light energy partitioning in PSII and CO_2 assimilation capacity to high irradiance in spinach leaves. Plant and Cell Physiology, 49: 664-670.

Mcdonald S M, Plant J N, Worden A Z. 2010. The mixed lineage nature of nitrogen transport and assimilation in marine eukaryotic phytoplankton: a case study of *Micromonas*. Mol Biol Evol, 27 (10): 2268-2283.

Mereado J M, Figuroa F L, Niell F X, et al. 1997. A new method for estimating external carbonic anhydrase activity in macroalgae. J Phyeol, 33: 999-1006.

Merrett M J, Nimer N A, Dong L F. 1996. The utilization of bicarbonate ions by the marine microalga *Nannochloropsis oculata*. Droop. Hibberd. Plant, Cell and Environment, 19: 478-484.

Miyabe K. 1902. Laminariaceae. Hokkaido Suisan Chosahokoku. Hokkaido Shokuminbu, 3: 1-60.

Mizuta H, Maita Y, Yanada M. 1994. Seasonal changes of nitrogen metabolism in the sporophyte of *Laminaria japonica* (Phaeophyceae). Nippon Suisan Gakkaishi, 58: 2345-2350.

Motomura T. 1991. Immunofluorescence microscopy of fertilization and parthenogenesis in *Laminaria angustata* (Phaeophyta). J Phycol, 27: 248-257.

Mueller-Cajar O, Stotz M, Wendler P, et al. 2011. Structure and function of the AAA^+ protein CbbX, a red-type Rubisco activase. Nature, 479 (7372): 194-199.

Naylor M. 1956. Cytological observations on three British species of *Laminaria*: a preliminary report. Ann Bot, 20 (79): 431-437.

Nei M. 1978. Estimation of average heterozygosity and genetic distance from a small number of individuals. Genetics, 89: 583-590.

Nimer N A, Merrett M J, Brownlee C. 1996. Inorganic carbon transport in relation to culture age and inorganic carbon concentration in a high-calcifying strain of *Emiliania huxleyi* (Prymnesiophyceae). J Phycol, 32: 813-818.

Nishibayashi T, Inoh S. 1956. Morphogenetical studies in Laminariales. The development of zoosporangia and the formation of zoospores in *Laminaria angustata* Kfellm. Biol J Okayama Univ, 2 (4): 147-158.

Notoya M, Aruga Y. 1989a. Tissue culture from the explant of *Ecklonia stolonifera* Okamura (Laminariales, Phaeophyta). Jpn Soc Mar Biotech Proc 1st Int Ma. Biotech Conf Tokyo: 219-222.

Notoya M, Aruga Y. 1989b. Tissue culture from the explant of *Ecklonia stolonifera* Okamura (Laminariales, Phaeophyta). Jpn J phycol, 37: 302-304.

Notoya M, Aruga Y. 1990. Tissue culture from the explant of stipe of *Eisenia bicyclis* (Kjellman) Setchell (Laminariales, Phaeophyta). Jpn J Phycol, 38: 387-390.

Notoya M. 1988. Tissue culture from the explant of *Ecklonia cava* Kjellman (Phaeophyta, Laminariales). Jpn J Phycol, 36: 175-177.

Ohmori T. 1967. Morphological studies on Laminariales. Biol J Okayama Univ, 13: 23-84.

Okamura K. 1896. On *Laminaria* of Japan. Botanical Magazine Tokyo, 10: 87-101.

Otofuji Y, Matsuda T, Nohda S. 1985. Opening mode of the Japan Sea inferred from the paleomagnetism. Nature, 317: 603-604.

Papagiannakis E, van Stokkum I, Fey H, Büchel C. 2005. Spectroscopic characterisation of the excitation energy transfer in the fucoxanthin-chlorophyll protein of diatoms. Photosynthesis Research, 86: 241-250.

Petrov Y E. 1972. Systematics of some species of the genus *Laminaria* Lamour from the Far East. Novosti sistematiki Nizshih Rastenii (News on Systematics of Non-vascular Plants), 9: 47-59.

Polne-Fuller M, Gibor A. 1987. Calluses and callus-like growth in seaweeds: induction and culture. Hydrobiologia, 151/152: 131-138.

Price G D, Badger M R, Woodger F J, et al. 2008. Advances in understanding the cyanobacterial CO_2-concentrating-mechanism (CCM): functional components, Ci transporters, diversity, genetic regulation and prospects for engineering into plants. J Exp Bot, 59 (7): 1441-1461.

Prins H B A, Elzenga J T M. 1989. Bicarbonate utilization: function and mechanism. Aquatic Bot, 34: 59-83.

Raven J A, Allen J F. 2003. Genomics and chloroplast evolution: what did *Cyanobacteria* do for plants? Genome Biology, 4: 209.

Raven J A. 1997. Inorganic carbon acquisition by marine autotrophs. Adv Bot Res, 27: 85-209.

Reinfelder J R, Kraiepiel A M L, Morel F M M. 2000. Unicellular C4 photosynthesis in a marine diatom. Nature, 407: 996-999.

Reinfelder J R, Milligan A J, Morel F M M. 2004. The role of the C4 pathway in carbon accumulation and fixation in a marine diatom. Plant Physiol, 135: 2106-2111.

Reinfelder J R. 2011. Carbon concentrating mechanisms in eukaryotic marine phytoplankton. Annu Rev Mar Sci, 3: 291-315.

Reiskind J B, Seamon P T, Bowes G. 1988. Alternative methods of photosynthetic carbon assimilation in marine macroalgae. Plant Physiol, 87: 686-692.

Ryther J H, Dunstan W M. 1971. Nitrogen, phosphorus, and eutrophication in the coastal marine. Science, 171: 1008-1112.

Saga N, Sakai Y. 1983. Axenic tissue culture and callus formation of the marine brown alga *Laminaria angustata*. Bull Jap

Soc Sci Fish, 49 (10): 1561-1563.

Saga N, Uchida T, Sakai Y. 1978. Clone *Laminaria* from single isolated cell. Bull Jap Soc Sci Fish, 44 (1): 87.

Sage R F, Christin P A, Edwards E J. 2011. The C4 plant lineages of planet earth. J exp Bot, 62: 3155-3169.

Sage R F, Wedin D A, Li M. 1999. The biogeography of C_4 photosynthesis In: Sage R F. Monson R K. C_4 Plant Biology. San Dirgo: Academin Press: 313-373

Sauvageau C. 1915. Sur le développement et la biologie d'une laminaire (*Saccorhiza bulbosa*). C r hebd Séanc Acad Sci, Paris, 160: 445-448

Sauvageau C. 1918. Gametophyte of *Laminaria*. Mem Acad Sci Paris, 56: 1-240.

Schneider S H. 1992. The climatic response to greenhouse gases. Adv Ecol Res, 22: 1-32.

Schreiber E. 1930. Untersuchungen über Parthenogenesis, Geschlectttsbestimmung und Bastardierungsvermögen bei Laminarien. Planta, 12: 331-353.

Selivanova O N, Zhigadlova G G, Hansen G I. 2007. Revision of the systematics of algae in the order Laminariales (Phaeophyta) from the Far-Eastern Seas of Russia on the basis of molecular-phylogenetic data. Russian Journal of Marine Biology, 33: 278-289.

Shan T F, Pang S J, Zhang Y R, et al. 2010. An AFLP-based survey of genetic diversity and relationships of major farmed cultivars and geographically isolated wild populations of *Saccharina japonica* (Phaeophyta) along the northwest coasts of the Pacific. J Appl Phycol, 23: 35-35.

Shao Z R, Liu F L, Li Q Y, et al. 2014. Characterization of Ribulose-1, 5-bisphosphate carboxylase/oxygenase and transcriptional analysis of its related genes from *Saccharina japonica* (Laminariales, Phaeophyta). Chin J Oceanol Limnol, 32 (2): 377-389.

Shi C J, Hu Z M, He Y J, et al. 2005. Identification and assessing the cultivars of *Laminaria* Lamx (Phaeophyceae) with molecular markers. J Integr Plant Biol, 47 (3): 283-291.

Silberfeld T, Bittner L, Fernández-García C, et al. 2013. Species diversity, phylogeny and large scale biogeographic patterns of the genus *Padina* (Phaeophyceae, Dictyotales). Journal of Phycology, 49 (1): 130-142.

Silberfeld T, Leigh J W, Verbruggen H, et al. 2010. A multi-locus time-calibrated phylogeny of the brown algae (Heterokonta, Ochrophyta, Phaeophyceae): Investigating the evolutionary nature of the "brown algal crown radiation". Molecular Phylogenetics and Evolution, 56: 659-674.

Skirrow G. 1975. The dissolved gases carbon dioxide. *In*: Riley J P, Skirrow G. Chemical Oceanography. London: Academic Press: 1-92.

Slack C R, Hatch M D. 1967. Comparative studies on the activity of carboxylases and other enzymes in relation to the new pathway of photosynthetic carbon dioxide fixation in tropical grasses. The Biochemical Journal, 103 (3): 660-665.

Smith R G, Bidwell R G S. 1989. Mechanism of photosynthetic carbon dioxide uptake by the red macroalga, *Chondrus crispus*. Plant Physiol, 89: 93-99.

Smith S, Jakubzick C, Whittam TS, et al. 1999. Carbonic anhydrase is an ancient enzyme wide spread in prokaryotes. Proceedings of the National Academy of Sciences of the United States of America, 96 (26): 15184-15189.

Sonoda Y, Ikeda A, Saiki S, et al. 2003. Feedback regulation of the ammonium transporter gene family AMT1 by glutamine in rice. Plant Cell Physiol, 44 (12): 1396-1402.

Suenaga A, Moriya K, Sonoda Y, et al. 2003. Constitutive expression of a novel-type ammonium transporter Os-AMT2 in rice plants. Plant Cell Physoil, 44 (2): 206-211.

Surif M B, Raven J A. 1989. Exogenous inorganic carbon sources for photosynthesis in members of *Fucus* and the Laminariales (Phaeophyta): ecological and taxonomic implications. Oecologia, 78: 97-105.

Tabita F R, Hanson T E, Li H, et al. 2007. Function, structure, and evolution of the RubisCO-like proteins and their RubisCO homologs. Microbiol Mol Biol Rev, 71: 576-599.

Tabita F R, Satagopan S, Hanson T E, et al. 2008. Distinct form I, II, III, and IV Rubisco proteins from the three kingdoms of life provide clues about Rubisco evolution and structure/function relationships. J Exp Bot, 59: 1515-1524.

Tabita F R. 1999. Microbial ribulose 1, 5-bisphosphate carboxylase/oxygenase: a different perspective. Photosynth Res, 60: 1-28.

Troell M, Hailing C, Neori A, et al. 2003. Integrated mariculture: asking the right questions. Aquaculture, 226 (1): 69-90.

Tsay Y F, Chiu C C, Tsai C B, et al. 2007. Nitrate transporters and peptide transporters. FEBS Lett, 581: 229-230.

Tseng C K, Tang P S. 1936. On the occurrence of two Laminariaceous plants on China coast with a note on their iodine content, Lingn. Sci J, 15 (2): 219-224.

Uwai S, Arai S, Morita T, et al. 2007. Genetic distinctness and phylogenetic relationships among *Undaria* species (Laminariales, Phaeophyceae) based on mitochondrial *cox3* gene sequences. Phycology Research, 55: 263-271.

Vrisch A E. 2007. Plants and animals of the Japan/East Sea. Vladivostok: Far Eastern State University: 38-39.

Walker F T. 1954. Chromosome number of *Laminaria digitata* Lamour. Ann Bot, 18: 113-118.

Wang W J, Sun X T, Wang F J. 2010. Effect of blue light on early sporophyte development of *Saccharina japonica* (Phaeophyta). Mar Biol, 157: 1811-1817.

Wang X L, Liu C L, Li X J, et al. 2005. Assessment of genetic diversities of selected *Laminaria* (Laminariales, Phaeophyta) gametophytes by inter-simple sequence repeat analysis. J Integr Plant Biol, 47 (6): 753-758.

Wang X L, Shao Z R, Fu W D, et al. 2013. Chloroplast genome of one brown seaweed, *Saccharina japonica* (Laminariales, Phaeophyta): its structure features and phylogenetic analyses with other photosynthetic plastids. Marine Genomics, 10: 1-9.

Wang X L, Yang Y X, Cong Y Z, et al. 2004. DNA fingerprinting of selected *Laminaria* (Phaeophyta) gametophytes by RAPD markers. Aquaculture, 238 (1): 143-153.

Whitney S M, Yellowlees D. 1995. Preliminary investigations into the structure and activity of Ribulose bisphosphate carboxlase from two photosynthetic dinoflagellates. J phycol, 31: 138-146.

Wright S. 1946. Isolation by distance under diverse systems of mating. Genetics, 31: 39-59.

Wu C Y, Wen Z C, Peng Z S, et al. 1984. A preliminary comparative study of the productivity of three economic seaweeds. Chin J Oceanol Limonl, 2 (1): 97-101.

Yabu H, Sanbonsuga Y. 1990. Mitosis in the female gametophytes and young sporophytes of *Laminaria diabolica* f. *longipes* Miyabe et Tokida. Bull Fac Fish Hokkaido Univ, 41 (1): 8-12.

Yabu H, Yasui H. 1991. Chromosome number in four species of *Laminaria* (Phaeophyta). Jap J Phyco, 39: 185-187.

Yabu H, Yotsukura N. 1995. Notes to nuclear division in the gametophytes and young sporophytes of *Laminaria religiosa* Miyabe. Japanese Journal of Phycology, 43 (3): 221-224.

Yabu H. 1958. On nuclear division in the zoosporangium of *laminaria diabolica* Miyabe. Bulletin of the Japanese Society of Phycology, 6: 57-60.

Yabu H. 1964. Early development of several species of Laminariales in Hokkaido. Mem Fac Fish Hokkaido Univ, 12: 1-72.

Yabu H. 1973. Alternation of chromosomes in the life history of *Laminaria japonica* Aresch. Bull Fac Fish Hokkaido Univ, 23 (4): 171-176.

Yan Z. 1984. Studies on tissue culture of *Laminaria japonica* and *Undaria pinnatifida*. Proc Int Seaweed Symp, 11: 314-316.

Yang G P, Sun Y, Shin Y Y, et al. 2009. Construction and characterization of a tentative amplified fragment length polymorphism-simple sequence repeat linkage map of *Laminaria* (Laminariales, Phaeophyta). J Phycol, 45: 873-878.

Yasui H. 1992. Chromosome numbers and a sex chromosome of *Laminaria yendoana* Miyabe (Phaeophyta). Nippon Suisan Gakkaishi, 58 (7): 1385.

Yotsukura N, Kawashima S, Kawai T, et al. 2008. A systematic re-examination of four *Laminaria* species: *L. japonica*, *L. religiosa*, *L. ochotensis* and *L. diabolica*. Journal of Japanese Botany, 83: 165-176.

Yotsukura N, Shimizu T, Katayama T, et al. 2010. Mitochondrial DNA sequence variation of four *Saccharina* species (Laminariales, Phaeophyceae) growing in Japan. Journal of Applied Phycology, 22 (3): 243-251.

Zabaleta E, Martin M V, Braun H P. 2012. A basal carbon concentrating mechanism in plants? Plant Science, 187: 97-104.

Zhang J, Liu Y, Yu D, et al. 2011. Study on high-temperature-resistant and high-yield *Laminaria* variety "Rongfu". Journal of Applied Phycology, 23 (2): 165-171.

Zhang Q S, Cong Y Z, Qu S C, et al. 2007. A simple and highly efficient method for the cryopreservation of *Laminaria japonica* (Phaeophyta) germplasm. European Journal of Phycology, 42 (2): 209-213.

Zhang Q S, Cong Y Z, Qu S C, et al. 2008. Cryopreservation of gametophytes of *Laminaria japonica* (Pheaophyta) using encapsulation-dehydration with two-step cooling method. Journal of Ocean University of China, 7 (1): 65-71.

Zhang Q S, Qu S C, Cong Y Z, et al. 2008. High throughput culture and gametogenesis induction of *Laminaria japonica* gametophyte clones. Journal of applied phycology, 20 (2): 205-211.

Zhou L R, Dai J X, Shen S D. 2004. An improved chromosome preparation from male gametophyte of *Laminaria japonica* (Heterokontophyta). Hydrobiologia, 512 (1-3): 441-144.

Кнреева М С, иТ. Ф. Щапова. 1938. Темп роста, во эраст и сдороношение *Laminaria saccharina* и *Laminaria digitata* Копьского Эапива. Труы Всесюэноюнаучно-цсспеювамепьскою Инсмцмума Морскою Рыбною Хоэяцсмба ц Океаиюрафцц, 76: 29-58.

第二篇　海带繁育及养殖

第十二章　海带幼苗培育

成熟海带叶片表面孢子囊成熟后，放散出游孢子，游孢子附着萌发形成配子体，配子体成熟后，卵子受精成为合子，然后萌发，逐渐长成海带幼苗。在海带幼苗培育工艺中，采取适宜的采苗技术和苗帘，使海带游孢子附着其上，通过适宜的光、温调控等技术，实现海带幼苗育苗。海带幼苗培育是海带养殖的前提。近年来，伴随我国海带养殖生产技术的发展，海带幼苗工艺也发生了较大的改变，我国海带育苗从过去的海带育苗周期100多天，缩短到现在的60天左右，不仅节省了育苗中的能耗，还降低了育苗成本，是海带育苗的变革，为海带产业的发展奠定了基础。

第一节　海带苗种种类

一、自然海区秋苗培育

20世纪50年代初，海带养殖所用的苗种是通过采野生海带在自然海区培育而来。该工艺基本原理是：利用秋季成熟的种海带，在自然水温降低到适宜条件（20℃）时，进行采游孢子，将育苗帘（附着基）预先放在设置好的筏架上，通过促进海带释放游孢子进行附着，最终实现游孢子萌发、发育成幼苗，此幼苗称为“秋苗”。一般情况下，从采游孢子及幼苗培育到分苗约需3个月。其中，分苗期越早，海带生长期越长，单位产量也越高。但在自然海区培育秋苗过程中，由于受自然水温变化稳定性的制约和杂藻、敌害的侵袭，规模化采苗实际效果一般，因此该工艺到1956年基本停用。

二、冷库日光灯夏苗培育

中国科学院海洋研究所、中国水产科学研究院黄海水产研究所、中国海洋大学和山东省海水养殖研究所，自1954年起，采用相同工艺进行了海带幼苗低温渡夏养殖和育苗试验，相继获得成功。其后，运用该工艺又开展了室内冰箱、海带冷库海带夏苗培育及中试。其主要原理是：选择夏季成熟的种海带，进行采游孢子，将采好游孢子的海带苗帘，在室内低温水槽培育，以日光灯作光源，按时、按量更换海水，施加营养盐，因此，称为冷库日光灯夏苗育苗。该工艺在夏季进行，秋季当海区水温下降到适宜海带生长时，海带幼苗已长成相当大的规格，因此，幼苗下海养殖后效果较好，较之“秋苗”可增产40%以上。1957年，山东养殖场用该法生产的夏苗达700余万棵。但该工艺存在以下缺陷：需要冷藏室和日光灯源，育苗设施复杂，操作麻烦，生产能耗大，管理人员较多，育苗成本高。

三、工厂化自然光夏苗培育

针对冷库日光灯育苗工艺存在的问题，通过一系列技术改进，在山东水产养殖场（青岛）建立了我国第一座大型海带自然光育苗车间（图 2-12-1），年产夏苗 4 亿棵。该生产工艺主要原理是：利用自然光为光源，结合低温培育，进行海带育苗，简称工厂化自然光育苗法（自然光育苗法）。该技术工艺的创立使我国海带育苗生产真正进入产业化，自 1958 年以来，在全国得到推广，对我国海带养殖产业的发展起到了推动作用。近年来，随着我国海带养殖面积的不断增加，海带夏苗培育生产主要集中在山东和福建两省，目前，山东海带育苗场约有 20 多个，福建有 10 多个，每年培育海带夏苗 300 亿～400 亿株。

图 2-12-1　山东水产养殖场（青岛）海带育苗车间（20 世纪 80 年代）

四、克隆苗培育

海带克隆苗是指用细胞工程技术培育的无性繁殖系（又称克隆），结合夏苗培育技术培育出的苗种。这种育苗法是 20 世纪 90 年代发展起来的一种育苗法，现已广泛应用于海带杂交育种，以及小规模育苗生产中。其优点是可缩短育苗时间，降低育苗成本，可进行多茬育苗；缺点是育苗规模小，难以满足大规模养殖生产的需要，另外，由于育苗操作不当，也有掉苗、稀疏等问题。

第二节　海带夏苗、秋苗比较

海带自然光夏苗培育解决了秋苗养殖海带中存在的杂藻等问题。另外，育苗海水经过沉淀、过滤等工艺，减少了杂藻的附生，其主要有以下优势。

一、增产

我国北方用秋苗养殖海带，一般到 1 月中旬才能开始分苗，到 2 月底才能全部完成分苗。若以 6 月底收获的海带来计算，用秋苗养殖的海带，只有 5 个多月的生长时间，错过 12 月至 1 月上旬海带幼苗生长的适温期。采用夏苗，就能提前分苗，延长海带生长周期，提高产量。以辽宁、山东为例，分苗时间可提前到 11 月中、下旬，最晚到 12 月中旬即可结束，这比秋苗多出两个多月的生长时间。另外，在分苗后即可使幼苗进入适温期，在低适温期（2 月）到来之前，海带已长到 1.5 m 以上，海带对低温适应能力较强，在低温期，海带幼苗仍能保持较快的生长速度。

表 2-12-1 是夏苗和秋苗用于养殖生产的产量对比试验结果。从表中可以看出，夏苗的增产效果与分苗早晚成正比，分苗越早，增产比例越大。12 月 4 日分苗比 2 月的对照组海带增产约 1 倍；其他时间分苗的，也有增产效果。根据同一个试验报告，12 月 4 日分苗的海带，其平均长度为 341 cm，宽 19.2 cm，厚（从柄部向上 50 cm 处）0.25 cm，与对照组相比，其长、宽、厚分别增加了 22%、10%和 33%。据估算，仅采用夏苗生产这一项措施，就使我国海带养殖单产和总产增加 30%以上，还创造了一批高产纪录，如山东长岛县小浩村，用夏苗生产海带，其亩[①]产量一直稳定在 3000 kg 左右（干品）。

表 2-12-1　夏苗和秋苗的生产对比试验（曾呈奎等，1955）

幼苗种类／检查日期／增产比例	夏苗						秋苗
	12 月 4 日	12 月 11 日	12 月 24 日	12 月 28 日	1 月 3 日	2 月 1 日	2 月 1 日
平均棵干重/g	195.0	154.3	137.3	119.9	124.6	109.5	93.4
增产比例/%	208	165	147	128	133	117	100

二、解决了南方海带养殖的苗种

20 世纪 50 年代后期，随着我国海带南移养殖的成功，海带养殖面积扩大了一倍，产量也增加了接近一倍。尤其是长江口以南的海域肥沃，不需施肥就可生产商品海带（当时在北方海区养殖海带，国家补贴 150 kg/亩的化肥）。例如，浙江舟山群岛海域的海水中 NO_3^--N 的含量高达 88～227 mg/m^3，福建霞浦近海也高达 86～123 mg/m^3，可以满足海带生长对营养盐的需求。但我国南方养殖海带存在两个技术瓶颈：一是夏季水温高达 30℃以上，种海带不能在自然海区渡夏，难以留种菜，也就无法再当地培育种苗。因此，每年均要从北方运苗到南方进行养殖，或到秋季从北方运种海带到南方进行秋苗培育，不仅成本较高而且稳定性差。二是我国南方适宜海带生长的低温期短，从表 2-12-2 中可以看出，浙江海区养殖海带的适温天数只有 180 天左右，比青岛少 30 天；福建三沙和厦门海区养殖海带的适温期才 150 天和 120 天，比青岛海区分别少 60 天和 90 天。因此，在南方海区用秋苗养殖，只有 2.5～3 个月的适温生长期，在这样短的生长期内，海带不能充分生长，收获时海带厚成不足，含水量高，因而产量低，经济效益差。

表 2-12-2　我国海带养殖海区的水温月平均值和适温天数

月份／温度/℃／地区	10 月	11 月	12 月	1 月	2 月	3 月	4 月	5 月	6 月	海带生长适温天数
大连	17.0	12.4	7.5	3.1	1.0	1.8	4.9	9.8	14.2	240
青岛	18.9	13.2	6.0	5.7	3.2	4.1	7.0	12.3	18.4	210
连云港	18.7	12.7	5.5	2.2	2.7	6.6	11.4	17.0	22.2	210

① 1 亩≈666.7m^2。

续表

温度/℃ 月份 / 地区	10月	11月	12月	1月	2月	3月	4月	5月	6月	海带生长适温天数
舟山	22.6	18.6	13.4	9.1	7.6	9.2	12.5	16.7	20.8	180
洞头	22.7	18.6	13.3	9.7	8.5	10.3	14.0	18.9	23.3	150
三沙	23.2	19.2	14.2	11.2	10.3	11.9	15.6	20.6	24.4	150
厦门	24.4	21.0	16.8	14.1	13.4	15.0	18.1	23.0	25.8	120

近年来，我国福建地区，随着海带渡夏技术的不断成熟，5月收获海带后进行第一次选种（挑选没有成熟的海带），然后将种菜放在深水中暂养；到7月中旬，进行第二次种海带的选择，转入室内低温流水暂养。到9月底前，逐步诱导种海带成熟，产生大量孢子囊，用于海带育苗生产。

三、节省大量种海带

由于夏季水温偏高，在渡夏过程中海带叶片要大量脱落流失，一部分甚至会腐烂，加之杂藻、浮泥等附着生物，特别是台风等因素的影响，易造成种海带的大量损失。例如，1953年在青岛海区保育的5万棵种海带，渡夏后仅剩2000棵，保种率只有4%。1958年，全国在大连进行育苗会战，为了培育出100亿株秋苗，在海上就准备了60多万棵种海带。采用夏苗培育工艺后，就不需要留大批种海带渡夏了，采完夏苗后的种海带仍可加工成商品海带出售，这就节省了大批的种海带。

四、减轻劳动强度

海带夏苗培育是在室内完成的，一部分育苗工艺实现了机械化、半机械化，劳动强度相对较小。

第三节　海带低温自然光育苗工艺

一、育苗场址的选择

选择海带育苗场址主要参考依据有以下几点。

（1）要毗邻海岸，取水方便，同时远离港湾、河口，远离工矿区和人口稠密区，以便避开可能的污染源，能够随时抽取到清洁的海水。

（2）要面临外海，水深流畅，同时选择海底为岩礁或砂质的海区，避开淤泥浅滩和杂藻繁茂区，以便能够保证抽到没有或有很少浮泥杂藻的清澈海水。

（3）要地域开阔、地势较高，临近没有高大建筑物和其他遮光阻风等的障碍，通风良好，大气流畅，日光充足，场地具有一定的发展潜力。

（4）要地势平坦，基础坚硬，避开沙滩和填土地带，以防可能出现的地基下沉和育苗池断裂，保证建筑物的牢固和安全。

（5）要交通便利，电源、淡水使用方便并且尽可能靠近养殖集中的地方，以方便建设、满足育苗用电用水。

二、育苗生产能力的估算

从我国建成投产的海带育苗场运营的情况来看，一个育苗场的生产能力不应低于 4 亿株，小于 4 亿株的育苗场，经济和产出比不划算。目前，一般大型海带育苗场的年生产能力均为 8 亿～10 亿株。以每亩养殖面积用苗 2 万株计算，一个年产 4 亿株的育苗场，可供养殖 2 万亩海带的种苗，即每养 2 万亩海带，需要建一座年产 4 亿株的海带育苗场。图 2-12-2 为山东烟台某育苗场。

图 2-12-2　烟台育苗场

三、海带自然光育苗主要设施及其工艺流程图

海带自然光低温流水育苗设施，主要包括制冷系统、给水系统、育苗间和育苗帘等，并由前三者组成夏苗生产的工艺流程。图 2-12-3 是海带育苗的主要设施及其工艺流程图。

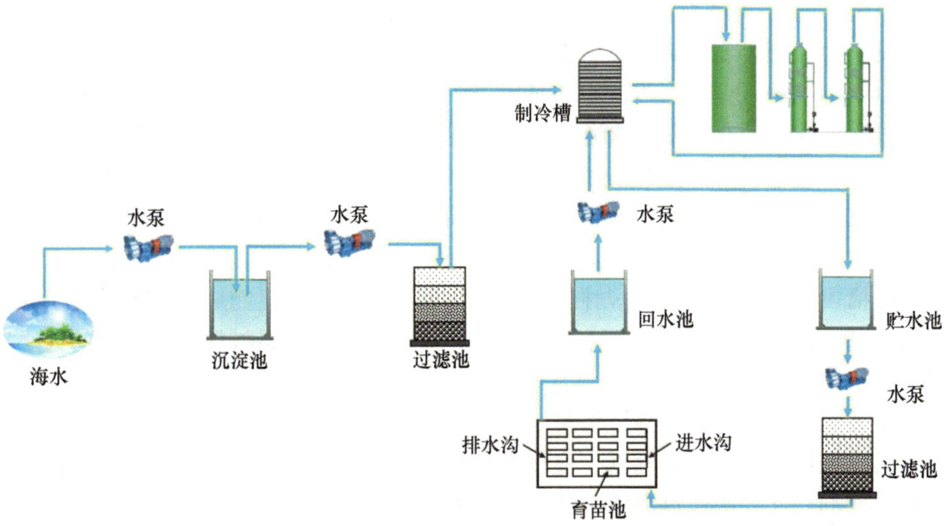

图 2-12-3　海带育苗主要设施及其工艺流程图

四、制冷系统

制冷系统包括制冷压缩机、冷凝器、蒸发器、油氨分离器、制冷槽机阀门等。我国第一座自然光低温流水育苗车间所采取的工艺是：先用制冷系统直接将海水进行降温处理，然后用水泵将低温海水送入育苗车间，依靠海水的不断循环流动来保持育苗水处于低温状态。现在，我国北方主要采用新海水和循环海水在同一个制冷槽内降温，而南方主要采用制冷槽专门对新海水进行降温，冷却水集中贮存，给育苗池换水，循环水的降温则在回水池中进行。不管采用哪种方法，人工制冷设备（图 2-12-4）的制冷能力将直接决定育苗水温、新海水量、流速等低温育苗中的一些关键因素的变动。

图 2-12-4　育苗制冷设备

制冷就是制造一个低于周围环境温度的低温条件，并在所需要的时间内保持这一低温环境，保持海带培育海水处于低温状态。直接使海水降温，可通过降低室内气温来实现，但在生产上，多数采用螺旋式压缩机制冷。其利用液氨等液体作制冷剂，氨在大气压力下蒸发，其蒸发温度为–33.4℃，F12（二氟二氯甲烷）蒸发温度为–29.8℃，F22（二氟一氯甲烷）则为–40.8℃。由于液体制冷剂在不同的压力下有不同的蒸发温度，通过调节其蒸发压力，便可实现降温。目前，氨是广泛使用的一种中温制冷剂，氨在大气压力下的沸点比标准沸点低，在冷凝器和蒸发器中的压力适中，节流损失少，能溶解于水，有泄漏时易被发现（有刺激性味道），价格便宜。缺点是有毒，有刺激性气味，含水时对铜及其合金有腐蚀性（磷青铜除外），与空气混合有爆炸危险，高温（>260℃）时分解为氢和氮。氨微溶于有机溶剂，对压缩机润滑油无稀释作用，油被带入系统后不能回流，故在装置中应设专门的排油系统。

制冷槽内装有氨蒸发器和搅拌器，海水在制冷槽内被降温制成低温水。为了减少外来热量，制冷槽要建在室内，其上应有封盖，内壁应填有保温材料，制冷槽的大小应根据制冷海水的多少来设计。

制冷装置主要部件为制冷压缩机、冷凝器、蒸发器和节流阀等；辅助设备主要有油氨分离器、气液分离器、集油器、空气分离器、贮油桶等。蒸发器是一个热交换器，低压液态制冷剂在此处吸收高温海水的热量，而本身沸腾蒸发为气体。在蒸发器中形成的制冷剂气体，被压缩机压缩吸入，将低压气体绝热压缩为高压过热气体，使压力提高到稍高于冷凝压力。一般采用螺旋式压缩机，其功效较活塞式高许多，冷凝器也称热交换器。制冷剂吸收被冷却物质（如海水）的热量和压缩机消耗机械功能所转化的热量，传给周围介质（空气和水），制冷剂本身被压缩凝结为液体状态。节流阀是把高压制冷剂节流为低压低温液态制冷剂，液态制冷剂被不断送入蒸发器。这样，制冷剂通过制冷装置的这些作用，周而复始地循环，从而达到持续制冷的目的。

五、海水供应与处理

海水供应：从大海抽取海水，经净化处理后，输送到育苗池等过程的设备，组成了供水系统。抽提水泵室应设在距离沉淀池较近的位置，除保证能获得干净的海水外，还要有较稳定的比重和避免工业水污染；另外，要保证在小潮期也可能抽到水。水泵抽水量可根据育苗生产用水量的多少来确定。

1. 泵房

泵房里的水泵用来从大海中提取海水，绝大多数海带育苗场均在海边建立一个蓄水池，储蓄一定量的海水，进行初步的沉淀。

2. 沉淀池

沉淀池用来沉淀海水中的污泥、杂质等。沉淀池的容量不得小于育苗用水总量的 1/2，最好能与用水总量相等，这才能保证正常育苗及育苗过程中洗刷等用水，并能应对偶发性大量换水的需要。为了防止海水水温在露空沉淀时受日晒而升高，增加降温的困难和制冷成本，沉淀池最好设计成半埋式，即埋入地下 1/3～1/2，并在上面加盖，让沉淀过程中的海水处于黑暗中。根据水质分析的结果，黑暗沉淀与非黑暗沉淀的海水相比，在相同沉淀时间内，前者的微生物和杂藻在水体中的数量比后者均明显减少。如保证海水有 48 h 以上黑暗沉淀，则其清洁度不亚于机械过滤净化后的海水。另外，沉淀池要建成多个，以便循环使用，便于洗刷，如总贮水量 2000 m^3，应建成 4 个各 500 m^3 的沉淀池（图 2-12-5）。

图 2-12-5　沉淀池

3. 过滤塔（过滤池）

由于海带育苗生产用水量很大，海水不可能沉淀很长时间。海水沉淀一定时间后，要进行过滤。可采用加压或常压两种过滤办法，过滤方法要兼顾用电能耗及用水量两个因素。加压过滤塔一般为圆柱状，上部顶盖为圆锥形，距池底 50 cm 处是铺设的有孔水泥板，或用水泥条做成栅栏状，用以支撑上面的砂石过滤材料（图 2-12-6）。在水泥板上铺一层竹帘，在竹帘上自下而上地铺设不同规格的卵石和砂石（表 2-12-3）。为了防止上层的砂被加压喷洒下来的海水冲起，在细砂层上面隔 20 cm 处设置一块带孔的水泥板，让海水从水泥板的边缘、孔洞处淋下去，这样就不会将细砂冲起。在细砂上面还要铺一层石棉，以过滤大型杂质碎片。常压过滤池的结构和铺设的滤层与加压过滤塔相似，但过滤池的面积要大许多，才能保证有足够的过滤能力。

图 2-12-6　过滤塔

表 2-12-3　过滤塔内铺放的卵石和砂石的规格和厚度

名称	规格（直径：cm）	铺设厚度/cm
卵石Ⅰ	3～4	5
Ⅱ	2	5
Ⅲ	1	10
粗砂Ⅰ	0.5	12
Ⅱ	0.3	20
Ⅲ	0.05	50

海带育苗生产一般对海水采用二次海水过滤工艺，需建两套过滤塔（过滤池），一套用来过滤从沉淀池来的新海水，另一套用来过滤经过冷却准备输送到育苗室的海水。

4. 贮水池

贮水池用来贮存经制冷后的低温海水，一般建在地下，严密封存，以利于保温。

5. 回水池

育苗车间使用后的海水，一般要回收再用，回水池就是用以贮存使用过的海水的，从育苗室流回的海水，虽然温度升高了一些，但比未降温的海水还是低得多，因此，也要采取保温措施，不让其升温，可节省再制冷费用，一般建在地下，严密封盖。

6. 水泵和管道

给水系统各个部分是由管道相互联系起来的。水泵是输送海水的动力设备。要根据育苗的规模配备足够量的水泵、管道。育苗所用的给水管道和水泵，尽可能不用铸铁器件，因海水腐蚀性很强，铸铁易被锈蚀破坏，且产生大量铁锈，并且由此而繁生起来的硫化菌等微生物，能产生硫化氢等有毒物质危害幼苗，造成海带幼苗病烂、畸形、脱落等。

六、育苗车间（育苗室）

育苗车间是一个大型的阳光板房，内有育苗池（图 2-12-7）。育苗室屋顶和内壁都均用玻璃或透光性强的材料。20 世纪 80 年代前，均采用平板玻璃，虽然透光性好，但易碎，造价偏高。到 20 世纪 80 年代后，逐渐采用玻璃钢瓦。其优点是轻，造价低，尽管透光率差一些，但也能满足海带幼苗对光照的要求；缺点是易老化，一般使用 3 年就老化，透光率大幅下降，而且易碎，需及时更新。随着我国塑酯化学材料的不断更新，会有更好的替代品问世，其中聚碳酸酯（PC）板的透光率可达 88%，且密度低（1.2 g/cm^3），保温性能、可塑性强，抗老化，已被许多海带育苗场采用。另外，在车间结构上应尽可能设计得跨度大些，柱子和支架要少些，使海带育苗车间各个位置能受光均匀。育苗车间最好坐北朝南，并使屋顶的侧面向南。

图 2-12-7　海带育苗车间

1. 进水沟、排水沟

进水沟是育苗室水位最高的一端，从贮水池进来的海水，进入进水沟后再分流进入各个育苗池（图 2-12-8）。进水沟的中央是分水池，海水进入分水池后向两边流动而进入育苗池。排水沟的水面是育苗室水位最低的一端，从育苗池流出的育苗海水进入排水沟，再流到回水池去。进水沟和排水沟均要建成暗沟式，上面有板覆盖。育苗帘如果是平放，则在池内应安装支架和藤绳，把育苗帘放在藤绳上；如果采用人字形或立式排放育苗帘，则无需安装支架和藤绳。

2. 育苗池

育苗池一般为长方形，其底和内壁都用白瓷砖铺成，有利于增加光照，方便清洗，

图 2-12-8 进水沟和排水沟

也可直接用水泥面（图 2-12-9）。池子一般以长 10～15 m 为宜，太长则流速较小；太短则建筑费用增加。育苗池的宽度和深度要根据育苗方式而定。我国北方均采用平面育苗法，即将育苗帘平放在池内，宽度一般为 2 m，正好对面放置两张各 1 m 的海带育苗帘，池深为 30～40 cm。南方除平面育苗法外，还采用立体式育苗法，育苗帘是立或斜立在池水中的，故而育苗池的深度要在 60～70 cm。不管采用何种育苗方式，育苗池均应有一定坡度，即向排水沟方向倾斜 5 cm 左右，这样能形成流水速度，在洗刷池子时污水也易排出。育苗池进水孔应设置在排污孔的相反方向，即在池底稍高的一端；而回水孔应与排水孔在同一端，即在该端的池墙缘上。另外，也可在池底备一排水管孔直通回水池。

图 2-12-9 海带育苗车间育苗池

3. 串联式育苗池

育苗池排列成梯田状，进水沟和排水沟分列于育苗室两边，利用每排池子间的自然落差增加流速（图 2-12-10）。

图 2-12-10　串联式（梯田式）育苗池

4. 并联式育苗池

进水沟位于育苗室的中央，育苗池对称地分列在进水沟的两侧，其有两条排水沟，海水从进水沟同时流入两侧的育苗池（图 2-12-11）。

图 2-12-11　并联式育苗池

一般来讲，串联式比较好，尤其是在坡地上建育苗场，可充分利用高差，形成自流或半自流，节省抽水电耗。串联式育苗池海水流速较大，对海带幼苗生长更有利。

5. 光照系统

太阳光在不同季节，一天内的不同时间、不同天气下，光强均不同，而海带幼苗在不同生长发育期对光照的需求也不一样。因此，在海带育苗过程中，根据海带幼苗的生长发育，对光强的需求，及时调节光照强度。一般通过毛虾网、竹帘、塑料帘，甚至涂料等，进行调光，通过随时伸张或收聚调光帘，实现调光需要，最终生产出商品规格的海带苗帘。

七、育苗帘

育苗帘又称附苗器，北方习惯称为苗帘，南方习惯称为苗片。育苗帘是海带游孢子放散后附着的基质，海带幼体在其上生长、发育。海带育苗是一种集约式人工培养技术，育苗帘应选择表面积大而体积小的材料制作。要能在一定空间水体中放置更多的育苗帘，使游孢子有更多的附着表面，提高育苗量。很多材料均可制作育苗帘，多年实践证明，以红棕绳和化纤绳为最好。红棕绳由棕丝纺成，其表面积大，抗腐蚀性强，含有毒物质较少，坚固耐用，但使用红棕绳育苗帘成本较高，尤其是红棕绳制作苗帘时需经多道工序处理，清除杂质后方能使用。我国南方多采用化纤绳做育苗帘，其成本较低，不需要繁杂的处理工序。南方由于毛竹资源比较丰富，价格也比红棕绳低，因此，可用竹筷做育苗帘培育海带。先将毛竹劈制成一根根的竹筷，再用细绳将竹筷编成竹筷帘。我国北方基本采用红棕绳帘式育苗帘（图 2-12-12），南方多将维尼龙绳缠在木框或钢丝框上，做成框式育苗帘（图 2-12-13）。

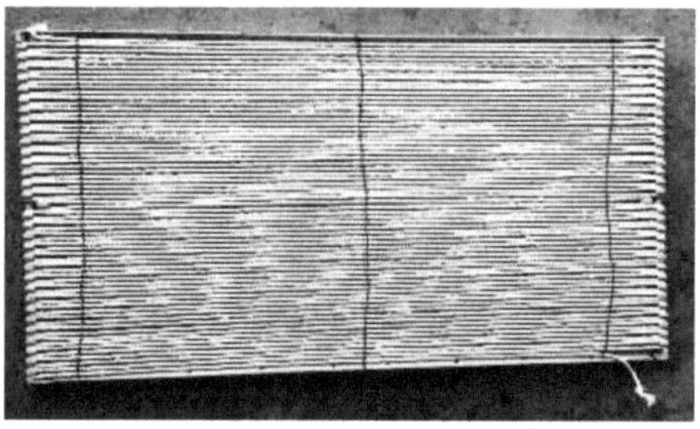

图 2-12-12　维尼龙绳框式育苗帘

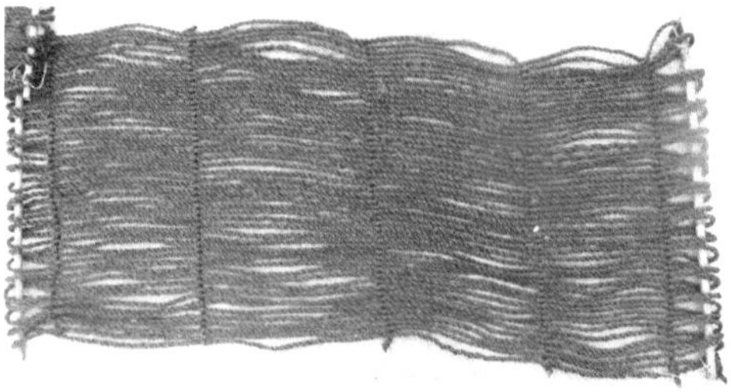

图 2-12-13　红棕绳帘式育苗帘

由于红棕绳、竹筷本身都含有植物碱、单宁等物质，在制作过程中，需经长期的海水浸泡及碾压、蒸煮，才能清除这些物质，用于育苗。否则，在育苗过程中，长时间浸泡在海水中，这些有害物质就会释放出来，对海带幼苗产生毒害作用。以红棕绳育苗帘为例，要经过：纺绳→捶绳→浸泡→煮绳→晒干→伸直→编帘→燎毛→煮帘等工序处理。竹筷育苗帘则要经过：制筷→泡筷→煮筷→再泡筷→晒筷→编筷等工序处理。纺绳：要用棕毛纺绳，棕骨要剔除掉，这样纺出的绳才柔软。要求绳的内劲小，外劲大，每厘米 1.5 个花为宜。绳的直径为 0.5 cm。纺好的绳要进行捶打，或用机械（如拖拉机）碾压，捶打掉杂质，并使棕绳柔软。捶好的绳子要用海水浸泡一个月。每 10 天换水一次，以除去棕绳里的植物碱、棕榈酸、单宁等物质。浸泡好的棕绳要下锅煮 12 h，进一步去除有毒物质。煮过的棕绳要用清水洗净，然后晒干，并用拉绳机将其拉直伸开，使绳子不再扭曲，这样编成的帘子就平直舒展了。绳子伸直后就可进行苗帘编制（图 2-12-14）。棕绳育苗帘的规格各地不相同，农业部制定的海带养殖技术规范（NY/T 5057——2001）里所定的规格为 1.2 m×0.5 m（长 1.2 m，宽 0.5 m），一个苗帘净长度为 62.5 m。

帘子编好后要用火燎去绳子上的棕毛，但不能将棕帘燎焦，也不要燎得太光。燎毛时要将苗帘浸湿，这样不致燎焦。燎过毛的苗帘要再煮一次，要求煮 6 h。棕帘两端的小竹竿或四周的木框也要经过煮泡方能使用。煮好的苗帘晒干后就可使用。同样，在制作

图 2-12-14　编海带育苗帘

竹筷育苗帘时，竹筷也要经过煮、泡、晒等工序，清除所含的有害物质后才能使用。另外，在海带育苗生产的前几天，还需再进行苗帘的洗刷，尽量保证苗帘干净（图 2-12-15）。

图 2-12-15　洗海带育苗帘

八、种海带培育和运输

1. 种海带选择和培育

种海带的选择，一般在养殖后期就开始目标性状的选择，这样能保证有足够的优质种海带。另外，采用大田选种获得种海带，选择海带叶片平直，体型好，色泽浓褐有光泽，中带部宽而柔软，无病烂，尤其尚未形成大面积孢子囊群的种海带。这种选择的优点是：每年结合养殖实现大面积的大田选择，能将那些具有优良性状的海带筛选出来。其缺点是：养殖生产若受灾，则不能保证有足够的种海带，难以在短时间内获得目标性状的品种；另外，海带遗传等方面易发生混杂。

挑选种海带后，将其附着的浮泥、杂藻等杂质用海水冲洗干净，再切除掉边缘部、梢部（图 2-12-16），留下从柄部向上约 1 m 的叶片，用打孔器在叶片基部打一小孔，用细绳将其串绑于苗绳上，株距 6～8 cm。将绑好的种海带挂于流水通畅的海区，进行暂养培育，促进孢子囊的成熟。在培育期间，对种海带要加强管理，经常观察和洗刷，尽量减少浮泥和其他杂藻的附生，另外，要注意海水水温的变化。

图 2-12-16 种海带切边、切尖留种菜

2. 种海带选用量

种海带的选择和用量要根据育苗量和种海带的成熟情况而定，一般 1 个苗帘准备 1 棵种海带。作为种海带，要在人工采游孢子时，能基本做到同步大量放散游孢子，这样可使种海带同步发育成熟。海带孢子囊群的形成个体间有差异，在自然界中，海带是多次放散游孢子的，要做到种海带相对同步成熟地放散游孢子，就要选择孢子囊成熟相对同步的种海带。

3. 种海带培育时间

我国北方（烟台、荣成）海带育苗场种海带的选择及培育，一般为 6 月中旬到 7 月底。另外，在 6 月底和 7 月之间，要进行两次选择，淘汰不健康的海带。第一次选择时，要淘汰掉已有较大面积孢子囊群的个体，因为种海带在 7 月底 8 月初采游孢子前会大批成熟；第二次选择时，要淘汰掉叶片表面已破皮或将要破皮的个体，留下叶面已大面积产生孢子囊群尚无破皮的种海带，一直暂养到 8 月上旬，当发育成熟时，可用于采苗。

我国南方（福建）种海带培育可分为自然海区培育阶段和室内低温培育阶段。由于 4 月中下旬，福建沿海水温达 22℃左右，此时海带已进入厚成期，许多海带能形成孢子囊，因此，第一次种海带选择在 5 月上中旬开始，选择无孢子囊的目标性状海带作种海带，将其边缘、梢部切除，再重新绑在苗绳上，放到选择好的深水中暂养。培育海区需选择靠外海，潮流通畅，海水透明度大、风浪小、四周有岛屿环绕而又易于设筏的海区。到 7 月中旬，当自然水温上升到 25℃以上时，就得进行第二次选择，然后将无孢子囊的种海带移到室内低温条件下培养，直到 9 月底孢子囊成熟，用于海带育苗。

室内低温培育种海带，要挑选无病烂、无孢子囊群成熟的种海带。在室内采用悬挂式培养，悬挂密度以 20 棵/m^2 为宜，株距为 5.0～5.5 cm，绳距约 60 cm。水温控制在 10℃左右，在实际生产中采取前期稍低、后期稍高的控温办法。例如，三沙育苗场在室内一般培育 55 天左右，前 20 天水温控制在 8～9℃，以后逐步提高，到最后 15 天左右控制在 12～13℃，这可保证种海带在室内安全渡夏，并形成大面积孢子囊群，不发生病烂。另外，种海带在室内培育期间，要给予一定量的光照，光照强度 1500～3000 lx，光照 8 h 左右。

为了保证种海带生活的需要，培育海水要保持一定的流速，每天更换一部分新鲜过滤海水，这可保证育苗水质不恶化。每天更新水量不少于总培育水量的 1/3～1/2。在条件许可下，流速越大越好。在培育过程中，每 10 天左右要洗刷一次种海带和培育池，并彻底换水一次。对种海带要经常洗刷，淘汰掉不健康、病烂的种海带。

种海带从海上移入室内低温培育 15 天左右，其叶片上就会形成孢子囊群。孢子囊群一般都是先从中带部产生，然后逐渐向外扩大，而后遍及整个叶片面积的 50%～70%；也有的叶片两面都有大量孢子囊群。从孢子囊群开始形成到成熟（即能大量放散游孢子），一般需要 20～25 天。

表 2-12-4 是福建三沙育苗场在室内培育种海带过程中孢子囊的发育情况。挑选的 38 120 棵种海带在室内培养后，最后获得良好 2000 棵（占 5.2%），可满足当年育苗对种海带的需求。

表 2-12-4　室内培育种海带的孢子囊发育情况

培育室	检查日期 \ 孢子囊发育情况	孢子囊形成/%	破皮率/%	备注
1	8 月 1 日	15～17	0	—
	8 月 5 日	41.3	0	形成高峰
	8 月 11 日	51.3	个别	形成高峰
	8 月 15 日	69.7	41.4	成熟高峰
	8 月 20 日	78.5	74.6	成熟高峰
2	8 月 1 日	15～17	0	—
	8 月 5 日	43	个别	形成高峰
	8 月 11 日	60.5	个别	形成高峰
	8 月 15 日	64.5	30	成熟高峰
	8 月 20 日	83.7	74.5	成熟高峰

4. 种海带运输

现在各地的育苗场都能就地解决种海带，一般不存在种海带的长途运输，即使要长途运输，采用冷藏车等方式运输，运输时间也会大大缩短，从而提高运输成功率；近距离的短途运输则采用常规运输方式即可。

九、采苗

在海带育苗生产过程中，从种海带诱导游孢子放散，到集中采集游孢子，使之附着在育苗帘上进行萌发的过程，称为“采苗”。

1. 采苗时间

我国北方养殖的海带，一般从 5 月开始海带叶片上就能有少量的孢子囊群产生，一直到 7 月中下旬，水温回升到 23℃以前，都有孢子囊群成熟。因此，北方海带育苗基本在 8 月初就开始。而南方福建地区主要进行两次采苗，一次为了北方养殖用苗，在 7 月下旬，从渡夏种海带诱导一批海带成熟，进行采苗；另一次采苗用于南方大规模养殖，从 9 月底开始。海带采苗时期要考虑以下两个方面对采苗的影响。

1）种海带成熟度

种海带成熟时，孢子囊群明显地高出表皮，颜色深浓，表皮粗糙不明亮，易干燥，其上往往有一层白色的薄膜，用手摸时开始脱落并有黏腻感觉，养殖生产上称为“脱皮”（图 2-12-17）。这样的种海带经阴干刺激后就能放散游孢子。

图 2-12-17　海带成熟孢子囊破皮（水中观察）

2）海水水温

当自然海水温度上升到 23℃以上时，不但海带孢子囊群的形成停止，而且已形成孢子囊群的海带不能正常放散游孢子，即使放散出了游孢子，绝大部分也是死孢子，不能附着，萌发或萌发不正常。因此，采苗工作必须在水温上升到 23℃以前进行。

在上述原则下，要尽量将采苗时间推迟，这不仅可缩短育苗周期，还可降低育苗生产成本（电、水等）。另外，具体采苗时间还要根据天气情况而定，一般选择在晴朗并有小风的天气下采苗，这有利于对种海带的阴干刺激和后续的游孢子放散。阴天，尤其是闷湿天气，不利于种海带的阴干刺激，也不利于游孢子的放散和附着，在这样的天气下采苗，往往会失败。

2. 种海带的阴干刺激

孢子囊群成熟后，在自然情况下，游孢子会不断释放出来。进行人工采苗，需要在短时间内使游孢子大量集中放散，达到采苗的集约化效果。目前，最简单、最经济的办法是阴干刺激，即将成熟的种海带洗刷干净，带回岸上，将其置于通风、阴凉处阴干。

可平铺在地面上，也可悬挂起来，但一定不要受太阳光的直接照射。经过 2～4 h 的阴干刺激后，叶片表面大量脱水，再将种海带浸入准备好的海水中后，叶片又大量吸水膨胀，从而使孢子囊破裂，游孢子便从中大量放散出来。

对种海带的阴干刺激时间应适当，在天气反常，如低压闷热、无风情况下，或种海带不十分成熟情况下，可适当地延长阴干时间，但最长不宜超过 8 h。过长，则使海带大量失水，影响游孢子的放散和游孢子的活力；过短，则往往达不到游孢子大量、集中放散的目的。

在阴干刺激过程中，每隔半小时可用浸泡法或滴水法进行检查。浸泡法是将经过一段时间阴干刺激的种海带，随机取一小块有孢子囊群的叶片，放入预先准备好的海水中，使其放散游孢子，用水量与叶片之比可适当定为（50～100）∶1，浸泡 5～10 min 后，取一滴海水在显微镜下检查，如果镜下一个视野（100 倍）内有 3～5 个游动活泼的游孢子，说明已达到阴干刺激的目的，即可停止刺激，进行放散。如果无游孢子的放散或达不到放散数量的要求，则仍需继续阴干刺激。滴水法是在阴干刺激的过程中，每隔一段时间，在种海带的孢子囊群部位上，用吸管滴上几滴海水，5 min 后，再将海水用吸管取回，并置于载玻片上放在显微镜下检查，若每个视野（100 倍）内有 3～5 个游孢子便可停止阴干刺激，否则要继续阴干刺激。

在实验室内进行育苗时，对种海带处理更加严格，一般在阴干刺激前要用 5%～7%的碘液（6 g 碘化钾溶于 100 ml 蒸馏水中，再加入 4g 碘制成母液，使用时取母液 5～7 ml 加消毒液水 1 L）处理种海带 15～30 min，以有效杀死附生在叶片上的生物（如硅藻等），从而减少杂藻等进入育苗水中，降低海带育苗病害的发生。

3. 游孢子放散和附着

1）游孢子放散

在生产上种海带的游孢子放散和附着有两种不同的方法：直接法和间接法。直接法又称放散附着法，就是在采苗池里先铺放好育苗帘，注入海水，然后按所需种海带的量向池内投入种海带，一般情况下种海带入水后立即放散游孢子，放散出来的游孢子立即附着在育苗帘上，同时种海带仍继续放散游孢子。间接法又称孢子水法，就是先在放散池里让种海带放散游孢子，待海水中游孢子的数量达到要求后，将种海带捞取出来，这样含有大量游孢子的海水称为“孢子水”，将孢子水按所需数量注入附着池，让游孢子附着在育苗帘上。

2）孢子水采苗优点

（1）可采到活力较强的游孢子，由于其本身发育的情况不同，成熟度也不一样等，游孢子的活力有明显差别。通过人工阴干刺激的种海带，在放散游孢子时，最初放散出来的多数是弱孢子，并且混有不动孢子（不游动）；中间放散出来的游孢子大部分是活力较强的孢子；最后放散出的多数是弱孢子。弱孢子在附着后萌发时，比活力强的孢子晚 1～2 天进入配子体阶段，有很大一部分不等进入配子体阶段就死亡了。若采用边放散边采苗的方法，则先放散出来的弱孢子就先占据了育苗帘上的位置，活力强的孢子放散后，就难以获得充足的附着基。用孢子水法可克服这些缺点，因为弱孢子放散出来后，经短时间的游动可大量附着在池壁、池底或因无合适的附着基而失去了附着力，而在水里能继续游动的孢子，则是活力强的游孢子。

（2）种海带夹放在育苗帘之间和上面，搅拌充分，使靠近种海带的育苗帘上附着的游孢子多。用孢子水法采苗，在附着前可将孢子水搅拌均匀，然后喷洒到育苗帘上，使游孢子附着均匀。

（3）在正常放散情况下，种海带可多次放散，在生产上制作孢子水时，一般种海带要放散 3 次，即在第一个放散池内游孢子放散量达到要求后（通过显微镜检查，也可直接观察孢子水的颜色来判断，海水呈淡褐色即可），就可将种海带捞到第二个池子里让其继续放散，直至进行第三次放散。

（4）可充分清除杂质、黏液，减少育苗器污染。在生产上由于使用的种海带数量比较大（一般两个苗帘用一棵种海带），放散前虽然经过洗刷，但仍会带来大量杂质。种海带经阴干刺激后入水放散游孢子的同时，释放出大量的黏液。用孢子水法采苗，即可在种海带捞出后，用网捞、筛绢过滤等办法清除杂质和黏液。因此，各地育苗场均采用此方法采苗。

种海带经阴干刺激后，按 20 棵/m^3 的数量将种海带投入预先注好低温海水的放散池内，将种海带全部淹没在海水中，让其放散游孢子。放散池内的水温在 10℃左右，种海带入水后便大量吸水膨胀，游孢子囊壁就破裂，游孢子即破囊而出，并释放出大量黏液。放入种海带时，要均匀地铺在池内，不可挤压在一起，要全部将种海带浸入水中，确保游孢子的顺利放散。另外，要经常搅动种海带，帮助游孢子放散，并使放散出来的游孢子及时均匀地分布开来。

种海带游孢子的放散会出现 3 种情况：①正常放散，一开始游孢子就大量放散出来，或者由少量放散逐渐增加，或者先少量放散以后突然大量放散，这些情况都会在 1 h 内出现；②不良放散，其特征是放散量一直很少；③反常放散，根本不见放散，或开始放散量很少，以后仍不见增加，最后停止放散。正常放散的方可进行采苗，不良放散和反常放散的均不宜用来采苗，这是因为不良放散和反常放散的游孢子数量不够，而且游孢子也不健康，即使附着了，其萌发和生长也不正常。

造成不良放散和反常放散的原因很多，如阴干刺激的时间不适当，种海带的成熟度不好或成熟过度，种海带在运输过程中受太阳直晒、雨淋及水温、气温过高等，在这样的情况下，不管怎样阴干刺激也不能正常放散。在种海带放散游孢子的过程中，应密切注意水温的变化，水温应控制在 10℃以下，温度高会使游孢子很快失去游动能力而附着下来。

3）游孢子附着

游孢子从孢子囊内放散出来后，有两根鞭毛在水中不停地游动，游动一段时间后，遇到适宜的基质就附着下来，一般是先放散的先附着，后放散的后附着。附着时间越长，附着的孢子数量越多。若以 0.5 h 的附着量为 1 计算，1 h 的则为 2，1.5 h 的则为 3，但以后就不能成比例地增加了。游孢子有的迅速放散附着，有的缓慢放散附着，有的长时间在水中游泳而不附着，当海水中游孢子数量达到要求后，则将种海带取出，以控制水中游孢子的量。游孢子附着前，要将孢子水中的杂质、黏液尽量去除，可用纱布网捞出，再用筛绢过滤，同时要将附着池洗刷干净，然后向池中放入 2/3 的低温（10℃）海水，再注入孢子水，并搅拌均匀，使附着池内的孢子水浓度达到镜下每个视野（100 倍）有 10 个左右。此后，可将育苗帘铺放到附着池内，让游孢子附着，育苗帘可铺设 4～6 层。

海带游孢子的附着力很强，在风浪较大的自然海区的礁石上也能附着下来。游孢子在附着基上的附着牢固程度随时间而增强。根据实验得知，附着在光滑载玻片上的游孢子，附着 0.5 h 后，用力摇甩玻片，只能去掉 50%已附着的游孢子；1 h 后，只能去掉 30%；1.5 h 后就只能去掉 20%；2 h 后几乎就去不掉了。因此，在生产上附着 2 h 后就可冲水换水，4 h 即可移帘。

4）附着密度

育苗帘上将来幼苗生长的密度主要决定于游孢子的附着量，也就是游孢子的附着密度。附着密度是否合理，与后期配子体发育、杂藻生长及出苗率、病害发生等都密切相关。在确定游孢子附着密度时，还要考虑到游孢子的萌发率、配子体的成活率等因素。由于至今尚未对海带育苗中的一些病害建立非常有效的控制措施，加之微观世代的幼体难以用肉眼观察到，只能在显微镜下观察到幼体的生长发育情况，是否有病害发生。因而，在生产上附着量都要求大些，即使一部分配子体或幼孢子体发生病烂，还有足够量的底苗可长成大苗，不致造成育苗生产失败。一般各地育苗场，每年发病率在 20%以上。如果肉眼见苗后，苗的密度过大，则可以通过洗刷等措施来疏苗。一般在显微镜下，每个视野（100 倍）附着 50 个左右的游孢子即可达到生产要求。

海带幼苗过密、过稀都不好。过密则影响海带配子体的生长和发育。因为在附着萌发后至发育形成幼孢子体前，其附着面积需要扩大 5～10 倍，该时期幼苗是匍匐在育苗帘基质上的，要给予足够的生长空间，确保其正常生长发育。另外，附着密度过大，到孢子体阶段时，育苗帘上幼苗密度过大，相互之间竞争光照等，一些生长较慢、个体较小的幼孢子体被大的幼孢子体压在下面，时间长了就会因受光不足而出现绿烂。若附着密度过小，不但影响后期出苗量，而且为杂藻繁殖、生长提供了基质，导致其与海带争夺附着基、空间、营养、光照、氧气等，从而抑制海带幼苗的生长。

山东省海水养殖研究所进行了采游孢子密度与幼苗生长的试验（表 2-12-5），由于游孢子附着密度不同，出苗数、苗的大小及病烂情况均不同。以 20 个附着密度最好（120 倍），其出苗量远远达到生产要求，幼苗长得也最大，且无病烂；当附苗密度达到 50 以上时（120 倍），虽然出苗量增加了，但苗子显著小，有病烂发生，且密度越大，病烂越严重。

表 2-12-5　不同采游孢子密度的幼苗发生生长和病烂情况的比较（山东省海水养殖研究所，1964）

采游孢子密度	5/120×*	20/120×	50/120×	100/120×	200/120×
每厘米育苗器上的幼苗数/个	15	51	152	293	365
幼苗的大小/cm	1.5	1.7	1.3	1.0	1.1
病烂情况	无病烂	无病烂	有点状白烂	呈片状绿烂	片状重度绿烂

* 5/120×是指在 120 倍的显微镜下，平均每个视野有 5 个游孢子附着，其他类推

将上述试验的海带苗帘，移到海上暂养，发现不同采游孢子密度下，其幼苗利用率

也不一样（表 2-12-6）。采游孢子密度为 5/120×时，密度过小，幼苗发生量也少，分苗利用率只达到原计划的 86%；采游孢子密度为 50/120×时出苗率最高；20/120×和 100/120×的出苗率相同；200/120×的出苗率明显减少。由此可见，采游孢子密度应当在（20～50）/120×，这样既可保证高出苗率，又可减少病烂的发生。在海带育苗生产中，采游孢子数量一般控制在 20～50 个（120 倍）。

表 2-12-6　不同采游孢子密度的幼苗使用率比较（山东省海水养殖研究所，1965）

采游孢子密度	5/120×*	20/120×	50/120×	100/120×	200/120×
截至 12 月底的分苗数/（株/cm）	6.02	8.90	11.64	8.98	7.95
相当于原计划出苗数的百分比/%	86	128	166	128	113

* 5/120×是指在 120 倍的显微镜下，平均每个视野有 5 个游孢子附着，其他类推

十、海带幼苗培育

在室内自然光、低温、流水育苗过程中，游孢子附着后要经过胚孢子萌发、配子体生长、配子体成熟、有性生殖和幼孢子体生长等阶段，最终达到 2～3 cm 的幼苗（商品标准）。在生产上，各阶段的培育时间如表 2-12-7 所示。由此可以看出，海带从游孢子附着后最快 60 天左右就可培育成 2～3 cm 幼苗，就可下海暂养。但室内培育时间不仅要参考幼苗的生长发育状况，也要参考水温的变化情况。根据多次实验和长期生产实践，采游孢子需在自然水温上升到 23℃时进行，而海带幼苗出库下海应在水温下降到 19℃以下；高于 19℃，幼苗不但不生长，反而易发病。这两个温度界限就决定了海带夏苗在室内培育的时间。由于我国沿海各地自然水温有所差异，各地海带育苗时间也不一样，在南方的福建，一般要长达 100～120 天；而在北方的山东，一般只要 60～70 天。

表 2-12-7　海带幼体在适宜环境下生长发育时间

幼体生长发育阶段	最适环境条件	时间进程
胚孢子萌发	暗光（1000 lx 以下）	3 天
配子体生长	光照 1500～2000 lx 水温 8～10℃	7～9 天
配子体成熟及有性生殖	同上	3 天
幼孢子体生长（至体长 3 cm）	光照 3000～5000 lx 水温 8～12℃	30～40 天

1. 夏苗育苗法

1）平面式育苗法

平面式育苗法是我国北方使用的主要方法（图 2-12-18），其特点是：育苗帘（苗帘）平铺在育苗池内，这样育苗帘仅正面向上受光，而背面则背光，结果育苗帘上仅向光面长苗，背光面不长苗。在培育过程中要保证长苗的一面始终向光，要在育苗帘使用前做好正反面标记。该方法的优点是操作方便，缺点是育苗池利用率低。此法适用于红棕绳制成的帘式育苗帘育苗，育苗帘的两端用小细竹竿穿撑起来，苗帘放在支架和藤绳上，而不是铺放在池底。采用该法育苗，虽可用翻帘办法使正反两面均受光长苗，但在育苗生产中，要定时、及时翻帘，工作量较大，且洗刷不方便，尤其在肉眼见苗

后更难洗刷，在生产上只用一面长海带苗，此法育苗 1 m^2 培育池可生产出 10 万株以上幼苗（商品苗）。

图 2-12-18　平面式育苗法

2）直立式育苗法

直立式育苗法是我国南方使用的主要方法（图 2-12-19），是将育苗帘直立式或人字式直立在育苗池内进行育苗的方法，其特点是：立体利用育苗水体进行育苗，育苗帘两面均受光，因而两面均可长苗。“人字式”是将筐式育苗板作“人”字形架列在育苗池中，但人字式向里的一方和下端，由于受光较弱，幼苗生长得较慢，因此，在育苗过程中要根据幼苗生长的情况，及时将育苗帘倒置，并进行里外面的换位。“直立式”就是将苗板直立于育苗池中，这样两面均可获得充足光照，海带苗受光均匀，生长较均匀，育苗池利用率较高，比平面式增加 1 倍。其缺点是：为了使苗板直立，需要将几个“苗板”组成一组用小竹竿串联起来，在洗刷时很不方便，管理时也要翻转换位，否则同一“苗板”上的苗也会生长不均匀。

图 2-12-19　直立式育苗法

2. 育苗水温调节

在不同温度下，海带幼苗的生长和最后的出苗率不同，培育水温在18℃以下，均可育出海带幼苗，但幼苗生长的适宜水温在10℃以下；当水温超过10℃时，出苗率明显降低，杂藻也增加，海带幼苗病害发生概率也大。

表 2-12-8 是在 10℃、12℃和 15℃条件下培育海带幼苗的对比结果。从表中可以看出，在15℃条件下，海带幼苗生长慢，出苗量也显著低，平均每棕绳上的出苗率还不到10℃组的1/3。

表 2-12-8　不同培育温度下的幼苗生长情况

培育温度/℃ 幼苗体长和密度	10	12	15
幼苗体长/cm	0.70	0.98	0.59
幼苗密度/（株/cm）	48	30	15

注：其他培育条件（如光照、营养等）相同

低温育苗的一个重要特点是，在实际生产过程中，对培育水温的控制是根据幼苗在不同生长发育阶段而进行的，适当地提高或降低培育水温，就可以将幼苗的生长控制在需要的范围内。一般采游孢子后的半个月内，即游孢子附着、萌发和配子体生长阶段，水温要控制得高些，这样可以使这个生长发育阶段早点结束而进入幼孢子体阶段，这对防止浮泥的覆盖和其他生物的繁殖都较为有利，一般控制在 7.0～7.5℃。进入幼孢子体阶段后，可将水温控制在 6.0～6.5℃。8 月、9 月是自然水温的高温期，育苗水温最好控制得低些，这有利于防止病害的发生和杂藻的产生，一般控制在 5.0～5.5℃。到 10 月，幼苗很快就要下海了，可根据幼苗的实际生长情况，逐步提升水温，促进幼苗生长，使其下海前有较大规格。

夏苗培育是一种高密度、集约化的生产，因此，培育条件要相对稳定，不能变化幅度太大，否则易发生问题。特别要严格控制育苗水温，各育苗池的温差不得超过 1℃，水温控制的温差不得高于 0.5℃。在该条件下，方能使海带幼苗健康生长和发育。

3. 培育光照调节

光照强度随着季节、纬度、海拔、气温而变化。表 2-12-9 是作者在烟台海带育苗场所测得的海带育苗车间室外的光强。结果表明，自然光强远高于海带幼苗生长的需要，因此，需进行光照的人工调节。

表 2-12-9　海带育苗期间室外光照强度（7 月 17 日至 10 月 5 日）（单位：lx）

时间 光强 日期	7：30	9：30	11：30	13：30	15：30	17：30
7 月 17 日	26 000	39 000	49 000	42 000	32 000	5 200
7 月 25 日	25 000	48 000	52 000	40 000	12 000	11 000
8 月 2 日	31 000	38 000	50 000	45 000	33 000	5 000
8 月 10 日	21 000	43 000	49 000	43 000	28 000	8 000

续表

日期 \ 光强 \ 时间	7：30	9：30	11：30	13：30	15：30	17：30
8月22日	26 000	37 000	46 000	44 000	31 000	7 000
9月4日	23 000	28 000	50 000	48 000	29 000	3 000
9月22日	21 000	40 000	52 000	45 000	26 000	<3 000
10月5日	19 000	35 000	41 000	4 000	19 000	<3 000

从表 2-12-10 可以看出：①在育苗时，不管海带幼苗处于何阶段，所施加的光强都比自然光要弱；②施加给海带幼苗的光强，要比幼体生长发育所需的最适光强低。这主要是为了抑制海带幼苗的生长，否则给予强光，40 天海带苗即可达到 2～3 cm 长，那时自然海水水温还未下降至 19℃，会导致脱苗、烂苗。另外，弱光可抑制杂藻的产生，海带育苗水虽经过沙滤、沉淀处理，但苗帘及海带幼苗上仍有杂藻（硅藻、绿藻）栖息和生长。绿藻类主要是丝藻、石莼、浒苔等，属于喜光藻类，通过弱光，可抑制绿藻的大量繁殖。

表 2-12-10　海带育苗期所需光强和幼苗生长发育最适光强（单位：lx）

幼体生长发育阶段	光照强度	幼体生长发育最适光强
育苗初期：游孢子萌发期	500～800	强弱无明显影响
配子体生长发育期	800～1000	2000～4000
育苗初期：孢子体形成到眼见苗期	1500～3000	4000～5000
育苗后期：从见苗长到体长 3 cm	2500～4000	4000～5000

在海带育苗生产过程中，光强的合理调节对育苗的成败起关键作用。①前期控制，后期促长：育苗时间较长的育苗场，前期需要弱光，以控制幼孢子体的生长、发育，后期则要强光，满足海带幼苗生长的要求。②调光要做到准、勤、稳、均和细。“准”就是在海带幼苗不同生长发育阶段，制订调光幅度要适合其需要，实施光强和光照时间要准确。“勤”就是要按规定时间测光，随着天气的变化及时调整光强，尤其是在天气多变的情况下要勤测、勤调。“稳”就是制订调光措施时每次调的幅度不可太大，以勤调、稳调为好。“均”就是要尽量做到育苗室里各个位置的光照强度均匀一致，由于海带育苗室建筑上的欠缺，往往会造成光照不均，这就要采取调换育苗帘位置的办法来弥补，保证海带幼苗受光均匀而正常生长。“细”就是调光工作必须认真仔细。

调光是通过各种遮光设备来实现的，如光强要调弱时，可放下屋顶上的竹帘，也可拉下室内的遮光帘；若要从弱调到强时，可卷起屋顶上的竹帘或拉起室内的遮光帘。

4. 施肥

海带幼体在生长发育过程中，除了利用光合作用制造的有机物质外，还要吸收各种营养元素。自然海水中氮和磷的含量，尤其在北方海区远远满足不了海带幼苗生长的需要，因此，在育苗过程中必须施肥。一般施氮肥和磷肥就可满足其正常生长、发育的需求。表 2-12-11 是海带育苗生产中幼苗不同生长发育时期的营养盐需求。

表 2-12-11　不同育苗期的施肥量（单位：mg/L）

生长发育时期	NO_3^--N	PO_4^{3-}-P
幼孢子体前期	2.00～2.50	0.20～0.25
幼孢子体后期	3.00～4.00	0.30～0.40

海带幼苗一般能从海水中获得所需要的 CO_2、O_2 和各种微量元素，但若海水中某种成分偏低，则会影响海带幼苗的生长发育，应通过人工方式加以补充，否则会影响海带幼苗的正常生长和发育。浙江省奉化市海带育苗场曾报道过，由于其育苗海水中缺铁，海带幼孢子体长到 100 个细胞阶段时，藻体颜色变淡，靠近固着器处的细胞变白，固着器易断。补充铁盐后，症状消失，生长又恢复正常。

在育苗生产中，一般不用尿素、硝酸铵等含 NH_4^+ 的肥料，因为制冷剂含有氨，在制冷过程中往往发生漏氨，如果再施入 NH_4^+，则会增加培育海水中 NH_4^+ 的数量，极易对海带幼体产生毒害作用。生产上一般用 $NaNO_3$ 作氮肥。磷肥一般用 KH_2PO_4。具体的施肥方法是：第一次施肥首先计算出总水量，包括育苗间的海水量，回水池、贮水池的海水量，即整个育苗水循环系统的总量，根据所需施肥浓度计算出总的施肥量，然后将其加入制冷槽中再进入水循环系统。这样经过制冷槽内的搅拌，水系统的循环，所施肥料就会较均匀地溶解于育苗水中，以后根据每天更新的水量来计算施肥量。

作为碳营养元素的 CO_2，一般其在育苗水中的浓度，是能满足海带幼体生长需要的。但在幼苗密度过大，或育苗后期，由于光合作用的增强，水体中游离的 CO_2 也会出现不足，这就导致海水中重碳酸盐类分解，海水的 pH 就上升。因此，在育苗的后期，培育海水的 pH 普遍比正常海水高 0.5 左右，如果 pH 继续升高，则应施 $NaHCO_3$ 来增加海水中 CO_2 的量，控制 pH 的继续升高。在一般情况下，采取夜间开窗增加空气流通量和增大海水流速等措施，就能有效地增加海水中的 CO_2 量。

5. 水流和水量

供水方式有敞开式、半敞开式和封闭式 3 种。敞开式是指培养用水不循环，海水从源头不断地流入培养池，然后排放掉。该方式的最大优点是海水新鲜，由于培育海带苗的海水在使用前经过了沉淀、过滤和降温等一系列处理，因而采用敞开式供水，可大大提高生产成本。半敞开式是指部分培育海水循环使用，也就是定期（海带育苗一般是每天）更换一部分海水，以保持水质的清新，现在各地海带育苗生产均采用半敞开式供水方式。封闭式是指培养用水循环利用，一般不更新用水，而是采用在培养系统中进行生物净化处理等办法，净化海水水质。该方法在规模生产上尚未使用。

海带人工育苗的一个特点是：容积相对较小、海带苗密度大，在育苗的后期，1 cm 的苗绳上附着的幼苗（从几个细胞的到几厘米长的）都在千棵以上。在这样的高密度下，如育苗水是静止的，不但水温不能稳定，会迅速上升，而且幼苗的新陈代谢、对营养物质的吸收、代谢产物的去除等都处于不利的状态，从而抑制幼苗的生长。另外，微生物也会大量繁殖，可使幼苗发生病烂。流动的培育海水，可改善幼苗的生活环境，使其长得快，藻体平直，附着杂藻少，病害发生少。因此，在育苗过程中，尤其是在育苗后期，尽量加大流速是提高海带出苗率、促进幼苗健康生长的措施。

福建省水产研究所进行了不同流速对海带幼苗生长影响的试验（表 2-12-12），从表中可以看出，流速大、出苗率高，海带幼苗就长得大，下海后脱苗率就低。

表 2-12-12　不同流速下的出苗数与幼苗生长情况

每小时供水量/m^3	相当于每分钟流速/（m/s）	出苗数/（株/cm）	体长 1～0.5 cm		体长 0.5～0.3 cm		体长 0.3～0.1 cm	
			株数	比例/%	株数	比例/%	株数	比例/%
11	0.56	296	9	3	77	26	210	71
0.8	0.04	146	6	4	20	13.4	123	82.6

在温度、光照、营养等相同条件下培育的幼苗，流速越大，幼苗生长越快，藻体平直，色泽鲜艳，杂藻附着少，不易发生病烂，其假根发达，分枝多而长，附着牢固，下海后脱苗率低。在净水和小流速条件下培育的幼苗，不但生长缓慢，藻体脆弱，附着物多，而且幼苗长到 0.5 cm 时就停止生长，假根不发达，脱苗率达 80%。

在育苗过程中除了考虑流速外，还要及时更换海水。保持培育水的清新，每天要更换一部分培育海水，更换量视水源的水质等因素确定。更换掉的海水是低温水，可在排放前用以热交换后再排放，可降低生产成本。

6. 洗刷和清池

一些单细胞藻的游孢子，能随着供水进入海带育苗水系统，在苗帘、池壁、管道中繁殖生长起来。这些藻类主要为硅藻类（舟形藻 *Navicula*、扇形藻 *Licmorphora*、菱形藻 *Nitgschia* 等底栖或附生硅藻），另外，还有一些蓝绿藻。某些低温性微生物也能在育苗系统中大量繁殖，如褐藻酸降解菌等，能造成海带脱苗、烂苗。硅藻等大量繁殖生长，不仅争夺营养物，而且抑制海带幼苗的光合作用和生长。这些杂藻还与海带幼苗争夺生长基质，一旦大量繁殖起来，会与海带幼苗的生长发生竞争作用。在供水过程中，一些浮泥杂质也能随水进入育苗池内，由于育苗水流速较小，其会在池内沉积在海带幼苗叶片上，如不及时清洗，易造成海带幼苗病烂，甚至死亡。

表 2-12-13 是进行洗刷和不洗刷育苗帘的育苗效果的对比试验结果。培育在同一育苗池内的苗帘，洗刷的比不洗刷的多出苗 34 株/cm，经洗刷的幼苗，其生长比不洗刷的要好得多，苗长得大、健康。通过洗刷苗帘不但清除了杂藻、浮泥杂质，还及时将那些不健康的幼苗洗掉，给健康的幼苗提供更好的生长条件。洗刷是利用水流的冲刷，从而促进幼苗固着器的发育，增加假根吸盘的附着力，使幼苗固着更牢，在下海后，可降低脱苗率；不洗刷的苗帘，或洗刷太少的苗帘，下海后，脱苗率很高。

表 2-12-13　苗帘洗刷与不洗刷的育苗效果比较

洗刷情况	出苗株数/（株/cm）	体长 1～0.5 cm		体长 0.5～0.3 cm		体长 0.3～0.1 cm		下海后的脱苗率/%
		株数	比例/%	株数	比例/%	株数	比例/%	
一直不洗刷	64	0	0	15	23.4	49	76.6	12
轻微洗刷	75	2	2.7	36	48.0	36	48.5	23
冲撞洗刷	98	4	4.1	46	46.9	48	49	92

一些育苗单位在采游孢子时一般都偏向较高密度，这会使海带幼苗受光不均一，影

响幼苗的生长，在见苗后（肉眼能看到苗帘的苗时），要根据幼苗的生长和密度，尽早采取措施，合理调整苗的密度，预防可能的病害发生。如果要稀疏，就要增加洗刷力度，冲刷掉一部分苗；如果小幅度稀疏，则轻洗刷，不稀疏则更轻地洗刷，只要能洗刷掉浮泥即可（图 2-12-20）。

图 2-12-20　育苗过程中冲洗苗帘

我国南、北方对海带育苗器的洗刷方法不同。南方用竹筷育苗帘立式育苗的都是采用喷洒法洗刷，即用一个小水泵接通一条胶皮管，管头装一个多孔的喷头，用喷头喷出的水洗刷育苗帘，并通过出水量调节喷刷的力度。北方则用棕绳苗帘平面式育苗，洗刷时需将苗帘取出后进行洗刷。其洗刷方法有两种：一种是冲撞式洗刷法，另一种是喷洒式洗刷法。采游孢子一周后，当幼体还处于配子体阶段时，一般采用冲撞法洗刷，直至眼见苗为止。眼见苗后则用喷洒法。冲撞法洗刷时，一定要将苗帘拉紧，在水槽中上下冲撞拍击，用力要均匀、适度、由轻而重。喷洒式洗刷由两人分别握住苗帘一端的小竹竿将苗帘拉平，第三人手持喷水管龙头向苗帘上喷水洗刷。喷水时，要先喷长苗的一面，再喷不长苗的一面，这样幼苗就不会倒伏在绳子的缝隙里。另外，在育苗期间还应根据附着物的多少和病害情况，不定期地用软毛排笔洗刷苗帘。在生产上一般 1～2 天对苗帘就要洗刷一次。

海带育苗水虽是流动的，但由于育苗池里的进水孔和出水孔都在上部，池子里总有一部分水较长时间换不出去，成为“死水”，这不仅会使一些杂藻繁殖起来，也会积存大量废物，对海带幼苗生长、发育均不利。要及时进行清池，把“死水”排掉。表 2-12-14 是每 7 天和每 30 天清池、换水对海带幼苗生长影响的试验结果。从表中可以看出，每 7 天清池比每 30 天清池，虽然海带出苗率低，但幼苗明显长得大而健康。

表 2-12-14　不同清池、换水对海带幼苗生长的影响

清池时间	出苗率/（株/cm）	体长 1～0.5 cm 幼苗		体长 0.5～0.3 cm 幼苗		体长 0.3～0.1 cm 幼苗	
		株数	比例/%	株数	比例/%	株数	比例/%
每 7 天清池一次	107	22	20.56	35	32.71	50	46.73
每 30 天清池一次	149	6	4.03	20	13.42	123	82.55

7. 夏苗培育中的其他管理措施

1）调位

一个育苗室内一般要培育上千个育苗帘（图 2-12-21，图 2-12-22），每个苗帘所获得的培育条件不完全一致，尤其是光照条件，故而海带幼苗生长也会有差异，为使所有苗帘生长一致，可通过洗刷、清池，及时调节苗帘位置，使其受光均匀。

图 2-12-21　北方海带幼苗育成

图 2-12-22　福建育成苗帘出库

2）排气泡

海带幼苗在光合作用时，释放氧气，尤其是在光照充足的时期，气泡均附在苗帘和叶片上，应及时将其去除，通过搅动海水或摆帘可去除氧气泡。摆帘就是将苗帘从育苗池里提出水面，再摆放回原位。

3）巡池

海带育苗是长流水，原则上水流一刻也不能停，因为一旦水流停止，水温就会上升，达到一定程度就影响海带幼苗的健康，要加强巡池，特别是在夜间。

十一、海带克隆育苗技术

海带克隆育苗法又称无性繁殖系育苗法，或称细胞工程育苗法，是 20 世纪 80 年代末开发的一种海带育苗技术。我国在 20 世纪 90 年代，吴超元等就运用细胞工程技术，实现了裙带菜克隆育苗，并在生产上成功地培育出了裙带菜幼苗，并应用于养殖生产（逄少军和吴超元，1994）。其后又应用于海带种苗培育和杂交育种。

克隆育苗技术可缩短海带育苗时间，节省人力、物力，并可多茬育苗。现有海带种苗培育在北方、南方一般为 60 天左右。克隆苗虽然在放散量、采苗均匀性等方面有缺陷，但其培育时间短，为 45 天左右（表 2-12-15）。常规夏苗培育 45 天的幼孢子体仅为 0.5～0.8 cm，而同期培育的克隆苗的体长达到了 2.0～2.5 cm，可达到下海要求。另外，克隆培育所用的无性繁殖系培养可在室内进行，无需在海上大规模养殖种海带。该技术在海带杂交选育上也有优势。通过室内雌、雄配子体的单独培养，建立了性状各异的多种克隆系，根据育种目标性状的要求，选择适合的克隆，进行克隆杂交，获得杂种优势。另外，每年将克隆系作为亲本，继续进行配子体杂交，可避免因子代自交而可能引发的遗传上的衰退，从而保持亲本的优良性状。通过海带种质纯化制成纯系，根据育苗需要，实时开展扩繁。

表 2-12-15　海带配子体克隆育苗和常规夏苗育苗比较（李大鹏等，2003）

培育时间/天	常规夏苗育苗	克隆育苗
8	配子体	配子体及 1～2 个细胞
10	配子体	2～30 个细胞的孢子体
15	2～8 个细胞孢子体	50～100 个细胞的孢子体
25	体长 0.5～1.0 mm 的幼孢子体	体长 1.0～2.0 mm 的幼孢子体
45	体长 0.5～0.8 cm 的幼孢子体	体长 2.0～2.5 cm 的幼孢子体

1. 克隆系的建立和培养

克隆系的构建要从种海带的选择开始，根据目标性状，选择种海带，进行编号记录，然后在海上由专人管理，将其培育成熟。当海带孢子囊成熟后，取回到室内进行游孢子采集。采游孢子前，要将种海带表面的杂藻、附着物等用过滤、消毒海水清洗干净，再用次氯酸钠溶液进行消毒，去掉藻体上的附着生物（硅藻等）。当游孢子附着在玻片上后，静止 1～2 天使游孢子萌发，再将其移到 20℃条件下进行通气培养，在其后 6 天内，将培育温度逐步提升到 25℃，施加氮、磷肥继续培养。当游孢子附着 7 天时，可根据细胞的大小来区分雌、雄配子体。在上述培育条件下，雌、雄配子体均可进行营养生长，但不发育。为了分离克隆和杂交需要，要进行雌、雄配子体的分离，进行单独培育，营养生长的海带雌、雄配子体便可形成克隆，即无性繁殖系（图 2-12-23）。

图 2-12-23　海带配子体保存

保存克隆的方法有两种：一种是在 10～15℃和 2000 lx 左右弱光下保存；另一种是在 25℃左右和 2000 lx 光照下保存。这两种方法均可使海带配子体克隆处于比较旺盛的分裂状态，并能应用于后续的扩繁。

海带克隆的培养光源可用日光灯，初期光强为 15 μmol/（m²·s），光周期为 12 h：12 h，培育水温为 18℃；1 个月后光强提升为 40 μmol/(m²·s)，光照时间为 16 h。每周更换一次培养液，并把量大的克隆系，用组织捣碎机打碎，分成许多的小分枝，再进行扩繁和培养，使其不断地进行营养繁殖，增加生物量（图 2-12-24）。

图 2-12-24　海带配子体扩繁

2. 海带克隆育苗

海带克隆育苗的设施不需要单独设置，完全可利用海带夏苗培育的设施，如供排水系统、水处理系统、制冷系统、育苗室和育苗帘等，进行育苗。

育苗前要把克隆系换水的频率提高一倍，以便给克隆足够的营养。计算附苗所需的克隆的量，每个红棕绳生产苗帘需要克隆量为 3.5 g，其雌、雄配子体比例为 1：1.5，根据该比例，计算采苗所需的克隆量。在附苗前，用组织捣碎机将克隆组织打碎，用 400 号筛绢滤洗，再进行悬浮培养后供附苗用（图 2-12-25）。也可在附苗时将克隆组织打碎，向育苗帘上泼洒附苗。用组织捣碎机将克隆打碎后的丝状体大小要适宜，丝状体过大，则育苗效果差；丝状体过小，则附苗后易脱落。

图 2-12-25　克隆苗杂交及培育

附苗时，先在育苗池内铺好育苗帘，并放入冷却海水，将打碎的克隆细胞添加到新的冷却、消毒海水中，用喷壶将其均匀地喷洒在育苗帘上，经过 3 天左右培育，克隆就会牢固地附着在育苗帘上。张培玉等（2005）做过海带配子体克隆被打碎后在苗帘上附着率的试验（表 2-12-16），其结果证明，随着时间的延长，克隆附着力逐渐提高。在流速 5 cm/s 的条件下，附着 24 h 后，附着率达到 78.1%。张培玉等建议在育苗生产中，克隆喷洒后 24 h 保持静水，24 h 后微流水，72 h 后就可正常进行流水培育，其附着率 80%以上。

表 2-12-16　克隆苗附着率试验（张培玉等，2005）

附着后时间/h	附着率/%		
	流速 10 cm/s	流速 5 cm/s	流速 2.5 cm/s
12	46.2	47.2	66.0
24	55.8	78.1	80.8
48	61.7	82.8	86.5
72	78.5	92.1	93.7
96	89.2	96.9	97.2

3. 幼苗培育

克隆幼苗的培育方法及其管理措施，基本上与海带夏苗培育相同。生产上可将克隆苗与夏苗同期下海，这样向前推算 45 天左右的时间进行克隆附苗，开始培育。育苗开始后，前 3 天静水或微流水，之后除轻洗刷外，其他措施几乎与夏苗培育相同。图 2-12-26 是用克隆法培育的海带幼苗，暂养后长成的幼孢子体。

图 2-12-26　克隆法培育海带幼苗（未分苗）

第十三章　幼苗暂养与分苗

幼苗暂养是将室内人工培育的海带幼苗，在自然水温适合幼苗的生长后，将其移到海上继续培育，直至达到体长10～15 cm能进行分苗的过程，称为幼苗暂养。分苗习惯上称为“夹苗”。幼苗的暂养和分苗在整个海带养殖生产中，是连接室内人工培育和海上养殖的一个重要环节，它影响到室内培育出来的幼苗能否顺利地过渡到大海中正常生长和发育。在生产上，海带养殖生产者把这两个阶段组合在一起进行。

第一节　海带苗的出库和运输

一、海带苗的出库

低温、自然光、流水条件下在室内培育的海带苗，经过60～65天的室内培育，到自然海水温度下降到19℃左右时，海带育苗场即可出售海带苗帘。苗帘从室内移到海上的过程，称为“出库”。根据我国南、北方自然海水水温差别，北方出库时间大约在10月中下旬，而南方则要到11月中旬左右。

将海带幼苗从育苗室内移到海上暂养，对幼苗本身来说，其生活环境条件发生了很大的变化，如水温、光照、流水、风浪等均与室内培育条件不大相同。为防止培育条件的突然变化对海带幼苗产生不良影响，在出库前，要有计划地逐步提高育苗水温和光照，尽可能加大流水等，使之尽量接近自然海区的条件。

要保证幼苗下海后不发生或少发生问题，幼苗能尽快适应自然海区环境，出库时要兼顾以下两点：一要等自然水温下降到19℃以下，且稳定在19℃以下，不再回升到19℃以上，才能进行幼苗出库，否则幼苗下海后会发生脱苗、烂苗；二是要选择大潮汛期或风后出库，在小潮汛期（俗称“死汛期”）尽可能地不要出库。以我国北方为例，幼苗出库的10月中旬，正是秋高气爽的季节，风和日丽，海上则是长时间的风平浪静，海水透明度较大，尤其是连续晴天，往往使水温回升到超过海带幼苗正常生长所需要的19℃以上，这对刚出库下海的幼苗极为不利，易造成强光刺激，抑制幼苗生长，甚至产生叶片卷曲。因此，要在大潮汛期或风后海水比较浑浊时出库，这时即使发生上述天气，由于海水流速较大、浑浊、透明度较小，水中营养盐含量也较高，可避免或减少对幼苗的损伤。但在水温适宜情况下，幼苗出库下海时间越早越好，早下海的幼苗长得快，能使分苗工作提前。另外，幼苗的利用率也较高。表2-13-1是在适宜温度下，不同时间幼苗下海后其分苗效果的比较。从表中可以看出，10月26日出库的幼苗只比10月17日出库的晚9天，水温相差还不到1℃，但截至12月底的分苗数却相差4.04株/cm苗绳。

表 2-13-1 不同时间出库下海的幼苗分苗使用率的比较

出库日期	出库的自然水温/℃	至 12 月底的分苗数/（株/cm 苗绳）
10 月 17 日	18.5	13.01
10 月 26 日	17.6	8.97

出库时幼苗的大小，各地育苗场不一样，北方一般都比较大，体长为 2～3 cm；南方都比较小，一般为 1～2 cm，这与南、北方海带育苗中海带苗对光的需求特点，以及海带苗下海是否易脱苗有关。海带苗出库后，在海上由于浮泥、杂质，尤其是杂藻等繁殖，其生长受抑制。另外，幼苗太小，则生活力差，下海后由于条件改变而难以适应，会发生病烂、死亡。出库幼苗也不宜过大，不要超过 5 cm，因为高密度的苗帘在暂养期间，光照等条件难以满足，同时幼苗过大也给出库运输带来困难。

二、幼苗的运输

近距离运输海带苗一般用汽车、轮船等，不需采取特殊措施，就可将海带苗安全运输到目的地；长距离运输则要采取特殊措施，特别要保湿、降温。由于特殊需要，如国际运输或到国外引种等，长距离运输海带苗，要采取措施降低藻体的新陈代谢强度，抑制微生物的繁殖等。在运输过程中，温度变化直接影响海带呼吸作用速率。中国科学院海洋研究所模拟海带幼苗的长途运输，测定了在不同温度下其呼吸作用强度（表 2-13-2）。结果表明，海带苗的呼吸作用强度随着水温的升高而明显增加。根据多年运输海带苗的经验，运输过程中温度应控制在 5℃左右，如果海带苗不太密集，或运输时间较短，可将温度控制在 7℃左右。一般幼苗每天要接受 10 h 左右的光照，才能满足光合作用的生理需要。但在密集运输过程中，难以让海带苗保持正常的受光。海带幼苗在 10℃左右及完全黑暗条件下，可维持生活 1 周左右，因而，可采用低温、无光条件进行长距离运输。海带正常呼吸作用是一个连续不断地从海水中吸收氧气的过程，如果海水中的氧气供应不足，则海带呼吸作用速率必然下降，难以维持正常生理活动，严重时会死亡。在海带密集运输时，要尽量降低温度，减少其对氧气的消耗。在运输过程中，需及时补充氧气，因此要经常向运输槽中打入空气。这样，海带苗通过呼吸作用释放 CO_2，可维持其正常生理机能。海洋微生物的繁殖与温度密切相关，在 18～22℃的条件下，多数海洋细菌繁殖速度最快，而温度越低细菌繁殖速度越慢。在低温育苗时，培育海水没有及时更换或者培育温度过高都会造成细菌大量繁殖，严重时则影响海带幼苗的生长，甚至造成幼苗病害而致死亡。在幼苗运输过程中，不能及时更换海水，或者换水量少，也会导致大量细菌繁殖，特别是在较高温度条件下，在短时间内细菌就会迅速繁殖起来，使水质恶化，而影响幼苗健康。因此在长途运输时，如条件允许，途中要尽可能多换一些新鲜海水。

表 2-13-2 海带在不同温度下的呼吸作用强度

水温/℃	5	10	15	20
呼吸作用强度（耗氧量）/（ml 氧/g 海带·h）	0.40	0.65	0.70	0.96

长途运输海带苗的方法有湿运法和水运法两种，多采用湿运法运输。湿运法较简单，

一般用汽车夜间运输。在装车时，先用经海水浸泡的海带草（大叶藻）或麻布片，将汽车四周的空隙塞紧，将车底铺匀，然后用一层海带草、一层海带苗帘间隔起来装车，浇足海水，使海带草和幼苗保持湿润，然后用篷布封车。每车最多可装 15 层（约 500 万株苗）。这种运输方式，在 10 h 内是安全的。水运法是将幼苗置于盛有海水的专用运输箱中，在箱内用冰袋降温，再将运输箱装入冷藏车内进行运输。这样就可使水温保持在 5℃左右。水运法由于运输量较少，运输成本较高，故生产者一般不使用，但在科研上，因为对幼苗有特殊的要求，所以多采用水运法运输，这对幼苗的安全更有保证。

第二节　幼苗的暂养

一、暂养海区、设施与暂养形式

1. 暂养海区

暂养一般采用集中养殖的方式，这可以充分利用优良海区，做到集中施肥，集中管理，保证养好小苗。暂养海区一般要选择风浪小、潮流通畅、水肥、水清、浮泥杂藻等附着物较少的海区。利用水质较肥沃的海区，水流条件最重要。幼苗暂养期间生长的快慢，能否发病，受营养条件和水流的制约。过去为了安全，都把幼苗养在内湾、近海水域，现在大多将幼苗移向潮流通畅的外海区，有的甚至直接用海带养殖生产筏架来暂养幼苗。流水不仅可使幼苗获得充足的营养，而且使幼苗受到经流水折射后的散射光，而避免了强光的直接照射。另外，在流畅的海区，杂藻也不易附着，也不会发生点状白烂和卷曲病害。

2. 暂养设施

暂养幼苗的设施主要为养殖筏架。为了充分利用优良海区，暂养筏架要下得密些，一般筏距 2.5 m。若用养殖筏架暂养幼苗，则可在两行养成筏中间临时设置一行暂养筏架。暂养筏的筏向一般以横流向为好。

3. 暂养形式

海带苗帘暂养形式有垂挂式和平挂式（也称“一条龙”式）两种。垂挂式是常采用的方式，即在幼苗下海拆帘时，就将育苗帘上的每根苗绳截成两段，每段长 50 cm 左右，上端用吊绳垂挂在筏架上，下端系以坠石，将其垂在一定的水层暂养。垂挂式的挂苗绳距为 25 cm 左右，不宜过小，否则挂苗绳互相缠绕和摩擦，易造成幼苗的损伤。平挂式则在拆帘时不将苗绳截断，而是拆成一根长绳，然后平行地悬挂在筏架上，隔一段距离（一般 2 m 左右）挂一个坠石。用平挂式暂养幼苗，筏向则要采用横流向，才能使幼苗互不干扰，且所有幼苗处于一个受光面上，因而幼苗长得均匀。但平养法的海区利用率低，使用的筏架多。

（1）生产上暂养幼苗的目的是早分苗、分大苗，暂养幼苗也是海带养殖生产中有效的增产措施之一。要达成此目的，要及时拆帘。苗帘是由细红棕绳、化纤绳或竹篌编织而成的，每根棕绳或竹筷靠得很近，这是为了充分利用育苗面积，增加育苗量。幼苗下海暂养后，海带幼苗生长迅速，很快就会出现因过密而互相遮光的现象，尤其会出现大苗猛长、小苗被压的现象。因此，在苗帘下海后要及时将幼苗稀疏，减少光对幼苗限制。表 2-13-3 是胶南海带养殖场进行的拆帘与否的对比试验。结果说明，不拆帘暂养的幼苗不但比同期下海拆帘的幼苗达到分苗的时间晚 4 天，且其幼苗利用率仅有拆帘的 1/2 左右，大量幼苗长不起来，或长得很慢。生产实践证明，拆帘越早越好。现在生产者运回苗后，在下海的同时就拆帘，全部苗帘在 3 天内必须拆完。幼苗下海的同时拆帘不会影响幼苗生长，即使有少数幼苗由于适应不了突然的环境变化而发生脱落等问题，也可采取深挂等办法来弥补。

表 2-13-3 拆帘和不拆帘的对比试验

暂养结果 拆帘情况	幼苗达到分苗的时间/天	苗绳出苗数/（株/cm）	每帘分苗数/株
拆帘	15	7	12 586
不拆帘	19	1.1	1 933

（2）调节暂养水层。在幼苗暂养期间，暂养水层是否合适对海带幼苗生长十分重要。水层过浅，则光照偏强，抑制幼苗的生长；水层过深，则光强偏弱，满足不了幼苗对光的需求，达不到早分苗、分大苗的目的。挂养水深要根据暂养海区透明度的大小、水流等因素来确定。原则上讲，初挂水层要适当深些，等幼苗适应新环境后，再稳妥地逐步提升水层。在透明度偏小的海区，初挂水层可在 60～80 cm（指吊绳长），随着幼苗的生长，逐步提到 30 cm 左右。在透明度偏大的海区，初挂水层可在 100 cm 左右，再逐步提到 40 cm。海水透明度是一个变量因子，随天气的变化而变化，因此，在幼苗暂养期间，调光提升水层时，要注意当地天气预报，切不可在连续晴天的条件下，提升水层，否则，透明度突然变大，易对幼苗造成损伤。在风后或大潮讯时提升水层较安全，此时水流较大，透明度偏小，一般不会对海带幼苗造成危害。

（3）施足催苗肥。暂养期间要尽量满足海带幼苗对营养的需求，这是加快幼苗生长、育好苗、分好苗的关键措施之一，而且对分苗后幼苗的初期生长十分有利。山东荣成市海洋与渔业局对几个主要养殖海区幼苗暂养的情况做过调查，凡是施足肥的，海带幼苗色浓、体大，且其利用率高，分苗也早（表 2-13-4）。

表 2-13-4 施肥量与幼苗生长情况的比较

项目 单位	每亩幼苗（1.5 万株）总施肥量/kg	每亩幼苗（1.5 万株）日施肥量/kg	幼苗大小/cm	幼苗体形	幼苗色泽	分苗时间
龙须岛	20.00	1.25	20～25	肥壮	浓褐	10 月底分苗
俚岛	22.50	1.50	20～25	肥壮	浓褐	10 月底分苗
瓦屋石	15.00	1.00	20～25	肥壮	浓褐	10 月底已分 15%
桑沟弯北岸	7.50	0.50	10	一般	褐黄	11 月 5 日分苗
桑沟湾西岸	0.50	0.25	4～5	细窄	淡黄	11 月 10 日分苗
桑沟湾南岸	5.00	0.25	7～8	—	褐黄	11 月 10 日分苗

施肥从海带幼苗下海后开始，一直到分苗前结束。我国南方海区虽然属于自然肥区，

但暂养期间也要施肥，否则会影响分苗后幼苗的生长。整个暂养期间的施肥量，应根据各个暂养海区的自然肥量、出库时苗的大小和暂养时间的长短来确定。在北方贫瘠的海区（NO_3^--N 和 NH_4^+-N 总量在 50 mg/m^3 以下），施肥量应占养殖海带总施肥量的 10%～15%。过去山东规定养殖一亩海带的施肥量是 150 kg；养殖幼苗时，在贫区要施 15～20 kg 的肥料。一般采用“挂袋”与“泼肥”相结合的办法施肥。“挂袋”施肥是用肥料袋（一般用薄膜塑料袋）装好化肥，用针在袋上刺几个小孔，然后悬挂在养殖筏架上，这样海水就进入袋内使固体肥溶解，肥料就慢慢释放出来。为了提高“挂袋”施肥的效果，肥料袋上所刺的孔的大小、数量要适宜，一般挂上后 2～3 天袋内肥料稀释掉即可。要做到少装（一般每袋装肥 250 g 左右）、多挂、勤换，才可提高“挂袋”施肥效果。“泼肥”就是将肥料先用海水溶解，再将水溶液泼洒到幼苗暂养的筏架之间。一般用喷肥船泼洒施肥，要勤泼、泼匀、泼遍，这是提高肥效的有效措施。若通过上述两种方法施肥，效果仍不理想，幼苗生长仍然很慢，藻体瘦小，还可同时使用浸泡的方法。浸泡幼苗的肥料水可按下列方法配制：NH_4NO_3 1/400（即在 400 kg 海水中加 1 kg NH_4NO_3）和 $(NH_4)_2SO_4$ 1/300 混合液，每次浸泡幼苗 15 min 左右，每隔 3～5 天浸泡一次。一般浸泡施肥 3 次后，就可看到明显效果，这时停止浸泡施肥，仍用“挂袋”或“泼肥”方法即可。另外，施肥还要考虑天气情况，一般在风大、浪大的天气情况下，海水比较浑，自然肥含量比较高，可减少施肥量或不施肥；而在天晴水清时，自然肥含量较低，应多施肥，施足肥。

（4）洗刷和安全工作。在暂养期间还要做好苗帘的洗刷和安全工作，尤其是在浮泥较多的海区，要经常洗刷苗帘，保证幼苗清洁。初下海时，幼苗比较小，可用摆撞的方法洗刷，每次摆撞 1～2 次。当幼苗新生部分长出 2 cm 以上时，可适当减少洗刷次数，每 2～3 天洗刷一次即可；到幼苗长出 5 cm 以上时，可停止洗刷，这时浮泥一般不会再覆盖幼苗，杂藻也竞争不过海带幼苗了。在暂养期间要关注天气的变化，在大风大浪时，要及时下海整理好受损的筏架和缠绕的苗绳，并检查浮漂是否有丢失，丢苗后要及时补苗。

二、幼苗暂养期间病害及其防治措施

1. 卷曲、点状白烂病

卷曲和点状白烂病是暂养期间海带经常发生的病害，会给生产造成很大的损失。这种病害具体体现为以下 3 种情况：①海带叶片不伸展、发硬，之后逐步轻微卷曲或扭曲，生长受到抑制。此种情况多发生在初期，随着天气的变化和采取降水层的措施，绝大部分受病小苗都会恢复正常生长。②小苗在其生长部位出现“卡腰”现象，即叶片基部延长变粗，细胞排列紧密。这种小苗，一般不会再生长或生长十分缓慢。③海带叶片上产生点状小白点，并烂成一个小洞，小白点先在生长部的叶片上出现，再逐步扩散至整个叶片，小孔变成空洞，最后导致藻体溃烂脱落。

卷曲、点状白烂病的发生与光、温、水流等密切相关，特别是光。这种病主要发生在异常天气情况下，如“小阳春”天气时，天气持续晴暖，温度回升，海水透明度偏大，若此时又值小潮汛期，则海带幼苗受到强光刺激后会发病，因此在幼苗出库前要对未来天气状况进行预判（中长期天气预报），若可能发生“小阳春”天气，应适当推迟幼苗出库的时间，并选择在大潮汛期出库。如果暂养海区在内湾，则可改在外海流畅的海域暂养小苗。小苗下海后，暂养水层要深些，在平潮水不流动或流速较小时，可用机动船在暂养海区行驶，以起到搅动海水的作用。已挂在内湾暂养的小苗可移到水深流畅的外海暂养。

2. 脱苗

幼苗刚下海时，会有一部分由于不适应环境，假根部附着不牢而脱落，这属于正常现象。但这之后若还不断脱苗，那么就要引起足够的重视了。

脱苗原因主要有：一是室内育苗过程中发生脱苗的继续，即幼苗出库前，在育苗池内已因某种原因而脱苗，下海后继续脱，甚至脱得更厉害。二是当海区发生赤潮，水质恶化时，也会发生脱苗，南方的浙江和福建海域曾多次发生过赤潮，对暂养的幼苗会造成伤害。三是苗帘上的幼苗密度过大也会造成脱苗，由于幼苗下海后生长迅速，假根部也快速生长，在过密的情况下，无足够面积的附着基供假根生长，假根就会相互缠绕生长在一起，因而附着不牢，一遇到较大的风浪冲击就会大量脱落。四是幼苗受到强光刺激也能造成脱落。在强光刺激下，假根末端的吸盘往往不向附着基上吸附，而向外生长，故而附着不牢，遇到风浪则脱落。若幼苗密度的确很高，预计可能造成脱苗，则可在剃苗时，加大剃苗量，起到稀疏作用。这样做虽然会损失一些幼苗，但比起大规模的海带脱苗还是值得的。

3. 虫害

幼苗在海上暂养时往往遇到虫害，害虫主要是一些以海藻嫩叶为食的小型甲壳类动物，如麦秆虫、钩虾、水蚤等。这些敌害生物往往大量寄生在藻体和养殖器材上，大量繁殖。以水蚤为害最为严重，它不但啃食海带叶片，而且会啃断柄部，使幼苗死亡。目前，对这些害虫还无有效的防治办法，一般暂养海区尽量远离海岸，到水深流畅的外海暂养幼苗。

第三节　分　苗

一、分苗的时间和标准

培育在苗帘上的幼苗，从室内移到海上后，虽然环境条件改善许多，但随着海带幼苗的不断长大，在高密度下，光照、水流、营养等因素均不能满足其生长需要，会导致海带幼苗生长缓慢、停止，直至病烂。因此，当幼苗长到一定大小时，应及时将其疏散开来，这样可使海带个体和群体均获得较好的生长条件，从而继续保持较快的生长速度（图 2-13-1）。这种幼苗稀疏养殖的过程，称为分苗。

1. 分苗时间

在北方幼苗下海的时间一般在 10 月中旬。海带幼苗下海后，一般经过 20 天左右的

图 2-13-1　海带分苗后养殖观察

暂养，一部分小苗的体长就可达到 10～15 cm，即达到了分苗标准，此时就要及时分苗。例如，在 12 月底前完成分苗，或更早点完成，北方水温下降到 10℃左右，正值海带生长适温期，加上适当的光照、营养等条件，能使海带幼苗在水温下降到 5℃以下（1 月下旬以后）前，藻体长度达到 1.5 m 以上。随后，海带幼苗在 5℃以下的水温中仍能保持较快的生长速度，为增产打下基础。因此，分苗时间越早，海带幼苗在适宜期生长的时间越长，藻体长得越好。

北方辽宁、山东养殖的海带，幼苗一般在 10 月上、中旬出库，经过 15～20 天的暂养，就有一批小苗达到分苗标准，即 10 月下旬到 11 月上旬就可以分苗，一般 1 个半月就可完成分苗工作。南方连江、莆田养殖的海带，由于自然水温下降得晚，幼苗出库时间在 11 月中旬，海上暂养 20～30 天才能达到分苗期，即 12 月中、下旬开始分苗，要到 1 月中、下旬才能完成分苗工作。

2. 分苗标准

分苗时的苗子越大越好。山东水产养殖试验场的试验（表2-13-5）证明，分苗时，幼苗体长为19～22 cm 的，分苗后的生长速度，比体长6～8 cm 的快得多。但不能等到小苗长得很大时再分苗，这会推迟分苗时间，不及时剔除大苗也会影响小苗的生长。一般在幼苗达到分苗标准时，就应及时将大苗剔除下来进行分苗，留下小苗让其继续生长，小苗很快就会长到分苗标准。这样一茬一茬地剔苗，就可达到快分苗、分大苗的目的。

表 2-13-5　不同大小幼苗的生长

平均日增长/cm ＼ 幼苗分散的大小	6～8 cm	10～12 cm	14～17 cm	19～23 cm
最快	0.50	0.93	1.50	2.17
最慢	0.00	0.37	0.83	1.16
平均	0.22	0.60	1.16	1.56

分苗标准，一般体长最小的为 10 cm，12～15 cm 为最佳。幼苗长到 10～12 cm 时，夹苗时能夹住柄部的假根，而且假根的末端已膨大起来，夹苗后不易脱落。苗子太小，

柄部很短，夹苗时，往往会夹到生长部，影响幼苗的生长。此外，苗子大小应根据分散期的早晚而有所不同。分苗早的苗子可小些，10～12 cm 即可；中期分苗，一般应在 15 cm 以上；而晚分的苗要在 20 cm 以上。

为了尽早完成分苗工作，生产者一般采用多购苗的办法，往往是养殖一亩海带就购买一个苗帘，而按农业部所定标准，一个标准苗帘应提供 5 万株商品苗，可供养殖 3～4 亩海带的苗。若 30 天完成分苗工作，则以每 10 天为一个阶段，前 10 天分的苗称为“早期苗”，中间 10 天分的苗称为“中期苗”，后 10 天分的苗称为“晚期苗”。这样划分有利于生产管理，有利于生长均匀。例如，将最好的养殖区养晚期苗，分苗虽然比早期苗晚 20 天左右，但最终产量也会与早期苗相等。

二、分苗操作

1. 苗绳准备

苗绳是海带生长的附着基，海带苗夹在苗绳上。苗绳长度要依不同养殖方式而定。垂养法多采用分节苗绳，即一根标准苗绳（2 m 长）分成两节，中间用活扣连接以便拆开倒置。平养法或先垂后平养殖法的苗绳则为一节苗绳。辽宁和山东养殖海带的苗绳标准长度都是 2 m；浙江沿海多数是浑水区平养，苗绳比较短，一般只有 1 m；福建采用垂养法的则为长 1 m 的短苗绳，若采用平养法则用 2.0～2.5 m 的长苗绳。

不管采用何种材料，制作苗绳时，绳劲不宜太紧，也不宜太松。太紧则单夹力过大，夹苗时易伤及幼苗的柄部和生长部的组织，而且夹苗时拧绳费力，操作不便；太松则夹不住苗，下海后容易脱落。苗绳，尤其是新苗绳，在使用前要用海水充分浸泡。按照海带养殖技术操作规范标准，养殖一亩海带的苗绳净长为 800 m，以 2 m 长为一根，共 400 根。

2. 吊绳准备

海带苗夹好后，并不是把苗绳直接悬挂在浮筏上，而是用吊绳将苗绳吊挂在筏架上，使苗绳悬挂在一定的水层中。海带要挂养在合适的水层中，接受合适的光照，才能正常生长和发育。而所挂水层的深浅要根据海区的透明度、不同生长期等来调节。一般都是初挂时，挂得较深，其后，随着海带生长对光需求的增加，要逐步提高水层。这是通过吊绳来调节的。生产上所说的养殖水层 1 m，是指吊绳长度为 1 m，而苗绳实际所在水层要比 1 m 深，尤其是垂养的苗绳更比 1 m 深得多。一根苗绳要配备一根吊绳，吊绳一般长 1.5～2.0 m。

3. 坠石和坠石绳准备

苗绳挂到筏架上后由于苗很小、很轻，在水流冲击下，苗绳会漂浮在水中。水流冲击时，苗绳移动，不能稳定在一个水层，在风浪大时会发生相互缠绕，因此，初挂苗绳的下端要绑上一块坠石，让苗绳相对地稳定在一定水层，而不呈漂浮状态。坠石一般重 0.5～1 kg，用坠石绳绑好。在海上挂苗绳时，同时在其下端绑上一块坠石即可。

4. 分苗工具准备

分苗前要准备好各种工具，如运苗的箩筐，临时放苗的水槽、木桶，夹苗用的木板、夹苗板等。这些工具无一定规格，只要适用即可，但在使用前均要洗刷干净。

三、剔苗

剔苗就是将苗帘上生长的达到分苗标准的苗子剥离下来，以供稀疏夹苗之用。海带幼苗十分柔嫩，且生长部均匀，不能较长时间的离水（不超过 1 h）。剔苗的具体方法是，先提起苗绳在水中摆洗，去除掉浮泥杂藻，再将苗绳提出水面并绷紧，用一只手握住海带幼苗上部的 1/3 处，顺着一个方向，均匀地用力将苗从苗绳上拔下。也有用竹刀刮剔苗的，这种剔苗方法的效率虽然很高，但小苗往往随着大苗一起被刮下，而刮下的小苗多数达不到分苗标准，小苗又无法再长到苗绳上，只能弃掉。因而这种剔苗方法对幼苗的利用率不高，不被多数生产者采用。

一根苗绳可剔苗 4～5 遍。要剔好苗应注意以下几点：①不要损坏幼苗的假根部，无假根的苗子夹在苗绳上会脱落；②尽量缩短苗子离水的时间，最好贴在水面上剔苗；③剔苗要快，苗子在空气中的时间不要过长，从握苗到剔下放入筐内不超过 2 min；④勤剔、少剔，剔得越勤，苗子长得越快；⑤当天分多少苗就剔多少苗。

四、运苗

剔好的幼苗一般用箩筐装运，为减少幼苗在运输中的损伤，在箩筐内用麻布片垫衬，并用海水淋湿再装苗，幼苗装好后用湿麻布片覆盖，避免日晒、风吹。运苗要注意：①每筐装苗量不要太多，以免相互挤压，因缺氧而使小苗受损；②及时运输，不要积压，要勤剔、勤运。不受伤的幼苗，下海后很快就恢复并生长；而受伤的幼苗，下海后较长时间恢复不过来。

五、夹苗

目前，夹苗基本上还是靠人工操作，有的单位开发出一些简单的夹苗器械，如夹苗板，使夹苗速度提高了许多，但基本上还是手工操作。常用的夹苗方法有两种：单夹法和簇夹法。单夹法是按一定的株距，将幼苗单株夹在苗绳上；簇夹法是将 2～3 棵幼苗作一簇，按一定的簇距夹于苗绳中（图 2-13-2）。

单棵密夹

三棵簇夹

图 2-13-2　海带夹苗示意图

由于簇夹法必须两人合作操作，一人无法操作，故生产上都用单夹法。单夹的株距为4～5 cm，这样养一亩海带要夹12 000棵幼苗。这两种夹苗法各有优缺点：单夹法是一个人配上夹苗板而独立操作，效率较簇夹法高。一个熟练的夹苗工一天能夹400绳左右（以苗绳长2 m，每绳夹30棵计算）。而簇夹法需二人协同操作，一人捡苗、理顺，一人夹苗，两人一天也只能夹400绳。单株夹用夹苗板单夹很方便，而簇夹则无法顺畅地使用夹苗板；单夹法对夹于同一苗绳上幼苗的大小要求不如簇夹者严格，在幼苗大小相差不甚悬殊的情况下，幼苗生长速度不会产生大的差距。而簇夹者则需同一簇的幼苗大小相差不大，否则大小苗夹成一簇，大苗生长迅速而将小苗压制在下面，小苗甚至一直长不起来。要使一簇苗大小基本一致，就要分拣，因此会影响夹苗速度。单夹是将每棵海带苗单个夹在一个绳缝中，而簇夹是将2～3棵海带夹在同一绳缝中，单夹比簇夹更能保证夹苗的质量，可做到不易掉苗或少掉苗。但簇夹的苗由于簇与簇之间保留了一段较大簇距，约10 cm，因此在垂养形式下，苗绳中下部的海带能比单夹垂养的接受较多的光照，而且在苗绳的空白处形成了一个"流水口"，改善了海带的受流条件。故而垂养的海带，簇夹的比单夹的生长得好。在平养情况下，尤其是在"一条龙"养殖的形式下，簇夹的这些优点就显示不出来了；从受光、流水等条件来看，单夹的苗均比簇夹的好。

要夹好苗，要做好以下几点。①在夹苗前，先将苗绳在海水中浸泡透，夹苗时苗绳一定要湿润。如果用的是旧苗绳，则要在使用前进行日晒、碾压，充分清洗去掉杂质，并在海水中浸泡透。苗绳湿润则不会损坏幼苗的柄和假根部。②幼苗假根需夹于苗绳的圆心处。如采用簇夹法，则每簇苗的假根要理齐后同时夹于一处。夹苗过深或过浅都会造成掉苗。③夹于同一根苗绳上的幼苗的大小，不能相差太大，尤其是簇夹，因为小苗如果夹在大苗的下面或中间，由于受大苗的遮光等影响，小苗会生长不好，甚至脱落。④每绳簇数、每簇棵数和每簇或每株之间的距离，均是根据养殖密度计算出来的，因此，夹苗时要严格遵守，否则就要改变养殖密度。⑤在夹苗操作过程中，如夹苗、供苗、质量检验、存放等，都应尽量减少幼苗在冷空气中的暴露时间。因为冷空气对幼苗的危害很大，严重时幼苗会立即被冻伤而变绿，轻微时虽当时看不出来，但受了冻害的幼苗下海后要经过很长时间才能恢复过来。⑥不用无假根和无吸盘的幼苗，但叶片梢部折断而剩余的带根部分够分苗标准长度者仍可使用。缺假根的幼苗夹上后，一般再也长不出假根，也就无法固着在苗绳上，在海上一遇到风浪就脱落。⑦及时补苗。苗绳下海后不可避免地要有一小部分的苗脱落，这就降低了养殖群体的个数，脱苗多就会影响养殖密度，并最终影响产量，因此，在分苗工作结束后要及时下海检查，发现脱苗的要及时补苗。

六、挂苗

海带苗夹好后，要及时出海挂苗，减少幼苗在陆地上的时间。挂苗是将苗绳吊挂在浮筏上，挂苗的方式有两种：一种挂法是先密集垂挂暂养一段时间，待分苗工作结束后，再按养殖密度的要求将其稀疏开。这种方法一般是将2～3行筏架上的苗绳集中挂在一行筏架上，养育一段时间后再稀释开来。另一种挂法是不密挂暂养，直接按养成时的挂苗密度挂到筏架上，但一般先垂挂，或叠垂挂一段时间，然后再平起来，一直养到收割，这种挂苗方法的最大优点是有利于幼苗的早期生长，避免强光刺激。现在养殖单位一般都采用一次性挂苗，尤其是在水深流大的海区，一次性挂好后基本就不动了。其实这并非是最好的方法，但海上高强度的劳作，加之冬季的严寒，很难做到合理的操作。

经剔苗、夹苗后，下海的幼苗受光条件改变极大，光强增加，幼苗生长受到抑制，幼苗甚至发生病害。初挂水层要适当深些，在透明度偏大的海区初挂要采用叠垂法。具体挂养的深度要根据海况（透明度、流速等）而定。根据多年的生产经验，作者提供了一组参考数据：在透明度 1.5 m 左右，流速 60～70 cm/s 的海区，平养初挂应为 2 m，垂挂为 1.5 m。

在挂苗工作中应注意以下几点：①每次出海挂苗所取的数量不可过多，以 1～1.5 h 内能完成最好。数量过多，挂苗时间过长，幼苗易受冷空气的伤害；②在运输过程中，要用草席、麻布匹等将海带苗盖好，避免风吹日晒，运输距离较远的，在运输过程中要泼海水保持湿润；③挂苗操作时必须认真、仔细，除绑扣要牢固外，绑坠石等操作要轻、稳，避免碰撞、摩擦损伤幼苗；④要根据密度要求挂苗，严格按绳距挂苗。

第十四章　养殖海区与养殖设施

第一节　养殖海区的选择与布局

一、养殖海区选择

海带养殖生产的好坏，产量的高低与养殖海区的选择密切相关。在20世纪初，选择养殖海区时，主要从保证安全生产的角度出发，以风浪较小的内湾为主，这也与当时养殖的器材有关。当时，海带养殖器材（橛缏、浮缏、苗绳、吊绳等）都是采用红棕绳及油草绳等制作的，其抗拉强度与现在的化纤绳相差甚远。为了安全，只能将养殖筏架设置在风浪小的内湾海区。但随着海带养殖生产规模的不断扩大，近海养殖密度日益增加，虽然总产量提高了，但单位面积的产量越来越低。另外，海带病害发生日益严重，这就不得不考虑向深水、流大的海区拓展。到20世纪80年代，随着我国化纤工业的迅速发展，质优价廉且强度更高的化纤绳逐步代替了纤维绳，塑料漂代替了毛竹、玻璃漂等，为海带养殖从浅海向深海、大流海区的发展提供了支撑。在实际养殖生产中，在安全保障的前提下，还要从投入和产出的经济效益方面来考虑一个海区是否能够开展海带养殖。海带养殖海区应具备以下基本条件。

1. 底质

以平坦的泥底或泥沙底为好，较硬的沙底次之，稀泥底也可以，这类底质的海区适合打橛、设筏架。凹凸不平的岩礁海底可用下石砣设筏架的办法开展养殖及海底增殖。对海带养殖海区底质进行调查，在浅水区可用铅锤投探海底；较深的海区，则要潜水员潜水调查。

2. 水深

对水深的要求与采用的养殖方式和苗绳长短有关，一般在冬季大潮期低潮时能保持5 m以上水深的海区，可进行筏式养殖。在其他条件完备的情况下，水越深越好。例如，山东荣成俚岛海带养殖海域最大水深已达25～30 m。另外，水深浅于5 m的浅水区，虽然面积很大，但海底生长着大量藻类，被渔民称为“浅水藻滩”的海域，也不适合海带养殖。在有风浪的情况下海水特别浑浊，无风时透明度迅速变大，尤其是水温变化较大，不利于海带的生长，原则上不选这类海区开展海带养殖。

3. 流与浪

海流是影响养殖设施的关键因子之一，即使在营养盐含量低的贫瘠海区，若海流通畅，物质交换大，也可弥补海水营养盐的不足。在海水透明度偏大时，养在流畅海区的海带就不易受强光刺激，养在流缓海区的海带则易受强光刺激而影响生长。

在选择海区时，特别要重视冷水团和上升流的利用。有冷水团的海区，海水温度比较稳定，在冬季水温不会降得太低，而在春季能使水温缓慢回升，夏季水温也不会太高。冷水团的营养盐含量较高，有利于海带的生长。例如，山东荣成俚岛水域就有黄海冷水团（管秉贤，1963；翁学传等，1988），在夏季近岸水温一般不超过 23℃，适合海带生长的水温期（13℃以下）比较长，因此海带生长良好。上升流能不断地将海底营养盐带到表层水中，有上升流的海区其透明度也比较稳定，因而有利于海带生长。

除流速外，流向也是要考虑的因素。海水的流向与筏架设置的方向有关，例如，顺流筏要求筏架设置的方向与流向一致（图2-14-1），横流架则要求做到真的横流。这不但有利于安全生产，而且有利于海带受光、防止海带相互缠绕。因此，在选好海区后，要求准确测出流向、流速，为海带养殖生产提供参考。不同流速海区的养殖参考数据见表2-14-1。

图 2-14-1　顺流海带养殖筏架设置

表 2-14-1　不同流速海带养殖区养殖参数

海区类别	流速/（cm/s）	放养量/（株/亩）	施肥情况	单位面积产量/（kg/亩干品）
一类海区	60～80	12 000	不施肥	2 000
二类海区	40～60	10 000	适量施肥	1 500
三类海区	40 以下	8 000	施肥	1 000

张定民等（1986a，1986b）根据在荣成俚岛湾海带养殖区和日照石臼湾海带养殖区实测流速与海带产量的关系，提出了海区以流速为主的意见参考表（表 2-14-1）。

4. 透明度

海带生长要进行光合作用，选择水色澄清、透明度较大的海区为好。水较浑浊、透明度不到 1 m 的海区，可采用短苗绳浅挂或平养。透明度的大小影响着进入海水的光线强度。透明度越大，光进入的深度就越大，海带养殖可深些。对海带养殖来讲，不仅要考虑透明度大小，还要考虑其相对稳定性。透明度比较稳定的海区，有利于养殖水层的调控。

水浑浊、透明度小但相对稳定的海区也可开展海带养殖，如浙江舟山海区，采用短苗绳浅挂或平养，可保证海带得到充足的光照；水清、透明度大但相对稳定的海区，可采用长苗绳深挂进行养殖，不会使海带受到强光的刺激。而透明度不稳定、变化幅度较大的海区，较难调节养殖水层，易发生强光损伤海带，抑制海带生长，甚至诱发海带病害，“浅水藻滩”的海区就属于这种情况。

5. 营养盐

海水中营养盐的含量对海带的生长发育有很大的影响，尤其是氮和磷。因此，在选择养殖海区时，要了解其氮和磷的含量及变化范围，为合理施肥提供依据。根据海带生长对氮肥的需求量，海水中 NO_3^--N 和 NH_4^+-N 的总量要在 100 mg/m^3 以上，才能保证海带正常生长的需要。在生产上，根据海区自然肥的含量，将养殖海区分为贫区、中肥区和肥区 3 种类型。NO_3^--N 和 NH_4^+-N 在 50 mg/m^3 以下为贫区，养殖海带必须施肥；NO_3^--N 和 NH_4^+-N 在 50～100 mg/m^3 的为中肥区，养殖海带要适量施肥；NO_3^--N 和 NH_4^+-N 在 200 mg/m^3 以上的为肥区，养殖海带无需施肥。

海水的肥瘦程度，还可根据自然生长的海藻（如紫菜、浒苔、石莼等）的生长情况来判断。如果浒苔等绿藻呈深绿色，海带、裙带菜等褐藻呈深褐色，紫菜等红藻呈紫褐色，则说明是水质肥沃的海区。如果绿藻呈淡黄绿色，海带呈黄色，紫菜呈黄紫色，则说明是水质贫瘠的海区。

6. 污染情况

海带养殖海区的水质需符合国家颁布的海水养殖水质标准，不能有任何污染指数超标。海洋植物（包括海带）比海洋动物的抗污染能力强得多，其富集能力也强，污染物会在海带内大量富集。建设一个海带养殖场，除了要有合适的养殖海区外，陆地上还要有配套的生产、生活设施，并且应考虑到交通、通信、电力等因素。

二、海区布局

海带养殖海区的布局，不仅要考虑海带的产量最大，还要兼顾生态的整体产出，才能保证海带群体生长优势（图 2-14-2）。往往一个海域，由多家养殖单位共同使用，这就需要协作并合理布局。海上的布局主要由设置的筏架体现出来，一般 30～40 台筏架组成一个养殖小区，4 个小区组成一个大区，4 个小区呈“田”字形排列，小区间距以 30～40 m 为宜。大区间要留出机动船的航道，宽一般为 100 m 左右。筏架之间的距离则要视养殖形式而定，平养筏距应在 8 m 左右，垂养筏距应在 6 m 左右。

图 2-14-2 荣成某海带养殖海区布局

第二节 养殖设施

一、养殖筏架结构

海带养殖筏架一般有两种：一种是单筏，一种是双筏。在北方海区均采用单筏，而在南方海区，单筏和双筏都有使用。单筏的抗风能力强，既适合垂养又适合平养。双筏主要适合浅水层平养。海带筏架的基本结构如图 2-14-3 所示。一台单式筏架的基本结构由一根浮绠（或称浮缆）、两根橛绠（或称橛缆）、两根木橛（或两个石砣）和若干个塑料漂所组成。在海带养殖时，将苗绳通过吊绳绑在浮绠上，苗绳下端绑一块坠石即可。图中所示水深指满潮时从海平面到海底的深度。从安全角度考虑，橛绠长度一般是水深的两倍。

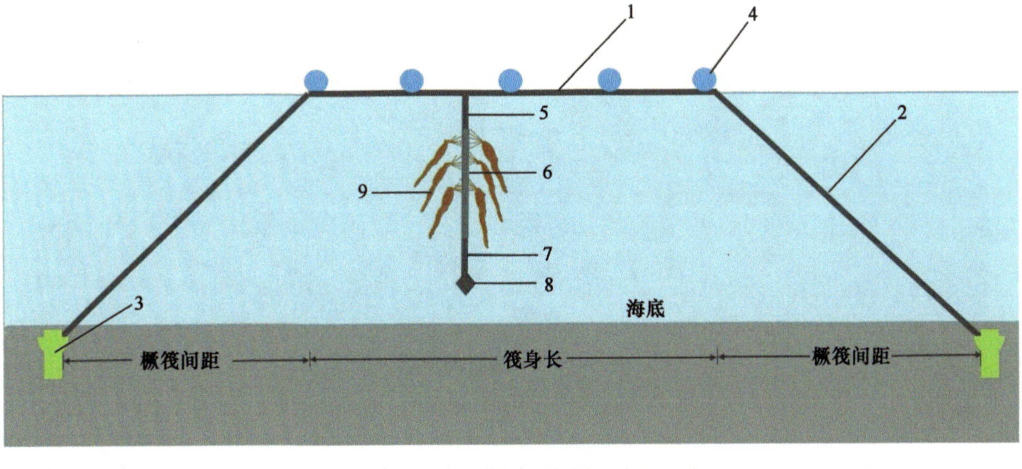

图 2-14-3 海带筏架基本结构示意图

1. 浮绠；2. 橛绠或橛缆；3. 橛或砣；4. 浮漂；5. 吊绳；6. 苗绳；7. 坠石绳；8. 坠石；9. 海带

筏架规格主要是指筏身的长度，标准长度是 60 m，但由于我国南、北方养殖海况不同，海带筏身长度也不同，大连的大单架长度达到了 90 m。在风浪大、不安全的海域，一般筏身比较短，长 45～50 m，以减轻筏架的负荷量。

1. 橛缨和浮缨

采用直径 1.5～2.0 cm 的聚乙烯绳和聚丙烯绳，其抗腐蚀、拉力大，一般可使用 8～10 年（图 2-14-4）。单丝直径为 0.25 mm、1200～1500 股的聚乙烯绳断裂强力为 1300～1700 kg，可抗 7～8 级的风。

图 2-14-4　浮缨制作过程

2. 浮子

现在北方使用的塑料球，有两种规格，直径 28 cm 或 30 c m，自身浮力可达 12 kg，其有两个耳孔可穿绳绑在浮缨上（图 2-14-5）。根据养殖需要，可以制作成单体球、双体球、三联体球和五联体球浮漂（深水大流养殖）（图 2-14-6）。标准长 60 m 的筏架要准备 30 个浮子，但不是一次性加上，而是随着海带筏架负荷的加重，逐渐增加。

图 2-14-5　绑好的浮漂

3. 橛子

橛子有两种，一种是木橛，另一种是竹橛。北方沿海都用木橛，南方除用木橛外，在海底淤泥很厚的海域则用大长毛竹做成竹橛。木橛适用于强力打橛的海区，而竹橛只适用于软泥底的海区。在软泥底的海区，用竹橛可以打深、打牢，避免拔橛。可用各种质地较硬的木材制作木橛，如柳木、杨木、沙木、松木等。

图 2-14-6　三联体球浮漂

木橛种类很多，有无柄橛、有柄橛、加横木橛、缠绳橛等，以前无柄橛和有柄橛使用得比较普遍。不论哪种橛，都需要一定的粗细和长短，而且两者是互补的。较粗的橛可以短些，较细的应长些。到底多长多粗才合适，这要视海区的风浪和底质情况而定，凡风浪大、流大、底质松软的海区，橛身要长些、粗些；反之，则可短些、细些。一般的海区，橛长应在 1 m 左右，粗 15 cm 以上。竹橛长度视海底情况而定，海底软泥达 1 m 时，竹橛长度应在 2 m 以上；软泥达 2 m 时，则竹橛长度要在 3 m 以上。

木橛在打入海底前要将橛缆绑好，其绑法有两种，一种是带有橛眼的，一般是将橛缆穿入橛眼后用木塞将橛缆固定在橛上，该方法比较牢固、安全，节省器材和人力，尤其适用于化纤绳的橛缆。另一种是在橛身中下部横绑一根木棍，用“五字扣”或其他绳扣将橛缆绑在木橛上，或者在木橛的中部周围砍一道沟槽，将橛缆绑在沟槽内。

4. 石砣

在不能打橛的海区，可采用下石砣的办法来固定筏身。石砣可用天然的大石块（图 2-14-7），也可用人工制作的水泥石块。石砣的大小要根据养殖海区的风浪、潮流的大小进行选择，一般重量不得小于 1000 kg。其形状以方形为宜，其厚度小可降低重心，有利于固定。人工制作的以高度为边长的 1/5～1/3 为宜。石砣上应有绑绳的孔，或安置铁鼻以绑绳绠。铁鼻用钢筋制作，其直径为 12～15 mm。石砣的附属物有铁条环与狭口两种。铁条环一般用较粗的铁棍或数股粗铁丝组成，两端有椭圆形环，上环的直径需要根据砣绠粗细而定，下环是接狭口用的，直径一般为 6 cm 左右。铁条环的长度应根据石砣的半径而定，如石砣半径为 50 cm，则铁条环的长度为 80 cm。狭口以蹄形为好，一般用直径 1.6 cm 的铁棍制成。

二、养殖筏架设置方向

筏架设置方向不仅关系着筏身的安全，而且影响海带的受光情况和海水的流动。在风浪大的海区，一般设置顺风向筏架，抗风能力较强。随着养殖器材安全性的提高，设置筏架的方向主要从养殖形式和流向的关系来考虑，以保证养殖海区流水畅通。采用平

图 2-14-7　天然石砣

养法则设顺流筏，而垂养则设横流筏。

除少数海区风向和流向一致外，绝大多数养殖海区受风、流的影响较大。若风是主要破坏因素，则可顺风下筏；若流是主要破坏因素，则顺流下筏；如果风和流都较大，则应解决潮流的威胁，使筏子偏顺流的方向（图 2-14-8）。

图 2-14-8　顺流设养殖筏架

1. 打橛或下石砣

打橛就是采用机械打橛机将木橛打入预定的海底，在不能打橛的海区则下石砣，用起重设备将石砣放入预定的位置。

打橛前应先用 4 条绳子在选定的海区拉上两条水线（图 2-14-9），标注上打橛的位置（花码），按照水线上的尺寸将木橛整齐打入海底。水线长度是一个养殖区的长度，两条水线间的距离是一台筏架的两个橛间的距离，而筏橛距离可根据水深和橛缆长度求出。水线 I 和水线 II 按设计的筏间距离，事先做上花码，作为下橛标记。水线下好后应用力拉紧，两端均用铁锚固定。生产上均用汽锤机械打橛，一个工作日可打 100 个以上的木橛。为了使打的木橛位置准确，一些生产单位借助潜水员在水下进行定位。

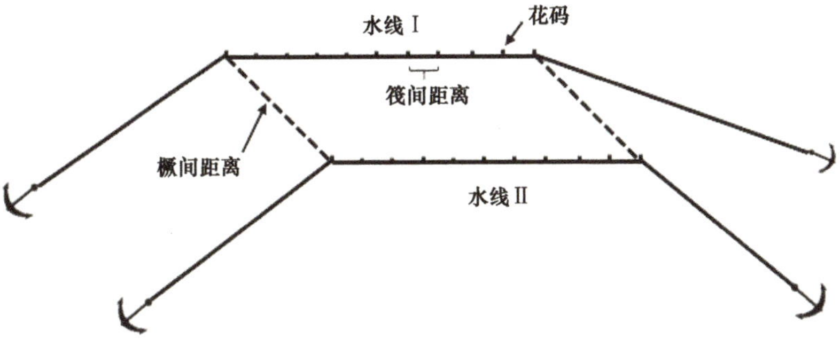

图 2-14-9　水线示意图

2. 下筏

木橛打好后，或石砣下好后，就可下浮筏。橛缨或砣缨在打橛或下石砣时，或下筏前就要绑在木橛或石砣上，在其上端系以浮漂。下筏时，将数台或数十台筏子装于舢板上，将船摇到养殖区内，顺着风浪方向将第一台筏子推入海中，再将筏子浮绠的一端与系有浮绠的橛缨或砣缨用“双板别扣”或对扣接在一起；另一端与另一根橛缨或砣缨，用绳扣接起来。这样一行一行将一个养殖海区下满后，再将松紧不齐的筏子整理好，使各行筏架的松紧一致，筏间距离一致。筏子橛缨的长度关系到筏身的安全。其由水深和安全系数两个因素决定。橛缨越长，橛子的固定力就越强，筏架就越安全。俗话说“锚缆长了不用锚”，如果橛缨过短，则易产生拔橛现象，造成筏架损坏，在满潮时，筏架易形成弓形，苗绳与筏身发生缠绕或苗绳互相缠绕，影响海带遮光。橛缨也不宜过长，否则会造成器材、海面的浪费。根据实践经验，一般海区，橛缨长度与水深比例以 2∶1 为宜；满潮水深为 10 m，则橛缨净长度（即不含扣绳和连接木橛打入海底部分的长度）为 20 m。这样橛缨与海底就形成 30° 的角，橛子与筏子距离（橛筏距离）为水深的 1.75 倍（图 2-14-10）。风浪较小的内湾海区，橛缨长度可与水深成 1.5∶1 比例。而风浪较大的海区或一般养殖区的边缘筏架区，橛缨长度与水深为 3∶1，即橛缨较水深长 2 倍才安全。在不同水深海区，根据以上 3 种情形，橛缨长度，橛筏距离和橛缆与海底所成的角度列于表 2-14-2。

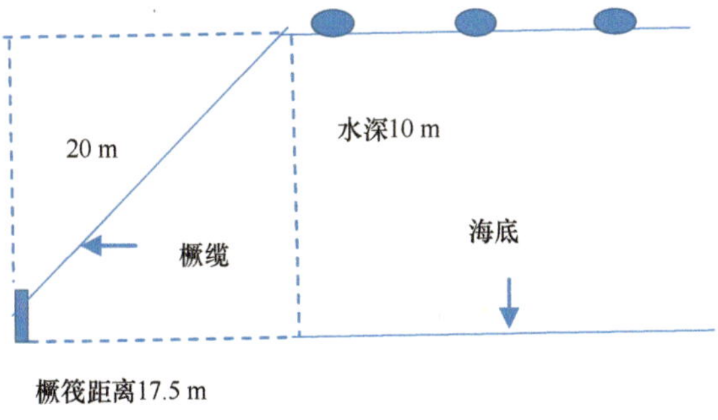

图 2-14-10　橛缆坡度示意图

表 2-14-2　不同海区、不同水深所需的橛缆长度

一般满潮水深/m	橛缆长于水深 0.5 倍		橛缆长于水深 1 倍		橛缆长于水深 2 倍	
	橛缆长度/m	橛筏距离/m	橛缆长度/m	橛筏距离/m	橛缆长度/m	橛筏距离/m
2	3.0	2.3	4.0	3.5	6.0	5.7
3	4.5	3.4	6.0	5.2	9.0	8.5
4	6.0	4.5	8.0	7.0	12.0	11.3
5	7.5	5.6	10.0	8.7	15.0	14.0
10	15.0	11.2	20.0	17.5	30.0	28.3
15	22.5	17.0	30.0	26.0	45.0	42.5
20	30.0	22.5	40.0	34.5	60.0	56.5
橛缆与海底所成角度/°	41.5		30.0		19.5	

第十五章　海带养成形式、技术和管理

第一节　海带养成形式

目前，我国海带全人工筏式养殖的养成形式，主要有垂养、先垂后平即垂平法、平养、一条龙、潜筏平养等 5 种形式。其中被普遍采用的是平养和垂养。其他几种形式仅在个别地区和个别单位使用。现将几种主要的养成形式介绍如下。

一、垂养形式

垂养是立体利用水体的养成形式，在海带分苗后，将苗绳通过一根吊绳垂直悬挂在浮筏下面，苗绳下要再绑一块坠石（图 2-15-1）。

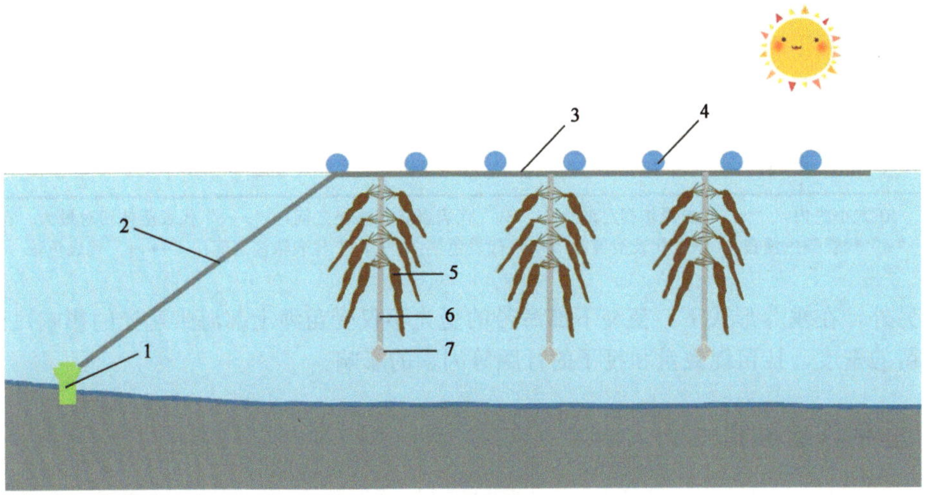

图 2-15-1　海带垂养筏架结构示意图

1. 木橛；2. 橛缨；3. 浮绠；4. 浮漂；5. 海带；6. 苗绳；7. 坠石

在垂养这种养成形式下，海带的主要生长时期是在垂养条件下度过的。这种养成形式比较简单，容易操作。但需要横流设筏。苗绳下端坠石起下垂作用，每根苗绳可以在两行筏子之间随流大幅度摆动，并且由于叶片下垂，每绳海带所占用的空间较小，苗绳之间能够形成“流水道”，有利于海带叶片受光，并减小阻流作用，使潮流通畅，有利于海带生长。在垂养条件下，除苗绳上端几棵海带的生长部受强光抑制外，其余大部分海带生长部均受到上端叶片的遮挡，所以垂养海带，其叶片平直部的形成要比平养的早，这是其最大的优点。

垂养的缺点是：在垂养条件下，光线进入海水中，被吸收和折射，水层越深，光线越弱，而且深水层的光量、光质都有很大变化。在养殖初期，由于幼苗比较小，不存在上遮下的问题，苗绳上部的海带反而起到了遮光作用，利于下部海带的生长。但到了养成的中、后期，随着藻体的生长对光强度要求的增加，特别是在藻体长度达 2 m 以上时，苗绳下部的海带表现出显著的缺光现象。下部的海带颜色由浓褐色变为淡褐色，甚至变白，生长速度逐渐缓慢，棵重较小。从表 2-15-1 中可以看出，在垂养条件下，同一苗绳上的海带，上、中、下 3 段的大小和色泽的变化。该状况持续到收割时，仅有上端的几棵海带能成为优质海带，而下端的只能成为等外品，中部海带只能成为次品。因此，在养殖过程中采取倒置的方法来解决受光的问题。即当苗绳下部的海带色泽开始变淡，生长趋向缓慢时，将下部深水层的海带倒置到上部浅水层来。养育一段时间后，当下端的海带又表现出缺光现象时，再将苗绳的上下部位倒换过来。在整个养成过程中要反复进行多次倒置，以促进苗绳上下部海带轮换得到较充足的光照而均衡生长。但这种措施不能彻底解决苗绳上下部位的海带受光问题，只不过是“轮流受光，轮换生长”而已。而且倒置工作的劳动强度较大，且在藻体快速生长的脆嫩期，操作时叶片很容易折断而受损失。

表 2-15-1 垂养苗绳上不同水层的海带大小和色泽变化

月份 / 大小和色泽 / 苗绳部位	1		2		3		4		5		6	
	大小	色泽	大小	色泽	大小	色泽	大小	色泽	大小	色泽	大小	色泽
上	+	++	+	++	++	++	++	++	+++	++++	+++	++++
中	+	++	++	++	+++	+++	+++	++++	+++	++++	++	++++
下	+++	+++	+++	++++	+++	++++	++	+++	+	+	+	o

注：在大小栏内，“+”代表藻体相对最小；“++”代表藻体在大小之间；“+++”代表藻体相对最大。在色泽栏内，“o”代表颜色淡白；“+”代表淡黄；“++”代表色淡；“+++”代表浓淡之间；“++++”代表色浓

另外，在垂养形式下，苗绳下部海带的受光不仅受苗绳上部海带遮光的影响，而且受夹苗的密度、挂苗绳数量和筏子的行距等因素的影响。

二、垂平养殖形式

垂平养殖是垂养和平养两种方法的结合。在海带脆嫩期之前，垂养结合倒置的养殖方法基本上可以解决海带生长发育对光的需求，所以仍采用垂养形式。此时期除苗绳顶端 3～5 棵海带的生长部受光较强外，其他个体的生长部都处于遮光状态，有利于促进假根的生长而附着牢固，可减少海带的掉苗数量。由于海带的生长部被遮光，受光较弱，利于平直部的形成和生长，因此平直部形成得较早、较快。当海带生长到 2 m 以上时，垂养的形式已不能满足海带生长对光的需求，于是就出现了苗绳下部海带的颜色变淡，生长缓慢。此时采取斜平养殖，将相邻的两筏间对称的苗绳下端用空的绳连接，使苗绳成为斜平状态。同时将同筏上相邻的苗绳，一根与左筏上的对称苗绳连接平起，一根与右筏上的对称苗绳下端连接平起，拉开了苗绳间的距离。随着海带个体的生长，应采取逐步缩短空白绳和提升水层的措施，以达到提高受光强度的目的。山东省海水养殖研究所曾于 1960～1963 年连续 4 年进行了前期垂养后期斜平养的试验，其结果基本相同，亩

产量较垂养提高了20%左右。1980年又重复了这项试验，结果与前期相同。海带产量仍高于垂养20%。

垂平养殖法是海带由垂养发展到平养的过渡形式，应用于20世纪60年代中后期，对于提高海带的产量和质量发挥了重要作用。

三、平养形式

平养形式是将苗绳的两端分别挂在平行的两行筏架相对称的两根吊绳上，这样苗绳就呈斜平状悬浮于水体中，因此所谓平养更准确地说是斜平养殖。在平养形式下，海带的主要生长期是在平养条件下度过的，现在养殖生产多数采用平养方式（图2-15-2）。

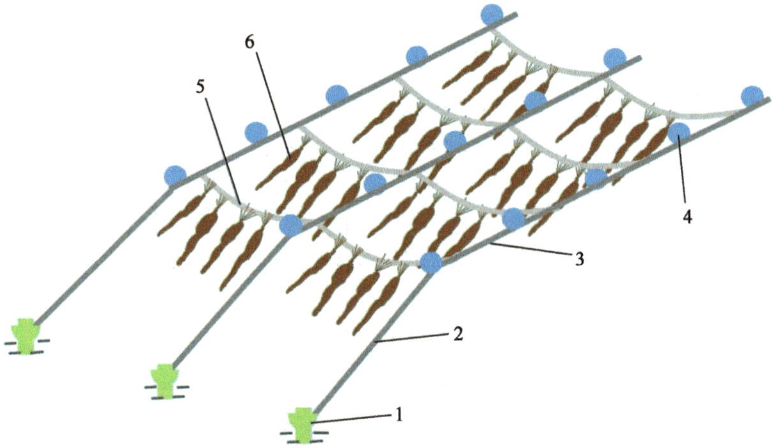

图2-15-2　海带平养筏架结构示意图

1. 木橛；2. 橛缆；3. 浮绠；4. 浮漂；5. 苗绳；6. 海带

早在1951年就进行了平养试验，当时采用“大双架平养”进行海带养殖，操作起来费工、费时，安全性差，养殖效果不如垂养方式，到1955年就停用了。其后，根据海带南移养殖需要，1957年在福建、浙江试养海带，由于受到长江、钱塘江和闽江等河流的影响，这些海区海水透明度较小，当时采用了短苗绳（长1 m）垂直浅挂的办法养殖海带，在养殖过程中多次倒置。采取这些措施虽然能生产出商品海带来，但产量不高，且劳动强度太大。其后又试验了平养法，证明在混水区养殖海带，采用平养法，其产量和质量均比垂养法好，经济效益也好。南方海带平养成功，又促使北方重新对平养方法进行试验，并成功创建了顺流筏平养法，使平养更加合理完善。因此，该技术成为全国海带养殖的主要方式。

平养的优点：在同一根苗绳上，海带在一个接近于同一平面的斜面上，拉开了株间相互遮光的距离，每棵海带都能均匀受光，生长迅速，个体间差异较小。这克服了垂养苗绳上端遮下端海带受光的问题。

表2-15-2是山东烟台养殖试验场进行的平养和垂养的对比试验，可以看出，平养比垂养的海带生长快，尤其是在2～3月的快速生长期。另外，平养不需频繁倒置，一般倒置1～2次即可，节省了工时并减小了劳动强度。

表 2-15-2 平养和垂养海带平均日长度生长比较

方法 \ 日生长/cm \ 月份	2月			3月			4月			平均
	上旬	中旬	下旬	上旬	中旬	下旬	上旬	中旬	下旬	
平养	2.46	2.36	2.25	2.26	3.05	3.30	2.60	2.44	1.10	2.42
垂养	1.95	2.03	2.02	1.88	2.73	2.51	2.73	2.20	1.65	2.19

在重量增长方面，平养海带的鲜重和鲜干比均好于垂养（表 2-15-3）。

表 2-15-3 平养和垂养海带棵重量和鲜干比的比较

分苗日期	收割日期	养育形式	棵数	鲜重		干重		鲜干比
				总重量/kg	平均棵重/g	总重量/kg	平均棵重/g	
1957年1月2日	1957年5月20日	平养	17	9.30	547	1.75	103	5.3∶1
		垂养	17	7.19	473	1.28	75	5.6∶1
1957年12月27日	1958年5月3日	平养	21	6.13	292	1.22	58	4.9∶1
		垂养	24	5.38	224	0.78	33	6.8∶1

平养的缺点：平养法挂养的海带在一个平面上，互相遮光很轻，尤其是在海带苗期，彼此遮光更轻。海带在水流大时漂在水面上，其生长部受光偏强，这会抑制生长部细胞的正常分裂，尤其是在海水透明度增大时，会导致叶片生长不舒展，平直部分形成晚而短小，养殖生产上称为“平直部推不出”或称“推得晚”。

由于叶片上半部（梢部）受光较弱，平养能促使叶梢过早衰老而脱落，引发绿烂、白烂等。在透明度大的海区该现象更为突出，在混水区则不易发生。在水深流大海区平养的海带，海带中部和梢部被流水冲起漂浮在较浅的水层中，而生长部位所在的叶片基部，却被置于较深的水层中，在此种情况下，上述现象可缓解。也可通过增长吊绳或使苗绳在水体中的斜平度加大，或采取暂时垂养、叠挂等形式，从而改进平养的养殖条件，将其对养殖生产不利的影响降至最低。

四、“一条龙”养成形式

沿着横流设置的海带筏架，将苗绳沿浮绠平吊其下，每根吊绳同时吊两根苗绳的一端，使一台筏架上的所有苗绳连成一根与浮绠平行的长苗绳。此法减轻了浮筏的负荷，使其能在风大、浪大的外海开展养殖海带（图 2-15-3）。就一台筏架来说，不管是垂养还是平养，60 m 净长筏身上要挂 100 绳海带，到海带收割前，一绳海带的平均质量为 35～40 kg（鲜重），则一台筏架的负荷量仅海带就达到 3500～4000 kg，在大风情况下，筏子难以承载。而“一条龙”方式，一台筏架的承载负荷只有上述的 2/5，能抗住外海的大风和大流，生产较安全。

另外，由于“一条龙”养成形式每台筏架是独立的，即使一台筏子受灾，也不致波及其他筏架，更不影响整个养殖海区。筏子独立设置，筏子可尽量松宽些，当遇到大风浪时，筏子可随风浪起伏跳跃，减轻了风浪对其的冲击，减少了拔橛、断绠的概率。与之相比，平养条件下，筏架若设置过松，筏子受苗绳的牵连而互相靠拢，海带不仅相互

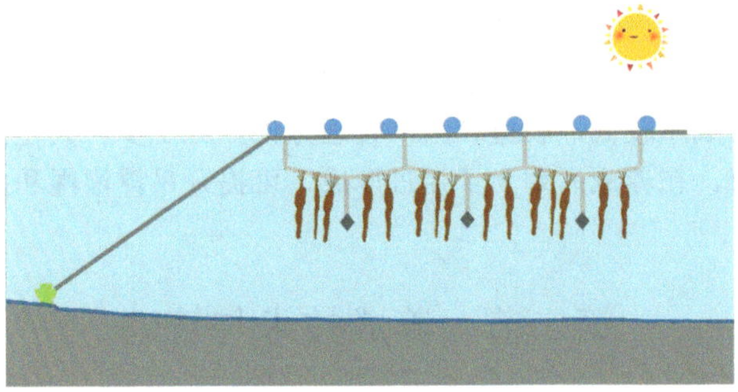

图 2-15-3　“一条龙”养殖示意图

遮光，而且互相缠绕、磨损，在大风大浪条件下，则易拔橛、断缏，而且会危及多台筏架。“一条龙”养成形式的另一优点是，养成的海带成熟早，一般 5 月中旬，其鲜干比就可达 6.5∶1，6 月上旬则达 5∶1，可早收，确保在夏季台风来临前完成收割。

“一条龙”养成形式的缺点：占用海区面积较大，一般是垂养法和平养法的 4 倍以上；需用器材也多，对器材的强度要求也高，一般适用于深海大流养殖需要。

五、潜筏平养形式

潜筏平养是福建地区曾经使用的一种养成形式。这种养成形式是为了适应透明度忽高忽低的剧烈变化而设置的。可以作双层筏，即现在使用的单筏浮绠不加浮力而沉入水下，然后用竹筒作浮力再绑一个单筏身，用吊筏绳将不加浮力的下沉浮绠（潜筏身），按一定距离系吊，便于水层的升降。在海水透明度大时，只将少量的吊筏绳下降水层，不用将每根苗绳下降水层。待透明度小时，再将吊筏绳提升，这样调节水层节省人力和时间。近年来还有小部分单位采用这种养成形式，但大部分已改为单筏平养。

另外，还有一种北方使用过的海底浮绳养成形式，也称为潜筏平养。即将夹好苗的长苗绳两端拴绑一块长缆腿石锚，缆腿与苗绳相接处绑一根长吊绳的浮子。苗绳为多节连接，每隔5～6 m 拴绑一根长吊绳浮子。每根长吊绳浮子的下端绑系在苗绳上，然后再拴绑一块石块固定（图2-15-4）使其与海底保持一定的高度。石块固定的高度根据水深而定，以免与海底摩擦受损。吊浮子绳的长度根据海水透明度大小而定（水层）。沉没苗绳的长度根据海区地形和面积而定，可长可短。

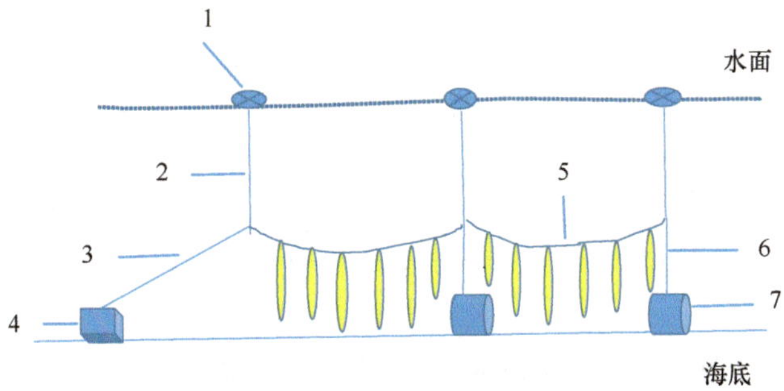

图 2-15-4　海底浮绳养成形式示意图

1. 浮漂；2. 长吊绳；3. 石锚缆；4. 石锚；5. 海带苗绳；6. 固定石块绳；7. 固定石块

这种养成形式是充分利用优良海区的“田边地角”进行养殖，方法简便，易于操作。将夹好的苗绳在低潮时按地形陈设下去即可。结构简单，只用浮子、石锚和一般常用的绳索，所以成本较低，收益较大，管理方便，耗工少。只在大风浪后检查有无损伤进行整理即可。在养成后期为了促进厚成，可提升吊浮漂绳和加长固定石块绳。并且收割方便。

第二节　养成技术与管理

从分苗到收割，是海带在海上的养成阶段。该阶段在北方海区要六七个月，在南方海区需要 5 个多月。在海带养成期，海带在海上经历了降温的深秋、低温的冬季、水温回升的春季和较高水温的初夏。根据养殖期间海水温度的变化和海带生长发育对温度的适应范围，可将养成阶段划分为不同的适温期。将我国海带养殖的 4 个典型生产区（北方大连和荣成，南方舟山和三沙）的月平均水温列于表 2-15-4，再以荣成在海带养成期的月平均水温和海带的适温范围绘成图 2-15-5。

表 2-15-4　大连、荣成、舟山、三沙海域月平均水温（单位：℃）

地区＼月份	1	2	3	4	5	6	7	8	9	10	11	12
大连	3.1	1.0	1.8	4.9	9.8	14.3	18.7	22.8	21.1	17.0	12.4	7.5
荣城	2.2	1.4	3.6	7.1	11.2	15.2	18.5	22.4	22.7	18.8	13.3	6.1
舟山	9.1	7.6	9.2	12.5	16.7	20.8	23.8	25.9	26.2	22.6	18.6	13.4
三沙	11.2	10.3	11.9	15.6	20.6	22.4	27.1	28.0	27.4	23.2	19.2	14.2

注：根据国家海洋局 1990～1999 年水文数据整理

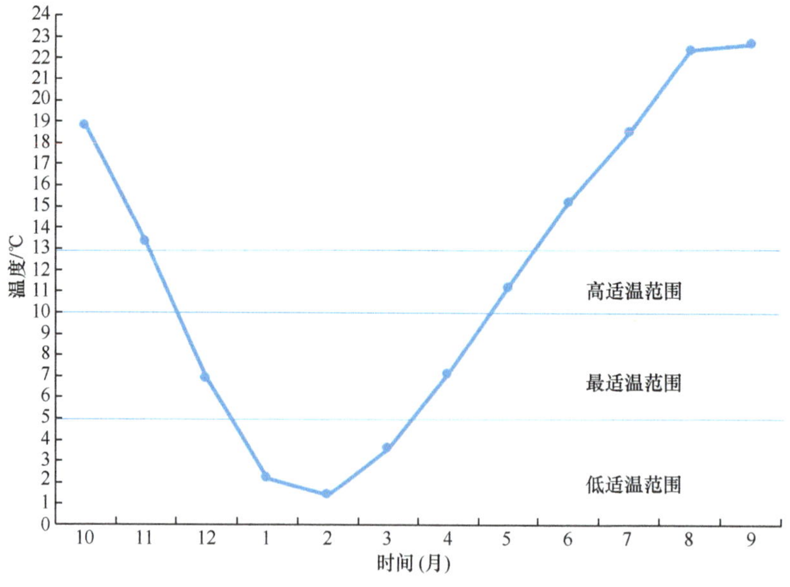

图 2-15-5　荣成海带养成期的月平均水温和适温范围

将海带养成期划分为 4 个阶段：即第一适温期、低温期、第二适温期和厚成期。第一适温期是在海带夹苗后，水温处于下降阶段，日生长可达 3～5 cm，这时要采取施肥等措施，促使海带生长，使其在进入下一阶段低温期时，长度达到 150 cm 以上，平直部推出 50 cm 以上，这样海带进入低温期后仍能保持较快的生长速度，日生长 3 cm 以上。

海带进入第二适温期，正是其快速生长的脆嫩期，此时在长、宽增加的同时，厚度也增加，凹凸部分基本全部被推出，藻体平直、光亮，但质脆易折断。海带进入高适温范围后就到了厚成期，进行干物质积累，藻体由脆而变得有弹性，此时海带要求较强光照，平养吊绳长度一般为 50 cm 左右。

一、养殖密度

要获得单位面积的最大产量，实现收获商品规格的海带，就要充分发挥海带群体和个体的生长优势，因此，养殖密度是关键，密度过大，海带间相互遮光、阻流严重，不管是群体还是个体均得不到充足光照，其生长潜力均难以发挥。如养殖密度过小，虽然光照和其他条件得以满足，海带个体生长潜力得到发挥，但海带群体优势没有体现出来，产量仍然达不到要求。

1. 养殖容量

决定海带养殖密度的因素很多，首先要考虑养殖容量。方建光等（1996）采用无机氮（N）供需平衡法研究了山东荣成桑沟湾的海带养殖容量，卢振彬等（2007）在福建厦门大嶝岛海域进行了水环境化学调查，通过 2000～2001 年对该水域海水交换、沉淀物释放、陆地和江河径流排放，养殖动物和野生海洋动物排泄等无机氮和无机磷的输入量，浮游植物、潮滩微型藻类、野生大型藻类、养殖和野生海洋动物的无机氮和无机磷的含量的调查、检测，来衡量海带的可养量，利用无机氮供需平衡法推算出，大嶝岛海域的紫菜和海带养殖容量（淡干品）分别为 5.43×10^4 t 和 32.84×10^4 t，单位面积可养殖密度分别为 7.21 t/hm^2 和 43.61 t/hm^2。利用无机磷平衡法估算出大嶝岛海域紫菜和海带养殖容量分别为 1.97×10^4 t 和 12.22×10^4 t，单位面积可养殖密度分别为 2.62 t/hm^2 和 16.23 t/hm^2。

2. 合理布局

海带养殖系统是海水中的立体空间体系，决定其养殖密度的是单位容量、区距（小区与小区间，大区与大区间）、筏架距离、苗绳距和苗距等。海带养殖合理密植的参数如下：大区间距 100～120 m、小区间距 40～50 m、筏间距大于 8 m、绳距 50～80 cm、株距（单夹）7～8 cm、亩夹苗数 10 000～12 000 株。

单位面积养殖量大小在很大程度上取决于光照条件，而光照条件又与海水透明度的大小、潮流畅缓有关。透明度大，单位水体的利用率就高。流速大，潮流在养殖区内畅通，不仅对海带受光有利，也对海水中气体交换和营养盐的供应有利，养殖量可大些；相反，在海水透明度较小或流速小的海区，养殖量就应小些。养殖密度也要考虑到分苗的早晚，早分苗的生长期长，在优良环境条件下，能充分发挥个体生长潜力，海带个体大，产量高；而分苗晚的则生长期短，养殖应密些，以群体补个体。

自 20 世纪 70 年代海带养殖大发展以来，一直存在海带养殖密度偏大的问题，尤其是在海况条件好的海域，不但每绳海带的夹苗数和每台筏架的挂苗绳数偏多，而且一个海区的总放养量往往偏大。加之布局上的不合理，超过了养殖容量，导致单位面积产量下降。山东威海湾内养殖海带就是一个很好的例子（表 2-15-5），1967 年在该海区养殖 4200 亩，总产 6000 t（干品），平均亩产 1428.5 kg，以后几年放养数量逐步增加，但总产量并未增加。到 1975 年，在威海湾内养了 8000 亩海带，翻了一番，总产量虽然达到 7161 t，总产量只增加了 1000 t，而亩产量下降到 895 kg，且大部分是三等品和等外品。

表 2-15-5 威海湾 1965～1975 年海带养殖数量（亩）与产量的关系

年份 面积（亩）与产量（t，kg）	1965	1967	1969	1972	1975
放养面积/亩	2300	4200	5100	8500	8000
平均亩产/kg	1091	1429	1035	975	895
总产/t	2510	6000	5280	8284	7161

注：表中数据来源于威海市海洋与渔业局统计资料

二、养殖水层的调节

适宜光照可促进海带生长，相反则抑制其生长，甚至产生烂、病和死亡。采用相同的管理方法，放养在同一海区不同水层（也就是不同受光条件）的海带，其实际生长效果则不同（表 2-15-6）。

表 2-15-6 在烟台芝罘湾养殖在不同水层的海带生长对比试验（曾呈奎和吴超元，1962）（单位：cm）

日生长 时间 水层	2 月 8～15 日	2 月 15～24 日	2 月 24 日～3 月 3 日	3 月 3～10 日	3 月 10～25 日
30	1.62	1.82	1.93	1.89	1.79
60	1.68	1.94	2.07	1.88	1.78
90	1.57	1.81	1.57	1.48	1.58
120	1.86	1.56	1.91	1.21	1.49

海带生长快的水层，表明这一水层的光照适宜海带生长，或称为“适光层”。水层调节就是将苗绳上的海带，置于“适光层”，让其得到充足的光照。海带在不同生长发育阶段，对光的需求不同。海上“适光层”也在变化，不同海区由于海况不同，“适光层”也不一样；即使同一个海区，“适光层”随着天气等的变化也会变化，因此在海带养殖过程中要根据海带不同生长阶段调节养殖水层，从而使海带得到充足的光照。

1. 初期密挂暂养

海带幼小时，处于幼龄期和凹凸期的海带，不需要强光照，其对水流的要求也低，此时，可充分利用肥区，采取密挂暂养的方式，避免海带受强光刺激。“密挂”就是将刚夹好的苗，将 2～3 亩的苗绳集中挂在 1 亩的筏架上暂养；也可在两行筏架间加一行临时筏架暂养，暂养结束后可将临时筏架撤掉。不管哪种形式密挂暂养，暂养时间均不宜超过 1 个月。

密挂暂养对早期海带的生长是有利的，但随着海带的长大，海带相互之间遮光、阻流情况日益严重，这就要根据其生长要求，及时疏散。除将临时筏架撤出外，还要将挂在临时筏架上的苗绳移走，按养成的挂苗密度稀疏开来。稀疏时间应掌握好，不宜过早或过晚。所谓早晚是根据养殖海区的海况等条件来定的。南方和北方不同，混水区与清水区不同，夹苗较密、分苗较早与夹苗较稀、分苗较晚也有所不同。当海带体长达到 1 m 左右时，叶片基部已形成一定的平直部分，即海带已开始进入脆嫩期，此时要及时疏散。疏散时，移苗绳、移筏架、叠挂改为平挂、垂养改为平养等操作步骤不应一起进行，要按不同时间进行，使光照逐渐增强。把叠挂垂养的海带直接平养，不但会使海带受光突然增大，而且会使原来受光最弱的海带生长部直接暴露在强光下，导致平直部又重新出现凹凸，海带色泽由深变淡，日生长率减慢，根基由褐色变成紫褐色，叶片不伸展乃至卷曲。一旦发生这种情况，即使多施肥补救，效果也不佳，这样大的凹凸海带很难长成优质产品。稀疏搬运时，海带假根尚不发达，附着不牢固，叶片也处于脆嫩时期，要尽量在一早一晚进行，避免假根部脱落和叶片折断。海带连同苗绳装入船舱后，在运输途中应加盖草帘等物，并常浇海水。

2. 倒置

倒置是一种海带轮流受光的办法，尤其在“垂养”方式中是一项有效措施。表 2-15-7 是山东水产养殖试验场进行的倒置与否条件下养殖产量的比较试验结果。经倒置的海带苗绳，在产量上与未倒置的相差很大，每台筏架可增产 400 kg 左右。山东水产养殖试验场的对比试验也得出，各种长度的苗绳在倒置两次后，与不倒置的相比，每绳产量、海带长度、绿烂情况等都有很大差别。

表 2-15-7　苗绳倒置与否情况下海带产量与长度的比较

苗绳长度/m	操作方法	每绳产量/kg	藻体平均长度/cm	全绳藻体长度差别	海带绿烂情况
1.33	不倒置	17.25	272	无	无
	倒置两次	17.75	286	无	无
1.66	不倒置	19.00	266	无	下部轻微
	倒置两次	20.00	260	无	无
2.00	不倒置	18.50	265	很小	下部轻微
	倒置两次	19.70	288	极微	中部很轻微
2.30	不倒置	14.87	233	甚大	下半部甚严重
	倒置两次	18.87	355	较大	中间较严重

在海带养成期间倒置次数应根据海带的生长情况而定，过多、过少对海带生长均不利。倒置次数也与苗绳的长度、夹苗的方法、分散早晚有关。在“垂养”方式下由于采用较长的苗绳、较大的夹苗密度，因此，每绳倒置次数为 6～7 次；而适宜的苗绳长度和夹苗密度，平均倒置 4～5 次即可。 在“平养”方式下，一般倒置 1～2 次即可，否则劳动量增加，成本增大。

3. 适时垂平

根据海况和每个时期海带对光照的要求，适时垂挂或平起，是保证海带得到适合的光照，避免受光过强或过弱的有效措施。在水深流大的海区，可采用一平到底的办法养成海带，即从挂苗起一直平挂到收割。在整个养殖过程中，只根据海水透明度的变化情况，适时调节吊绳和平起绳长度，或用加减浮力的办法来调整养殖水层。山东荣成在养成中后期通过加吊漂的方式，提升在水层深处的海带，以增加光照，能使产量提高 10%左右。

在流速小、透明度变化较大的海区，在12月底前应采取叠垂养殖法，1月后由于海带开始长大，对光需求增加，叠垂已不能满足其对光的要求，应改为平养，到3月中旬后，这类海区透明度又开始增大，此时海带个体已长大，对强光适应能力增加，因此，一般不需要再改为垂养方式，只要适当调整水层即可。如果海带个体较小，或尚未形成平直部，则可将平养改为垂养。待平直部推出后再平起来，刚平起时，角度不宜过大，初平角度应掌握在15°～20°，以后根据海带的受光情况逐步提升养殖水层，加大平起角度。

在条件最差的三类海区，应采取叠垂到底或先叠垂后叠平的养殖办法。这类海区流小、透明度低，不适宜垂养和平养，而应该采取叠垂到底，或到了 3 月以后采取叠平的养殖办法。海带的折叠工作，不能太早或太晚，一般在 1 月中旬到 2 月上中旬。以各期海带分别达到 120 cm 长，平直部长度为 20～50 cm 后开始折叠为好。折叠后可垂养，也可直接平养。

4. 后期受光促成

光照是使海带厚成的关键因子，当水温达不到厚成要求时，光照可促使叶片局部厚成。一般苗绳上端受光较好的海带或靠近基部的叶片厚成较好，叶片较厚，色泽较深。而下端因上部海带的遮光影响，厚成较差（表 2-15-8）。

表 2-15-8 长岛湾养殖海带检验比较

项目 \ 棵层	1～3	4～6	7～9	10～12	13～15
棵干重/g	26.0	21.3	15.3	13.0	11.3
光强递减率/%	0	18	41	50	56.5

注：自苗绳上端开始 1～3 棵为上层，7～9 棵为中层，13～15 棵为下层

等水温升到适宜厚度生长时，不仅受光好的部位厚成较快，受光弱的部位厚成也快。此时，海带光合作用所制造的物质主要进行干物质的积累，因此，在考虑光照促进海带厚成的同时，也应考虑海水温度条件。这既克服了过早提升水层影响生长，又防止了过晚提升水层影响其厚成。我国南、北方海带厚成期的水层不一样，在北方较好的海区，当春季水温上升到 8℃以上，海带就进入厚成期，一般海区要到 12℃以上才进入厚成期；而在福建海区，当水温回升到 18℃左右，海带才进入厚成期。

进入养殖后期要及时提升水层，增加光照，并进行间收，可促进海带厚成。另外，通过切尖等，也可改善海带受光条件，促进其厚成。

三、施肥

海带生长过程中除需要温度、光照外，还需要 O_2、CO_2、矿质元素，这些在海水中一般均可满足。但营养元素，特别是氮肥，在许多海区中难以达到养殖需要，尤其是在

我国北方海区，NO_3^--N 含量一般不超过 5 mg/m³，但沿海城市的海区属于肥区。例如，在青岛地区，市区的团岛湾，水质肥沃，海带就生长得好，日生长可达 3 cm 以上；但处于郊外的鳌山湾属于瘦区，养殖海带难以达到商品标准。

施肥是在瘦区养殖海带的有效措施，为探索施肥的有效方法，提高肥效，我国海带养殖科技人员先后进行了篓式挂罐施肥、陶罐施肥、挂袋施肥、浸泡施肥、生长后期不施肥、综合施肥和泼洒施肥等试验。现在养殖生产上，一般采用挂袋施肥和泼洒施肥的方法。为探索泼洒施肥的合理方式，山东烟台市水产研究所测定了肥料撒泼到海上后其分布的规律，结果表明，肥料主要随流向作水平扩散，并在水平运动中逐渐向下作垂直扩散。肥料的扩散速度主要取决于流速，流速越大，流失量越大（表 2-15-9）。

表 2-15-9　肥料在海水中流失情况（缪国荣和丛季珠，1979）

采样点	氮肥/（mg/m³） 采样时间	s8：30	9：00	9：30	10：00	11：00
A 区	表层	1.8	451.3	64.7	48.8	1.0
	6 m 深	1.8	24.4	75.8	41.7	1.0
B 区	表层	1.8	54.6	19.8	8.2	1.0
	6 m 深	1.8	6.4	1.0	1.0	1.0

注：1975 年 5 月 14 日从 8：30 开始在 A 区喷硫酸铵，9：00 结束

挂袋施肥使用塑料袋装肥，在袋上有 3～4 个小孔，将袋挂在筏架上，肥料就从小孔溢出从而起到施肥的作用。挂袋施肥现在还广泛使用在暂养小苗上。由于肥料袋很轻，不增加筏架的负担。泼洒施肥是喷洒施肥，既节省了人力、物力，又提高了肥效。海上施肥由于肥料可随水流失，不宜施用有机肥，采用速效无机肥。

合理安排不同生长期的施肥量、分苗后立即抓紧施肥，因地制宜采用多种形式施肥，如密挂暂养施肥，根据天气情况灵活施肥等，合理使用肥料，提高肥效。

四、切梢

在海带养殖的中期（3 月、4 月），将叶片梢部进行切除，生产上称为“切尖”或“切梢”，这是海带养殖增产、防病、保安全的一项重要措施。适时把这些叶梢切除下来可加工利用，如用于喂鲍鱼，是增收的有效措施。

1. 切梢的理论依据

1956 年，中国科学院海洋研究所进行了切尖与产量关系的试验，选择养殖筏架上长度达到 90 cm 左右的海带 100 棵，分成 5 组，每组 20 棵。第一组将基部 15 cm 以上的叶片切去，第二组将基部 30 cm 以上的叶片切去，第三组将基部 30 cm 处的中部纵切至叶尖，第四组将基部 60 cm 以上的叶片切去，第五组不切作为对照。5 组海带都养在 1 m 深的水层中（曾呈奎和吴超元，1962）。

试验结果表明，海带生长点以上的叶片切去得越多，生长得越缓慢。海带长度生长主要在基部进行，叶片 1/2 以上部分生长很少，养殖后期基本上没有生长，而且梢端的

脱落速度也开始加快。对比表 2-15-10 可以看出，5 月中旬海带长度生长基本停止后，干物质的积累显著增加。这以后收割的海带，叶片基部和中部的干重增加 1 倍左右，而叶片梢部的重量增加不多。这表明，海带干物质的积累主要在叶片中下部进行。

表 2-15-10　海带不同时期不同部位的干重（缪国荣和丛季珠，1979）

部位＼烘干后重量/g＼切割日期	4月5日	4月14日	4月25日	5月5日	5月15日	5月25日	6月4日	6月13日	6月24日	7月2日
基部到 15 cm 处	1.1	1.4	1.5	2.0	2.9	3.5	5.4	6.0	8.3	8.8
15 cm 处到藻体 1/2 处三等分的第一部分	2.0	4.1	4.9	6.4	9.6	9.6	15.6	14.0	20.1	21.3
15 cm 处到藻体 1/2 处三等分的第二部分	2.7	4.4	4.7	6.3	7.7	7.4	12.1	10.2	14.8	15.8
15 cm 处到藻体 1/2 处三等分的第三部分	2.2	4.4	4.1	5.5	6.0	6.0	9.6	7.6	10.8	11.3
藻体 1/2 到尖部三等分的第一部分	2.1	3.8	4.0	5.1	5.8	5.5	9.1	6.8	8.7	8.1
藻体 1/2 到尖部三等分的第二部分	1.7	2.8	2.9	4.1	4.7	4.0	5.8	4.8	4.8	4.1
藻体 1/2 到尖部三等分的第三部分	—	1.5	1.4	2.5	2.5	2.2	2.2	2.2	1.7	1.6

不同部位的叶片光合作用速率不同，在整个快速生长季节里，中上部的叶片光合作用一直都很强，叶片全长 4/6～5/6 部位的比生长点部分高 2～3 倍，这说明了梢部虽面积小、重量轻，但合成有机物速率高。5 月以后，海带就开始积累有机物质，此后藻体长度的生长极为有限，同时梢部的脱落速度也开始加快。因此，在此时收割叶梢部，可避免这段藻体因脱落而流失，且不妨碍海带正常的生长和厚成。

2. 切梢的好处

1）提高产量和质量

据山东威海、荣成等地的报告，切梢海带其亩产可增加到 450 kg（干品），增幅达到 20%左右。切梢后，由于改善了光照条件，促进了海带干物质的积累，因而提高了其产量和质量。中国科学院海洋研究所进行了切梢增产试验（表 2-15-11），结果表明，切梢部的海带平均增产了 12.3%～14.7%。

2）改善受光、流水条件，减少病烂发生

每年 4 月下旬至 5 月上旬，海带长度达到 3 m 以上，此时生长放慢，厚度开始增加，但梢部衰老速度加快，特别是当水温升到一定程度时，在强光照射下，梢部开始有白化脱落。由于海带藻体大，阻流严重，流水很难使海带叶片漂浮起来受光，易发生病烂。另外，在流水不畅的海区，到养成中、后期，叶片上易附着大量淤泥，特别在海带凹凸期，边缘部分淤泥更多，这不但加大了筏子的负荷，而且对海带养殖安全产生隐患。切梢可改善这种状况，既可使海带得到较充足的光照，又可使流水通畅，减少病害发生。

表 2-15-11　切梢增产试验

切梢部位	自基部计算叶片全长 4/6 处				自基部计算叶片全长 5/6 处				
切割日期	4 月 29 日	5 月 8 日	5 月 28 日	6 月 18 日	5 月 8 日	5 月 18 日	5 月 28 日	6 月 8 日	6 月 28 日
每棵梢部平均干重/g	8.6	9.5	11.2	10.7	3.2	3.4	2.4	2.5	3.2
每棵去梢藻体最后平均干重/g	118	114	114	113	108	123	127	127	114
每棵去梢藻体加上梢部的平均干重/g	127	124	125	124	111	126	129	129	117
增产百分数/%	16.5	13.8	14.7	13.8	2.0	15.6	18.3	18.3	7.3
平均增产百分数/%	14.7				12.3				

3）减轻筏架负荷，有利安全

以 1500～2000 kg 的干品亩产量来计算，每台筏架的负荷量仅海带本身就达 2250～3000 kg（当然海带本身有浮力）。到 5 月、6 月以后，东南季风日甚，会使筏架拔橛、断缏。如果进行适量的切梢，可减轻筏架负荷，提高其抵抗风浪的能力。

3. 切梢的方法

切梢时间主要根据分苗早晚、海区条件和海带生长、病烂等情况来确定。过早会影响海带的生长，过晚则该脱落部分已经烂掉。原则上讲，应在藻体生长日趋下降，叶片梢部病烂刚开始时进行切梢。在北方辽宁、山东切梢一般从 4 月上旬开始，到 4 月下旬结束。

切梢大小必须适宜，过大过小都不好。过大会影响海带的生长和厚成，过小则起不到切梢的作用，海带会继续腐烂。一般来说，早、中期的海带以切去叶片全长 2/5～1/2 为宜，晚期苗海带以切去叶片全长 1/3 为宜（表 2-15-12）。

表 2-15-12　3 月 28 日至 4 月 28 日不同切梢大小的海带增产情况（曾呈奎和吴超元，1962）

切梢部位 \ 数据 \ 项目	平均绳重/kg	平均株数/株	绳增重/kg	平均日增重/kg
1/2	11.62	58.5	5.25	0.48
1/3	13.00	56.0	6.50	0.59
对照	12.37	57.0	5.75	0.52

五、安全生产

海上生产的安全是十分重要的，大风大浪等自然灾害不但影响海带的生长，而且能将整个养殖设施摧毁掉，因此要把安全生产放在十分重要的位置。

1. 合理管理制度

山东为海带养殖制订了“五查”、“两及时”的安全生产规章制度，实行多年来，起到了较好的作用。“五查”是：在风前汛前查，可消除安全隐患；风后汛后查，可及时弥补部分损失和防止灾情蔓延，也可防止在大风大流时出现新隐患；日常重点查，以点促面；定期全面查，点面结合，防止不安全的主要矛盾相互转化；认真仔细查，是强调工作态度和工作质量。“两及时”是：查出问题及时采取措施，措施确定后及时加以实施。

2. 筏架设施

在风头浪头的外区，养殖密度宜小，中区则大些，以30～40台筏架为一小区较适宜。在风浪较大的外海区可设置一些防风筏，或下一些适宜“一条龙”养殖的筏架，筏架上少挂苗绳，主要起缓冲风浪的作用，以减轻风浪对里面筏架的冲击。防风筏要横风向设置。橛缆长度直接决定着橛缆与海底交角的大小和抗风能力的强弱。橛缆越长，橛子的固定能力越大，筏架越安全。橛缆过短，则易拔橛，也易在满潮时出现两头呈弓形，发生苗绳与筏身缠绕或苗绳与苗绳相互缠绕的现象。在风浪很大的海区，橛缆长与水深之比应为3∶1。

筏子的松紧程度与筏身的安全也有很大关系，在风浪大的海区，筏架宜松不宜紧，松些留出筏身随风起伏的余地，而不致拔橛。筏身漂浮程度与其安全也有关系，浮漂多，浮力大，筏架上浮力强。若筏架设置得比较松弛，浮漂又适量，即使在大风大流时，筏架可随风浪而起伏。一般以绑在筏架上的塑料漂一半在水下，一半露空为宜。

在透明度较小的海区，或海带叶片浮泥较多，要适量增加浮漂，否则会影响海带的受光或造成养殖筏架下沉。要确保养殖安全，需将木橛打深、打牢。软泥质，风、浪、流较大的海区，使用长100 cm以上、粗15 cm以上的木橛；泥沙底，风、浪、流一般的海区，可使用长50～80 cm、粗10～12 cm的木橛。筏架固定要一橛一缆，不能一橛二缆。边区筏架要重点加固，要打防风橛。橛缆要系在木橛的1/2～3/5处，不要靠近木橛顶端。尽量选用软质或较粗的木橛，木橛使用前要剥皮、晒干后才用。

3.“防冰”措施

在北方，冬季海水结冰，如辽东湾，养殖海带就要考虑防冰的措施，否则流冰能造成灾害，冲毁筏架，割断浮绠、橛绠。辽宁海带养殖者经多年的试验，创立了“定位防冰法”（图2-15-6）和“铁杆活浮防冰法”（图2-15-7），有效地防止了冰害。

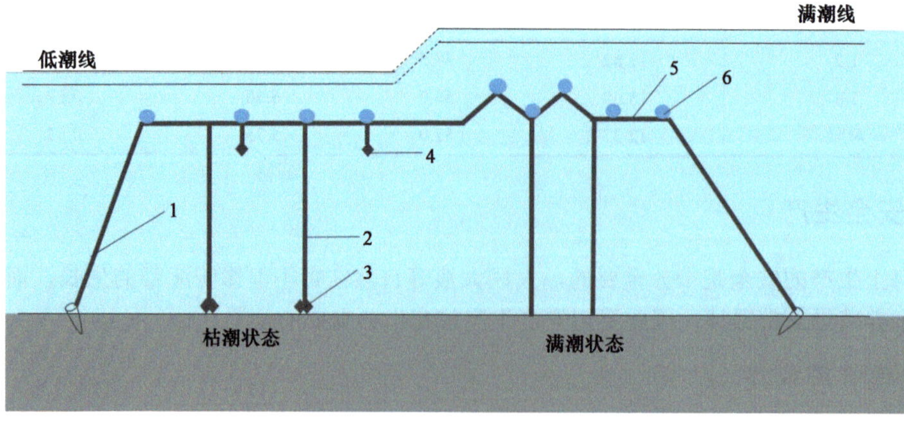

图2-15-6　定位防冰法示意图

1. 橛绠；2. 沉石绳；3. 大沉石；4. 小沉石；5. 浮绠；6. 浮漂

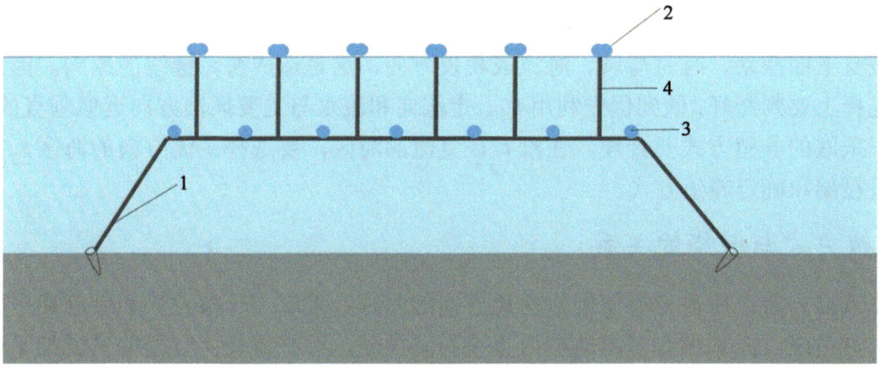

图 2-15-7　铁杆活浮防冰法示意图

1. 橛缨；2. 双浮漂；3. 浮漂；4. 活动铁杆

“定位防冰法”适用于中、近海区的浮筏。其方法是将一台筏子的浮绠除两端的外，下面都绑上石块，石块分为大沉石和小沉石两种，互相交叉开。大沉石重约 10 kg，拴一根长度比低潮时水深短 20 cm 的系绳，沉放于海底，以固定筏身于冰下，不让浮漂与冰层接触；小沉石重 5 kg 左右，拴一短系绳悬挂在浮绠下边，在满潮时能使筏架略有上升，以利于更充分地利用光线，促进藻体生长。筏子下沉过早会影响海带的生长，过晚则易受冰害。一般当海水温度下降到 2℃左右时，有寒潮侵袭的前一天将筏子迅速沉下去。越冰后的起水时间也必须掌握好，过早海带会受流冰的危害，过晚影响海带生长。一般在岸边冰块基本流走，水温回升到 0℃以上时“起水”。所谓“起水”就是将大、小沉石都撤掉，让筏身浮到水表面上来。

“铁杆活浮防冰法”适用于外区的筏架。这种方法既可使海带下沉到不受流冰危害的水层，又可把它控制在适宜生长的水层中。

六、缠绕防范

缠绕是海带养殖中很突出的问题，往往一场风过后，大批海带缠绕在筏子上，很多海带破碎、折断。

1. 筏架浮力与海带缠绕的关系

筏架浮漂多，则海带缠绕得重；筏架浮漂少，则海带缠绕轻。这是因为浮漂多，筏架浮力大，在风浪中筏架随风浪上下起伏，筏架上吊绳、苗绳、海带也随筏身上下起伏，但在一个浪峰过去后，浮绠下降速度较快，苗绳、吊绳和海带下降要晚一点、慢一点，而往往不等吊绳、苗绳、海带降到最低点，浮绠已随第二个波峰向上运动，这样上下几次后，吊绳、苗绳和海带的起伏运动就失去节奏，而产生互相缠绕，并在起伏、缠绕过程中大批海带被风浪撕碎、折断。因此，筏身上的浮漂不能加得太多，一般以浮漂没入水中 2/3 为宜。

2. 养殖区流向与缠绕关系

有一定方向海流的海区，苗绳、海带缠绕得轻；相反，则缠绕得严重。在乱流海区，无论采用何种养殖方式，苗绳、海带随流东南西北都摆动，有时在两台筏架间摆动，有时在筏身下面摆动，有时与风、海流成相反方向，这是造成海带缠绕的原因。因此，在海区选择上要判断好，做到优先利用有一定流向和流水与主要风浪方向近似垂直的海区；另外，采取的养殖方式要合理，在没有往复流的海区，要选择主流方向的海区，按主流方向设筏架和确定养殖方式。

3. 养殖方式与缠绕的关系

在流向一定，风浪与流向近似垂直方向的海区，采取"一条龙"和顺流架平养的养殖方式，苗绳、海带则有节奏地在两行筏架间摆动，缠绕得轻；若采取横流架平养，经大风浪一冲击，海带就易与筏身缠绕。在海水流向不定，或浪与流水方向一致或相反的海区，前期采取叠挂垂养，中、后期采取平养，则海带缠绕得较轻；若一开始就采取"一条龙"养殖方式，则海带缠绕得严重。

4. 绳距大小与缠绕的关系

绳距（指吊绳之间的距离）大，缠绕得轻；绳距小，则缠绕得重。"一条龙"养殖方式下，绳距大的，吊绳衔接的两根苗绳头之间的夹角大，周围的海带保持一定距离；而绳距小的，两根苗绳之间的夹角小，周围的海带簇集在一起，一有风浪就易自身缠绕。用平养法，绳距小的，最易引起苗绳之间相互缠绕；绳距大的，留出了苗绳、海带随流水和风浪摆动的幅度，因此，缠绕得轻。

5. 坠石大小、拴绑位置与缠绕的关系

风浪太大和流水不正常的海区，坠石大的（750 g 左右），而且拴在苗绳下端的，海带缠绕得轻；坠石小的（250 g 左右）和拴在吊绳与苗绳衔接处的，缠绕得重。前者使整个苗绳连同其上的海带都处于较深的水层，随流水和风浪摆动的幅度较小；后者使吊绳处于垂直状态而控制了摆动幅度，苗绳和其上的海带随流水和风浪漂浮在水面，或是仰角漂浮在较浅的水层，易造成缠绕。

七、养成期间的其他管理工作

1. 补苗

海带分苗后，部分幼苗难免从苗绳上脱落，因此要及时补苗，否则会因苗量不足而影响产量。新补的苗需要经过一定的缓苗时间才能生长，要选择较大的苗补苗。

2. 齐整筏架

分苗结束后，要集中一段时间，进行筏架的齐整工作，将过松、过紧的筏架调到适当的松紧程度；参差不齐的筏架要调整齐。在养成过程中，若发生拔橛、断缏、缠绕、甚至整片养殖筏受到破坏，要及时整理筏架。

3. 添加浮力

养成期间浮漂是根据海带的生长情况，即筏架负荷的增加而逐步添加的，不能一次

加足。因为养殖早期，筏子负荷很轻，若添加过多浮漂，则不利于安全生产。在大风浪后，会使部分浮漂丢失，在风后要及时添加补上，否则由于浮力不足，筏架就会下沉，不利于海带的生长，甚至造成海带发生病害。

4. 洗刷浮泥

海带养殖过程中，海水中的浮泥会沉积在叶片上，尤其是在进入凹凸期后，叶片凹处更易沉积浮泥，进入脆嫩期的叶片梢部衰老部分也会沉积较多浮泥。在“平养”或在浑水区养殖时，海带表面沉积的浮泥更多，这不但影响其光合作用，而且影响其呼吸过程。要及时清洗污泥，减少病烂发生。浮泥沉积也会使筏架下沉，使海带受光更加不足。

5. 海况、海带生长的观察

要掌握养殖海区的海况和海带生长情况，有计划地进行养殖生产管理和养殖措施的调整，为采取养殖措施提供参考。

八、海带的套养

海带和其他大型海藻（如裙带菜）、贝类（如贻贝、鲍等）实行套养是我国养殖工作者创造的生态模式养殖法。王春忠和苏永全（2007）利用海带吸收鲍代谢作用产生的NH_4^--N和CO_2，并且海带提供鲍生长所需的饵料及溶氧进行了研究，结果表明，混养中鲍的生长率和成活率与单养的基本相似，海带也保持了原来的产量，但每万粒鲍的养殖成本节省了近万元。同时，在同样的放养规格下，7个月后，鲍平均壳长达到了56.5 mm，比在大连培育一年的平均壳长（45.00 mm）提高25.6%。

1. 海带与裙带菜套养

裙带菜的生长周期比海带短，裙带菜从分苗到收割仅3个多月的时间。同时，裙带菜在强光下生长快，可在浅水层养殖。到3月下旬裙带菜就收割完毕，此时再把海带养殖水层提升，不会影响海带的生长。套养提高了海带和裙带菜的综合产出，增加了养殖效益。

海带与裙带菜套养的形式有3种：隔行间养、裙带菜间养海带和海带间养裙带菜。隔行间养是在养殖海带的筏架中间，增设一台临时筏架来养殖裙带菜。裙带菜分苗可与海带分苗同时进行，也可一前一后，一般是裙带苗先分苗。养殖初期互不影响，待到次年3月底前裙带菜即可收割完毕，则将养殖裙带菜的临时筏架撤除，此时海带也进入第二个快速生长期，不影响海带的生长，这时裙带菜养殖结束，给海带生长提供了充足的空间。

裙带菜间养海带是以裙带菜养殖为主，海带养殖为辅。分苗后，裙带菜平养，海带则垂养。裙带菜的分苗期比海带一般提早15天左右，养殖开始就进行间养。这种间养，裙带菜平养受光好，生长快，叶大。当裙带菜长大后，把行间的进光面挡住了许多，因此，海带的生长就受到影响。间养1个月后，海带的宽度和重量比单养的海带要小些，但长度无明显区别。1个半月后，宽度和重量的差距更加明显，且长度也出现了明显差异，其随着养殖密度的增大而增大。海带生长受到裙带菜的影响，以重量最为明显。但当裙带菜收割后，只剩下海带，这时其得到充足光照，生长迅速恢复，最终仍能长成商品标准的海带。

海带间养裙带菜是以海带养殖为主，裙带菜养殖为辅，该方式是将裙带菜作为饲料（如喂鲍）或蔬菜供给初春市场为目的。一般是海带平养，裙带菜垂养。海带对光的需求受裙带菜影响不大。海带在低温生长期之前，个体比较小，对筏间进入的光遮挡不大，两种海藻在低温生长期前都可生长。进入低温期后，虽然海带个体较大，对裙带菜的遮光日趋严重，但此时裙带菜已开始收获。

2. 海带与贝类套养

我国沿海各地都有实行海带与贝类套养的生产者，套养的贝类有贻贝、扇贝、牡蛎、鲍等，均取得了较好的效果。据威海市渔业部门的报告，在 20 世纪 70 年代，在威海湾推广海带与贻贝的间养，不仅贻贝亩产达到了 3500 kg，而且海带亩产也高达 2000 kg。海带与贝类的套养方法，有区间套养和绳间套养等多种方式，这些方式均能达到增产效果。在养殖密集海区，以小区为单位实行混养，如果海带与贻贝套养，则是一个养殖小区养海带，相邻小区则养贻贝，这种方式的最大好处是操作方便。绳间养则是在一行筏架上，海带与贝类间挂，海带平养，贝类垂挂，这样能充分利用海区和筏架，既可达到增产效果，又可降低成本。

第十六章　海 带 收 割

20 世纪，养殖收割的海带均用于初加工，晒成干制品，一部分淡干菜作为食品供应市场，另外一部分则用于碘、褐藻胶、甘露醇的制备。因此，在海带厚成后才收割加工，一般在 6 月初开始，一直要收获到 7 月底，甚至到 8 月中旬。近年来，随着市场需求的增大，海带漂烫菜加工技术的不断提高，养殖的海带从 4 月下旬就开始收获，此时海带正处于脆嫩期后期，收割后的海带经漂烫、盐渍后加工成初级盐渍海带，贮存在冷库中，再根据市场的需要从冷库中取出，制成各种即食海带。仅有少量养殖后期的海带，收割后晒干，作为化工用原料。

第一节　收　割　期

用于加工成干制品的海带，如果收割过早，由于叶片薄嫩，含水量多，则制干率低（即干鲜比大），产品质量差，且产量小。如果收割过晚，一方面，往往造成海带在海水中大量腐烂，甚至在海带叶片上附着一些动植物，因此会大大降低产品质量，增加加工过程中的人力消耗；另一方面，到了后期，筏架的负荷越来越大，而此时又开始进入东南季风季节，如果拖到台风和多雨季节，受阴冷天气的影响，则海带不能按时收割晒干从而有遭受风灾的危险。因此，收割的时期必须掌握在海带达到一定程度的厚成时，在多雨的天气到来之前，用突击方法将海带抢收上来（图 2-16-1，图 2-16-2）。

图 2-16-1　福建莆田海带收获

适宜的收割时期原则上应该是根据海带的成熟度（厚成度）而确定。海带长度生长停止，甚至下降的时间，不一定是鲜重停止增长和下降的时间。鲜重的停止增长和下降

图 2-16-2　福建莆田海带收割与晒出

都晚于长度生长停止增加和下降的时间。干重的停止增长和下降都晚于鲜重停止增长和下降的时间。图 2-16-3 为福建莆田晒干海带现场。

图 2-16-3　福建莆田晒干海带

海带养殖的最终产量、质量和产值，主要决定于干重的增长情况（表 2-16-1）。从表中可以看出，个体最长是在 5 月 10 日左右，而此时，不管鲜重还是干重均未到达最大值，鲜重的最大值是 5 月 26 日，比长度高峰出现时间晚了近半个月，而此时干重高峰仍未出现，干重最大值是在 6 月 11 日(以干品重作标准)，这时鲜重和长度均因藻体梢部的脱落而下降。从产品产值来说，鲜重高峰时，一级品率只有 21.5%，而三级品率高达 45.3%。随着海带干重的增长，一级品率不断提高，三级品率和等外品率逐渐下降，养殖效益会增加。

表 2-16-1　同一海区养殖的海带鲜重、干重的增长和产量、产值的关系

收割时间	水温/℃	每绳鲜重/kg	个体平均长度/cm	鲜干比	每绳干重/kg	干品等级率/%				每绳产值/元
						一级	二级	三级	等外	
4 月 25 日	8.1	21.75	326	10∶1	2.18	7.7	33.3	27.3	31.7	2.02
5 月 10 日	10.3	24.38	337	8.97∶1	2.72	17.1	35.4	37.4	10.1	2.97
5 月 26 日	13.2	24.63	311	7.90∶1	3.12	21.5	31.6	45.3	1.6	3.77
6 月 11 日	15.2	22.00	288	6.61∶1	3.33	49.4	16.0	30.3	4.3	4.12
6 月 29 日	17.8	17.63	233	5.68∶1	3.11	81.0	19.0	—	—	4.45
7 月 14 日	21.0	14.50	154	5.03∶1	2.89	80.3	19.7	—	—	3.99

注：“—”表示无该数据

海带的厚成与养殖海区的温度、分苗的早晚等有关。我国北方，在 5 月上旬到 6 月底，水温均在 10～18℃，此时海带干重增长最快。我国南方，海带的干物质积累的适温比北方高些，为 13～20℃，甚至在 20～22℃时，干物质仍可继续积累。在相同养殖条件下，不同水层的海带，由于受光条件不同，在相同的时间内，厚成的情况就不一样（表 2-16-2）。

表 2-16-2　5 月 10 日至 6 月 13 日不同水层海带鲜干比及棵重量比较

水层/cm	鲜干比	棵重/kg
20	6.50∶1	509 棵平均：0.097
40	6.55∶1	470 棵平均：0.085
60	6.76∶1	478 棵平均：0.082
80	6.74∶1	483 棵平均：0.071

海带收割要考虑自然条件。在内湾或近岸肥区养殖的海带，可以适当早收。水清流畅海区的海带，一般长得健壮，抗病性强；收割期间受季风及洪水危害小的海区，海带收割可适当晚些。此外，当地气候变化的一般规律，如何避开雷雨、台风的威胁等，也应考虑。

第二节　收 割 方 法

海带收割是一项繁重的体力劳动。近年来，虽然各养殖单位采用机械收割和运输，但仍需要大量劳动力，现在劳动力价格的不断上涨，加剧了海带养殖的成本。海带收割方法有整收和间收两种。整收就是将海带养殖的苗绳整绳收上来（图 2-16-4）；间收就是将同一苗绳上的海带提出水面后，将厚成好的个体割下来，将厚成差的个体留下继续生长。或进行整绳间收，即将厚成较好的整绳收上来，留下厚成差的整绳海带继续养殖直到厚成好后再收割。

图 2-16-4　山东荣成海带收获

间收虽然费工，但有许多好处：①提高产量，由于多次间棵收割，海带逐渐稀疏，因此改善了光照、流水和营养条件，加速了海带厚成，提高了海带产量；②提高产品质量，由于间收的海带厚成好，中带部大，色泽浓，因此产品质量好，商品等级高；③减轻劳动强度、节省劳动力，由集中收割变为分散收割，可减轻劳动强度，间收也洗刷了浮泥，便于加工；④有利于安全生产，间收减轻了筏架的负荷，增加了抗风力，有利于筏架的安全。

第十七章 海带的病害

优质、高产、抗逆海带的筛选与养殖应用，是确保海带产量增加，产值提高的重要举措。以往海带遗传选育主要侧重高产、优质，近年来，随着海带养殖规模的迅速扩大，集约化程度不断提高，需要加强抗逆、抗病海带的选育，同时，加强海带抗病机制的研究。

在海带育苗及养殖过程中病害的发生日趋严重，有时可导致海带产量减少 25%～30%（Gachon et al.，2010）。海带病害暴发的特点是：①发病面积大，传播速度快，100 hm^2 的养殖海域内，2～3 周内海带就可病烂殆尽。②许多致病菌均为条件致病菌，难以确定病原菌及致病因子。③海带病害的控制难度大，复杂性、多变性及危害的严重性成为制约海带产业健康发展的瓶颈。如何对海带苗期及养成期病害进行有效防治，需要进行病原致病机制的研究，提高海带的抗病力；同时加强海带抗病品种培育和养殖生态环境调控。

第一节 海带人工育苗与养殖期常见的病害

海带育苗和养殖期的病害（表 2-17-1～表 2-17-3，图 2-17-1），主要根据病原的不同，分为以下两类：①生理性病害，主要由海水环境因子的变化而引起；②病原体引起的病害，主要由微生物病原体引起。

表 2-17-1 海带养殖期病害（参考 Tseng，1994）

疾病类型	疾病症状	病因	防治方法
绿烂病	叶状体顶端变绿变软 逐渐向下蔓延，最终整个植株病变	光照不足	调整养殖棕绳，去梢
白烂病	叶状体从褐色变为浅黄最终变为白色 从上部边缘发展到顶端 整个叶状体腐烂并从棕绳上脱落 4～5 月出现	强光照 水温过高 氮肥不足	降低棕绳位置，减少光照，施加氮肥
泡烂病	叶状体多处出现水泡 水泡破裂导致腐烂	暴雨带来大量淡水	降低养殖棕绳至淡水层以下

表 2-17-2 海带育苗期发生病害类型

疾病类型	疾病症状	病因	防治方法
幼体畸形病	幼孢子体早期阶段受精卵异常分裂 幼孢子体死亡并从附苗棕绳上脱落	硫酸盐还原菌和产生硫化氢的腐生细菌，如 *Micrococcus*	把水循环系统和育苗系统分离开 采游孢子前，对育苗系统进行处理（Wu，1990）
绿烂/脱落病	幼孢子体柄部变绿、变软腐烂 幼孢子体从附苗棕绳上脱落	光照不足 褐藻酸降解菌	增加光照 及时监测细菌总数量 使用抗生素（陈騆等，1979）
叶状体卷曲病	叶片卷曲、柄部粗肿及假根萎缩	支原体类生物，大部分球形、卵形、哑铃形	使用抗生素（Wang and huang，1980），如四环素

表 2-17-3　海带苗期常见病害类型及其防治措施

疾病类型	疾病症状	病因	防治方法
卷曲、点状白烂病	叶片不伸展、变硬，之后逐步轻微卷曲或扭曲，生长受到抑制，藻体生长停止 小苗生长部产生“卡腰”现象，叶片基部延长变粗，茎部细胞排列紧密。小苗将不继续生长或生长很缓慢 海带叶片除卷曲外，也有点状白烂，先是在生长部的叶片表面产生许多针尖大小的小白点，然后逐步扩大，小孔变成空洞，最后是叶片溃烂脱落	光照过强。幼苗产生应激反应，叶片卷曲，不伸展并变硬，叶片细胞死亡，色素分解，出现白色孔洞，严重时整个叶片溃烂	根据天气状况，确定幼苗出库时间。如果有“小阳春”天气，可适当推迟幼苗出库时间，选择在大潮汛期出库 如果暂养海区是在内湾，则可改为外海流畅的海域暂养小苗。 小苗下海后，暂养水层要深些 在平潮水不流动或流速很小时，可用机动船在暂养海区行驶，以起到搅动海水的作用 已挂在内湾暂养的小苗在条件许可情况下，可移到水深流畅的外海暂养
脱苗病	幼苗假根部附着不牢而脱落	暂养海区发生赤潮，水质恶化、幼苗密度过大，导致成片脱落。 快速生长的假根无足够面积附着，相互缠绕生长在一起，遇到较大风浪则会大量脱落 在强光刺激下，假根末端的吸盘往往不向附着基上吸附，而向外生长，使其不牢，遇到风浪则脱落	已购苗帘幼苗密度如果很大，则可在剃苗时，加大剃苗量，及时进行稀疏
虫害		一些以藻类嫩叶为食的小型甲壳类动物，如麦秆虫、钩虾、水蚤等。以水蚤为害最多，可使海带柄部被破坏，幼苗脱落甚至死亡	将海带苗移到水深流畅的外海进行暂养

第二节　海带苗期及养成期病原菌种类

一、褐藻酸降解菌（海带病害条件致病菌）

海带育苗及海上养殖过程中会有多种病原体的侵染，引发海带产生病害。许多学者对海带致病菌与海带间的相互作用进行了大量的研究。普遍认为褐藻酸降解菌是养殖海区海水及健康海带孢子体表面附生细菌区系的优势菌（陈騳等，1979）。褐藻酸降解菌是具有降解褐藻胶功能的细菌的统称（图 2-17-2），而非一分类学术语（陈騳等，1979；相建海，2001）。有人发现褐藻酸降解菌及其粗酶提取液可在 3～5 天内使海带幼孢子体组织块降解（陈騳等，1979，1981；王丽丽等，2003b），这表明褐藻酸降解菌具有降解海带组织的功能，可能是幼孢子体脱苗的致病菌。

侵染试验证明褐藻酸降解菌能引发类似于海带育苗过程中出现的病症（图 2-17-3）。海带人工育苗海水中的褐藻酸降解菌主要来源于病烂的幼孢子体。健康幼孢子体和病烂幼孢子体上的细菌数分别为 7.33×10^4 细菌/g（鲜重）和 1×10^6 细菌/g（鲜重）。林伟等（2004）报道，病烂幼孢子体上的褐藻酸降解菌数（4.88×10^7 cfu/g）是正常藻体的（0.8～4.3）$\times10^5$ cfu/g 的 100～500 倍，占异养细菌总数的 61.98%。自 1979 年以来，从病烂海

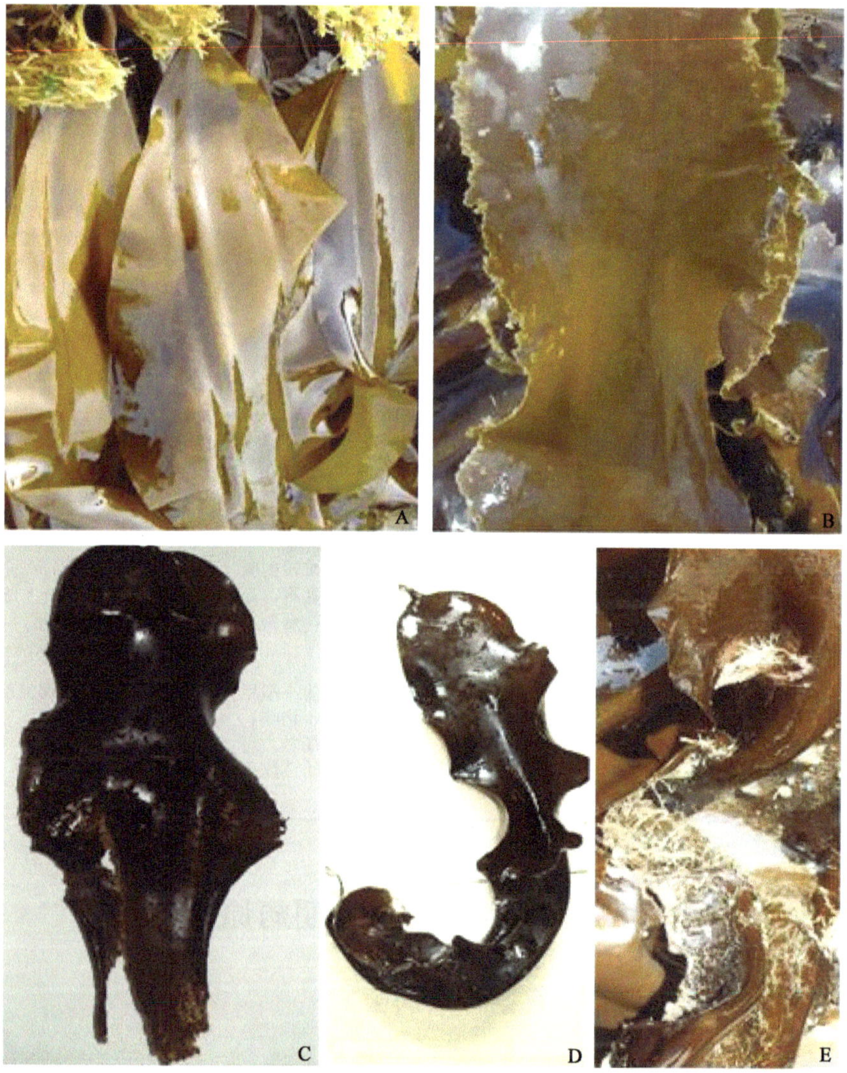

图 2-17-1 常见海带养成期病害观察

A. 健康海带；B. 未鉴定的微生物疾病；C.“糊边”病的病原菌引起的病害；D. 生理性病害的孢子体；
E. 生理性病害的孢子体表面附生物增加

带孢子体中分离出的褐藻酸降解菌，通过复染健康的海带孢子体组织块，使海带获得了与育苗或养殖病害相似的病害症状（刘成圣等，2002a；王艳玲等，2003）。褐藻酸降解菌主要有交替假单胞菌属、弧菌属、盐单胞菌属（Wang et al.，2008）、假单胞菌属（陈騳等，1984；刘成圣等，2002a）及微球菌属（Wu，1990），但自然海水中分离出的菌株有较大区别（陈騳等，1984，1986）。正常情况下，褐藻酸降解菌是海带藻体上的互生菌，但随着养殖环境的变化，可成为有害菌，如温度升高、光强变化等（相建海，2001）。另外，高密度育苗也会引发褐藻酸降解菌的大量繁殖，从而增加海带病害发生的概率（丁美丽等，1990；Krkošek，2010）。

从表 2-17-4 可以看出，所采集的各海带幼苗（处于不同生理状态）藻体表面均有褐

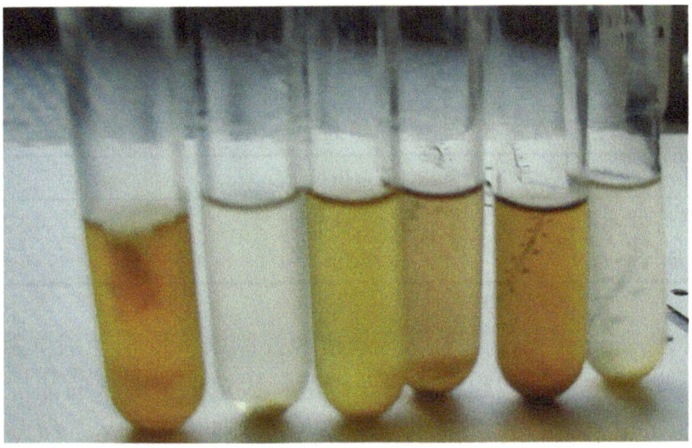

图 2-17-2　褐藻酸降解菌降解褐藻酸钠溶液

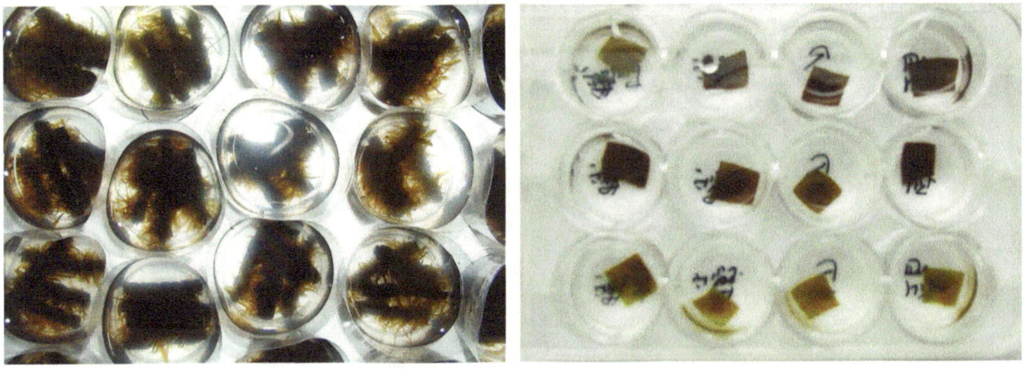

图 2-17-3　褐藻酸降解菌侵染海带组织块和小苗观察

藻酸降解菌存在，表明其是海带藻体表面的正常栖居菌群。威海崮山海带育苗场和威海泊于海带育苗场海带幼苗上的总异养细菌数量基本一致，但后者褐藻酸降解菌的数量是前者的 5 倍左右。荣成鸿洋神集团海带育苗场海带烂苗上的总异养细菌数量比威海崮山海带育苗场和威海泊于海带育苗场海带幼苗上的总异养细菌数量高 100 多倍，而其褐藻酸降解菌的数量比前两者高 100～500 倍。

表 2-17-4　不同生长状态下的海带幼苗表面细菌数量及分布特点（林伟等，2004）

地点	藻体生长状况	水温/℃	2216E 平板计数细菌数量/（cfu/g）	褐藻酸钠平板计数细菌数量/（cfu/g）
威海崮山	良好	7	1.15×10^6	8.00×10^4
威海泊于	较好	6.5	1.11×10^6	4.30×10^5
荣成鸿洋神	未烂苗	5	4.28×10^6	1.54×10^6
荣成鸿洋神	烂苗	5	1.22×10^8	4.88×10^7

从表 2-17-5 可以看出，同正常生长海带幼苗相比，脱落幼苗总异养细菌数量及褐藻酸降解菌数量均较高，特别是褐藻酸降解菌的数量更高。在脱落海带幼苗上，褐藻酸降解菌数量约占总异养细菌数量的 61.98 %。间接表明脱落苗的体可能是影响海带育苗系统内褐藻酸降解菌数量变化的重要因素，因此，在海带育苗过程中，应将脱落的苗体及时

清除，防止其混入育苗循环水中，否则会使育苗海水中褐藻酸降解菌数量大幅上升，使海带幼苗发生病烂。

表 2-17-5 海带正常生长及脱落幼苗表面细菌数量差异（林伟等，2004）

菌别	正常生长幼苗	脱落幼苗
总异养细菌数量/（cfu/g）	1.11×10^{6}	2.42×10^{7}
褐藻酸降解菌数量/（cfu/g）	4.30×10^{5}	1.50×10^{7}

在海带育苗及养殖过程中，应采取有效措施控制或降低褐藻酸降解菌的总菌数。在夏苗培育过程中，如发生烂苗和脱苗，应及时进行大量低温海水的冲洗（图 2-17-4）。另外，要保持合理的附苗密度。将幼孢子体培养条件维持在温度 6～8℃，完全过滤海水，及时移除脱落和病烂的孢子体。一周更换两次养殖海水。最后，添加红霉素至 5.0 U/ml 有助于抑制育苗水中细菌繁殖（陈騳等，1984）。

图 2-17-4 清洗苗帘预防病害的发生

二、病原菌侵染力

作者运用 3-(4,5-dimethylthiazol-2-ol)2,5-diphenyl tetrazolium bromide（MTT）方法，检测了海带正常组织及褐藻酸降解菌复染后海带细胞活力的变化。证明复染 0～6 h，海带组织细胞活力无明显变化，6h 以后，呈逐渐上升的趋势，16～20 h 达到最大，随后逐渐下降，这说明，海带组织一般在 20 h 内对条件致病菌有一定的抵抗能力，超过 20 h，抵抗能力逐渐下降。这也间接说明在侵染海带 20 h 以后，病原菌显示出较强的侵染力。

第三节 海带育苗水环境微生物检测

一、总细菌数的变化

海带育苗养殖水中的总细菌数为 10^{5}～10^{7} 个/ml，随着育苗时间的延长，总细菌数基本呈上升趋势。从海带育苗开始至第 9 天增长较快，总细菌数增长了 38.24 倍；第 9～12 天总细菌数较第 9 天只增长了 1.12 倍。海带表面的总细菌数为 10^5～10^6 个/cm^2，从育苗开始至第 6 天增长了 51.03 倍；第 6～12 天总细菌数较第 6 天只增长了 1.40 倍。说明海带病烂过程中总细菌数明显增长，无论是养殖水体还是海带藻体表面，总细菌数都出现了一个相对增长较快的时期。

二、总活菌数的变化

海带育苗养殖水体中的总活菌数为 10^5～10^6 个/ml，随着育苗时间的延长，总活细菌数呈上升趋势。从养殖开始至养殖的第 3 天总活菌数增长明显，增长了 10.37 倍；第 9～12 天较第 3 天仅增长了 2.15 倍。海带表面总活菌数的变化也表现出相似的趋势，总活菌数为 10^4～10^6 个/cm^2，养殖开始至第 3 天增长了 49.79 倍；第 3～12 天较第 3 天增长了 2.14 倍，养殖水体与海带表面的总活菌数的变化呈显著的相关性（R_1=0.932，P_1<0.05）。

三、异养菌数的变化

从图2-17-5可以看出，养殖水体和海带表面的异养菌数分别为10^4～10^5 cfu/ml 和10^3～10^6 cfu/cm^2，增长趋势相似，从养殖开始至养殖的第3天增长较快，分别增长了9.33倍和22.89倍；第12天较第9天分别增长6.27倍和23.60倍。养殖水体与海带表面的异养菌数量呈正相关（R_2=0.994，P_2<0.01）。

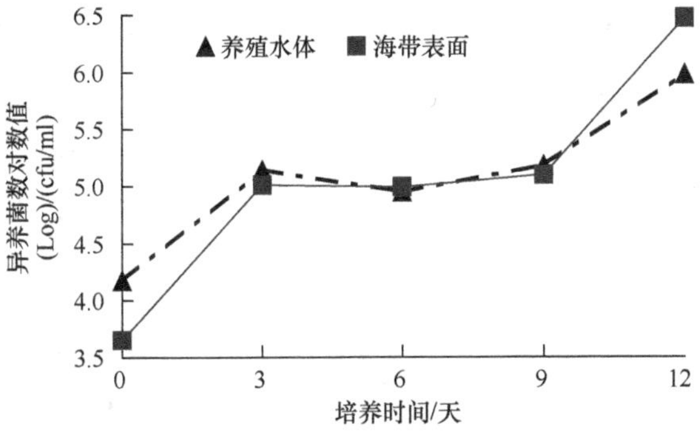

图 2-17-5　养殖中异养菌数的变化

第四节　海带防御反应特征

一、病烂海带与正常海带组织学观察

如图 2-17-6 所示，对照组海带切片中未见细菌，细胞形态正常，原生质和色素体都很丰富，细胞排列整齐而紧密。由外到内明显分 4 部分：表皮、外皮层、内皮层、髓部。如图 2-17-6 B、C 所示，病烂海带中，褐藻酸降解菌已侵入海带的内皮层细胞，并在其内繁殖，造成了个别细胞破裂，形成空腔，最终导致内皮层细胞完全破碎，而病烂海带表皮细胞基本完好，相对海带的其他组织而言，内皮层最容易被破坏，外皮层、髓部次之（杨震等，2000，2001）。

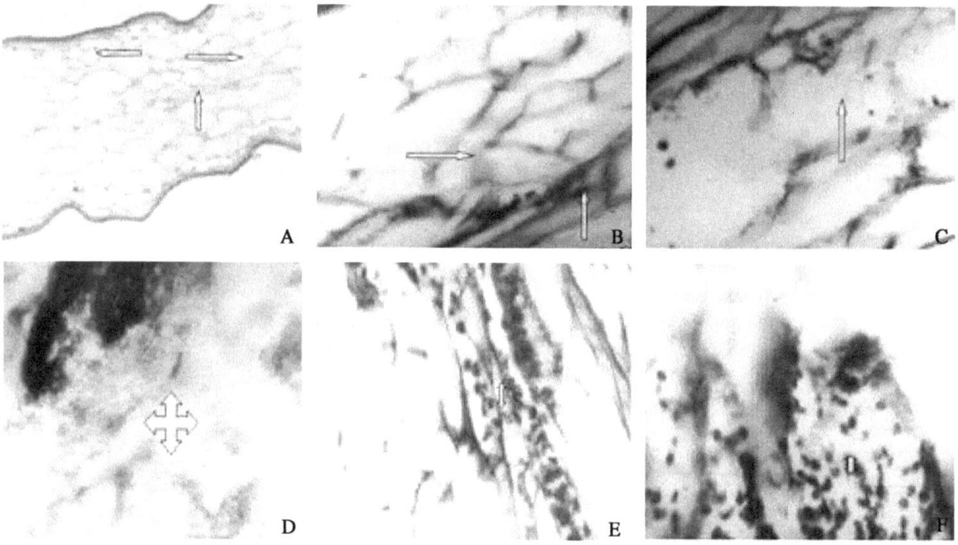

图 2-17-6　褐藻酸降解菌诱发海带病变组织学观察

A. 对照组海带切片；B. 细菌侵染内皮层的初期；C. 细菌感染引起内皮层细胞破坏；D. 内皮层完全细胞破裂细菌散落各处；E. 褐藻酸降解菌侵染 3 天的海带；F. 褐藻酸降解菌侵染 7 天的海带

内皮层 ⟹ ；外皮层 ⟸ ；髓部 ⇓；褐藻酸降解菌 ✥；贮藏颗粒 ⇕

二、褐藻酸降解菌侵染海带孢子体组织细胞的亚显微结构变化

与对照相比（图 2-17-7 A，B），海带孢子体组织细胞被褐藻酸降解菌侵染 5 min 后，其色素体发生浓缩现象，细胞核内染色质染色加深，且有片断化现象，分散在细胞核内（图 2-17-8 A），但色素体与细胞核保持完整的形态，线粒体在形态上无明显变化（图 2-17-8 B）。

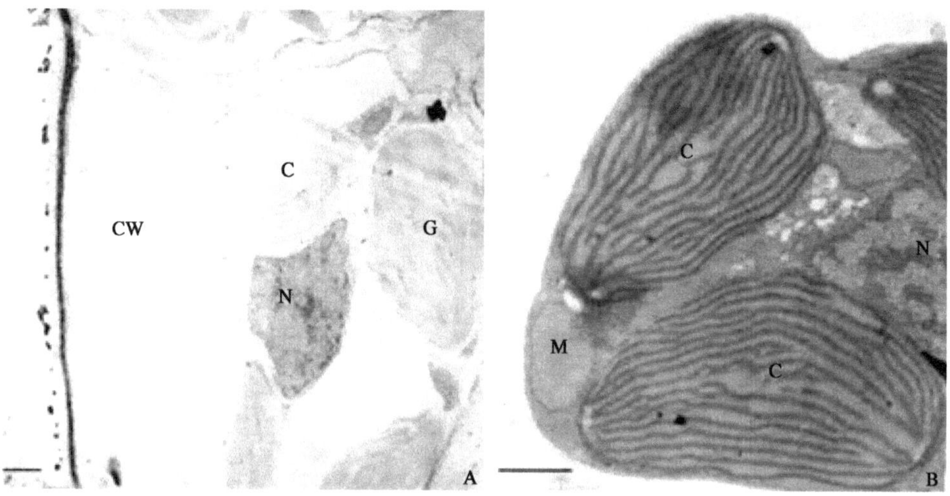

图 2-17-7　正常海带孢子体组织细胞的亚显微结构

CW. 细胞壁；C. 为色素体；N. 为细胞核；M. 为线粒体。比例尺：0.1 μm

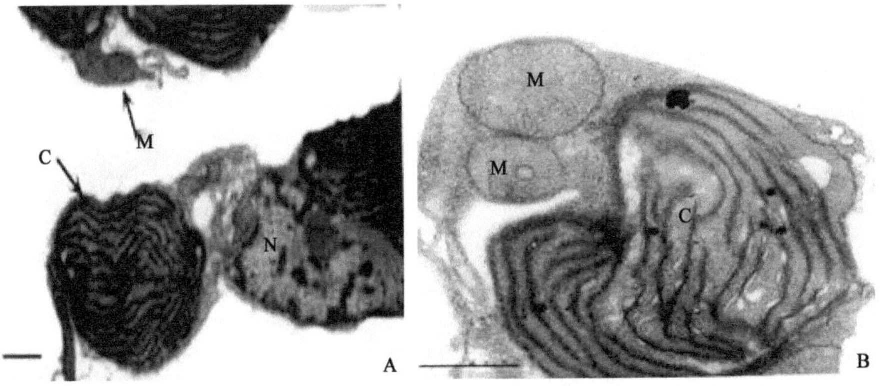

图 2-17-8　受褐藻酸降解菌侵染 5 min 后，海带孢子体组织细胞的亚显微结构变化

A. 色素体发生浓缩现象，细胞核内染色质染色加深，有片断化现象；B. 线粒体在形态上无明显的变化。C. 色素体；M. 线粒体。比例尺 0.1 μm

侵染 10 min 后，色素体浓缩现象消失，虽然色素体片层结构异常、变形（图 2-17-9A）但其结构保持完整，细胞核的形态与侵染后 5 min 相似；线粒体结构没有变化（图 2-17-9B），细胞质开始有空泡化现象（图 2-17-9B，箭头所示）。

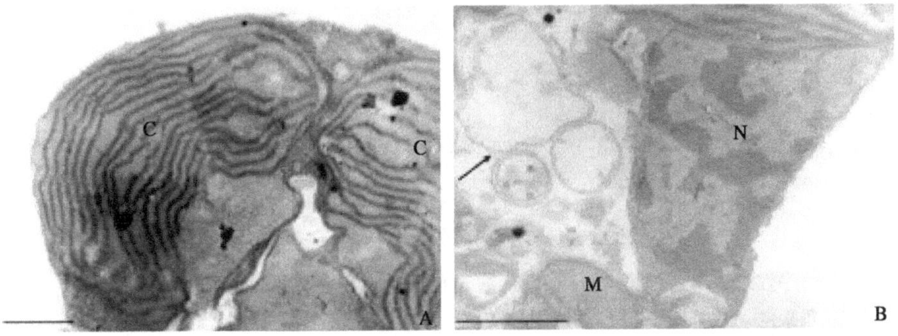

图 2-17-9　受侵染 10 min 后海带孢子体组织细胞的亚显微结构变化

C. 色素体；N. 细胞核；M. 线粒体。A. 色素体浓缩现象消失，色素体片层结构异常、变形，细胞核的形态与侵染后 5 min 相似；B. 线粒体结构没有变化，细胞质有空泡化现象（箭头所示）。比例尺 0.1 μm

侵染 30 min 后，色素体外膜开始溶解（图 2-17-10A），细胞核的形态变化与侵染 20 min 时相似，线粒体的片层结构开始溶解，但其外膜保持完整的结构（图 2-17-10B）。

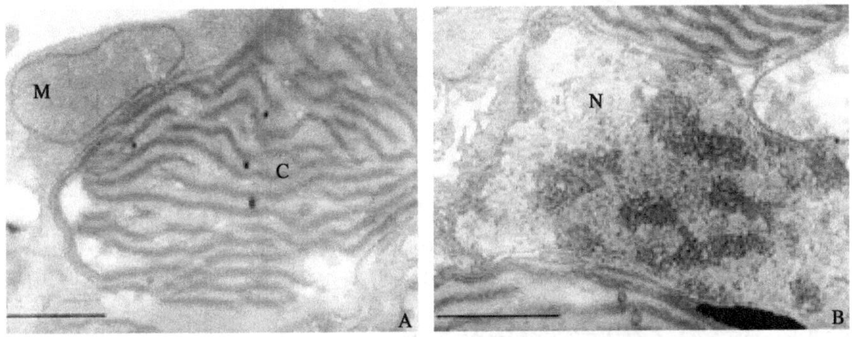

图 2-17-10　侵染 30 min 后，海带孢子体组织细胞的亚显微结构变化

C. 色素体；N. 细胞核；M. 线粒体。A. 色素体外膜开始溶解；B. 细胞核的形态变化与侵染 20 min 时相似；线粒体的片层结构开始溶解，但外膜保持完整的结构。比例尺 0.1 μm

侵染 45 min 后，色素体的外膜、细胞核的核膜及线粒体的外膜均开始溶解（图 2-17-11 A，B），有空泡化现象（图 2-17-11C）。细胞壁在侵染过程中一直是完整的（图 2-17-12 A～C）。

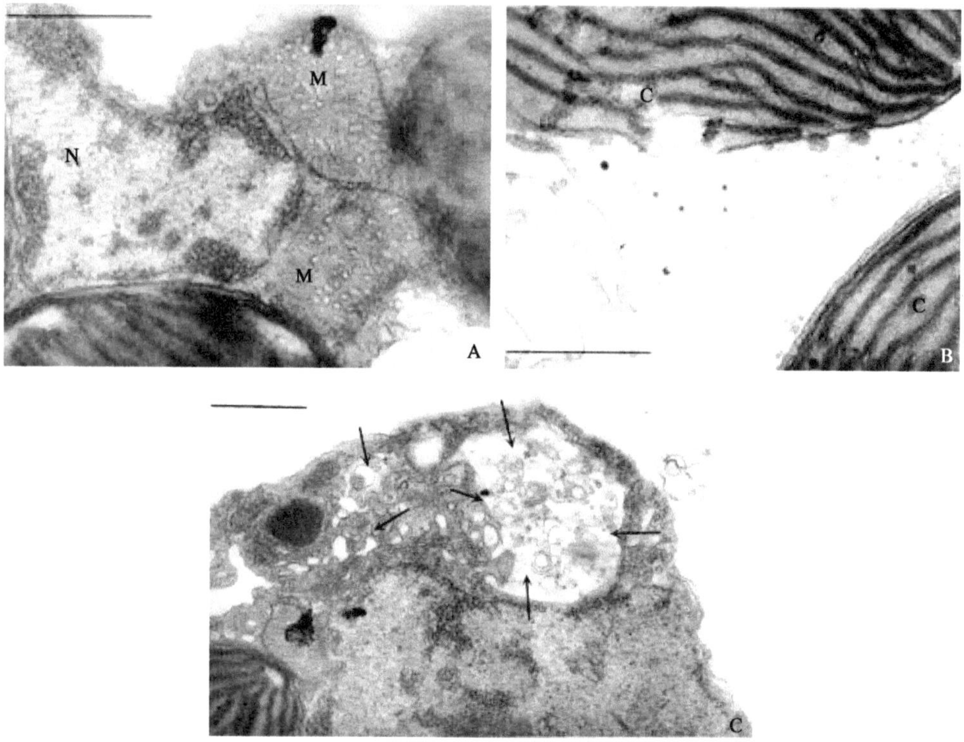

图 2-17-11 侵染 45 min 后，海带孢子体组织细胞的亚显微结构变化
C. 色素体；N. 细胞核；M. 线粒体。A. 线粒体外膜及核膜溶解；B. 色素体的外膜溶解；C. 空泡化现象。比例尺 0.1 μm

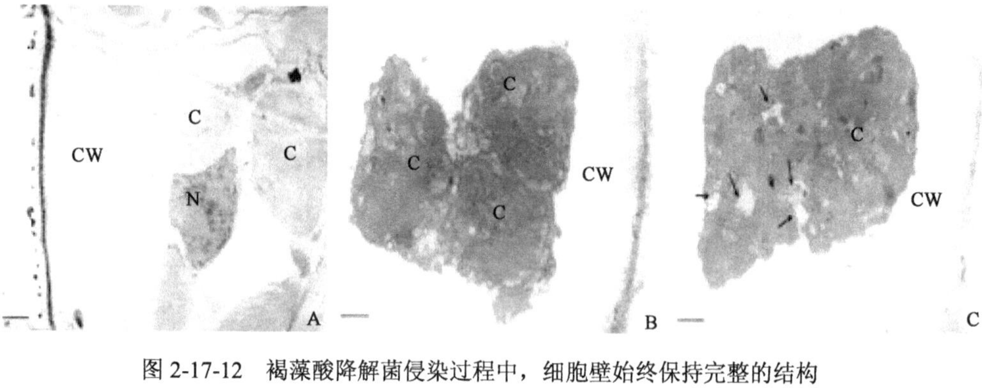

图 2-17-12 褐藻酸降解菌侵染过程中，细胞壁始终保持完整的结构
CW. 细胞壁；C. 色素体；N. 细胞核；M. 线粒体。A. 对照组，色素体外膜开始溶解；B. 侵染 30 min，细胞核的形态变化与侵染 20 min 时相似；C. 侵染 45 min，线粒体的片层结构开始溶解，但外膜保持完整的结构。比例尺 0.08 μm

三、侵染后海带孢子体防御物质的产生

侵染部位组织细胞的扫描电镜结果表明，与对照相比（图 2-17-13A），褐藻酸降解菌

侵染海带后 0.5～1 h 内，侵染部位的组织表面有分泌物质产生（图 2-17-13B，C），但当侵染时间超过 1 h 后，覆盖在侵染部位组织表面的这种分泌物质消失。推断当褐藻酸降解菌侵染海带初期，侵染部位的细胞分泌一些物质以抵御病原菌的入侵，随着侵染时间的延长，此时被侵染的细胞已失去了防御能力，细胞解体、死亡，分泌物质也随之消失（图 2-17-13D）。

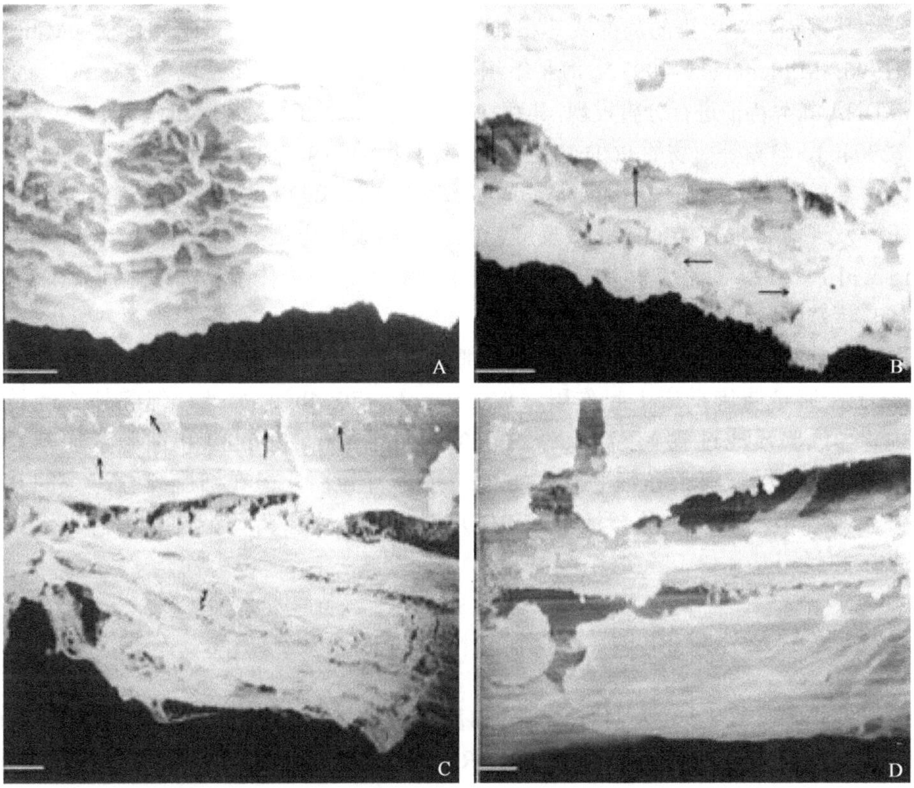

图 2-17-13　正常与受侵染的海带孢子体组织扫描电镜观察

A. 灭菌海水处理的对照实验；B～D. 侵染后 0.5 h、1.0 h、1.5 h 的扫描电镜照片；比例尺 A、B 为 1.0 μm，C 为 2.0 μm，D 为 2.0 μm

四、致病菌识别因子和识别模式

唐学玺等（2001a）报道了海带受 5 种褐藻酸降解菌侵染所产生的活性氧（reactive oxygen species，ROS）响应模式。在侵染早期，不同海带品系均有 ROS 产生，随着光合作用减弱而减少。ROS 被认为与海带抗菌性相关，有人发现海带组织抗氧化活性和抗感染能力与 ROS 的产生呈正相关（黄健等，2002b；张培玉等，2004）。这表明海带对病原体的侵染有生化识别系统，可识别相关的致病菌。近期发现 flg22 可诱导海带孢子体和雌配子体产生 ROS，因此推测海带可能存在识别病原菌的相关分子模式（pathogen-associated model patterns, PAMP）（Wang et al.，2012；王莎莎等，2012）。

有人对掌状海带（Kupper et al.，2006）、皱波角叉菜（Bouarab，2000）及密生江篱（Weinberger et al.，2005a，2005b）进行了研究，发现其细胞膜结合的 NADPH 氧化

酶参与了 ROS 的产生，但细菌及 flg22 诱导的海带组织产生的 ROS 来源问题，还有待进一步证实。

五、超敏反应

超敏反应/程序性细胞死亡（programmed cell death，PCD）是高等植物的一种主动防御反应，其以牺牲受感染的局部或其相邻的细胞来限制病原菌的繁殖和传播（Mittler and Lam，1996；Mittler et al.，1997）。海带组织受病原菌侵染后，初步发现可能有 PCD 的发生。对海带 DNA 降解特征进行分析发现，其存在 97～48.5 kb 的 DNA 片段和 3'-OH 断裂端（Wang et al.，2004b），与高等植物的 PCD 特征不同，无典型的 DNA 梯状条带（200 /180 bp）现象。另外，用麦氏交替单胞菌（*Alteromonas macleodii*）或 flg22 因子侵染海带配子体或孢子体组织，发现海带也有类似的超敏反应特征，主要表现为色素体浓缩和线粒体相对稳定（Wang et al.，2012；王莎莎等，2012）；flg22 诱导海带配子体未见其细胞质发生空泡化，可能与其特殊生活世代有关。

由图 2-17-14 可知，受侵染的海带细胞内具有 caspase-3 活性，可以初步判断 caspase-3 在海带防御反应中起作用（Wang et al.，2004b）。另外，细胞外 Ca^{2+}转移到细胞内，导致胞质池过载（王高歌等，2003；Wang et al.，2004b）和细胞壁加厚（Wang et al.，2005）。尽管海带在细胞死亡方面表现出特异性，但在细胞死亡进程的某些方面类似于高等植物中发生的超敏反应 PCD，这表明在病原菌侵染过程中海带组织内可能发生了超敏反应。

六、抗氧化酶及化合物

除爆发式呼吸氧之外，人们对海带防御反应过程中抗氧化酶活性和抗氧化化合物（如酚类）也进行了研究。一般来说，过量的 ROS 导致脂质氧化、蛋白质变性和核酸分解，这些现象威胁植物的生存（van Breusegem and Dat，2006）。抗氧化酶如过氧化氢酶（catalase，CAT）、超氧化物歧化酶（superoxide dismutase，SOD）和谷胱甘肽过氧化物酶（glutathione peroxidase，GSH-PX）活性可阻止 ROS 造成的损害（Menéndez-Benavente et al.，2004；Cosse et al.，2007）。细菌或者 flg22 诱导的海带免疫防御反应中 CAT 和 SOD 是最先被激活的抗氧化酶（唐学玺等，2001b；黄健等，2002b；Wang et al.，2012）。此外，SOD 和过氧化物酶（peroxidase，POD）活性与海带抗感染程度呈正相关（刘成圣等，2002b；唐学玺等，2002）。

酚类化合物是抗氧化剂，具有自由基清除剂和金属螯合剂功能（Sánchez-Moreno et al.，1999；Sugihara et al.，1999）。在海带被侵染初期，其酚含量增加，这与侵染密切相关（黄健等，2002a，2002b；李春雷等，2003）。flg22诱导海带雌配子体也产生相似结果，CAT、SOD 和 POD 的活性改变，以及酚类合成可能与海带对病原菌侵染的防御密切相关。有人（Cosse et al.，2007；Weinberger，2007）对海带的先天性免疫进行了研究，认为在真核生物进化早期就有防御系统的出现，起信号转导和第二信使功能（Nurnberger and Scheel，2001）。

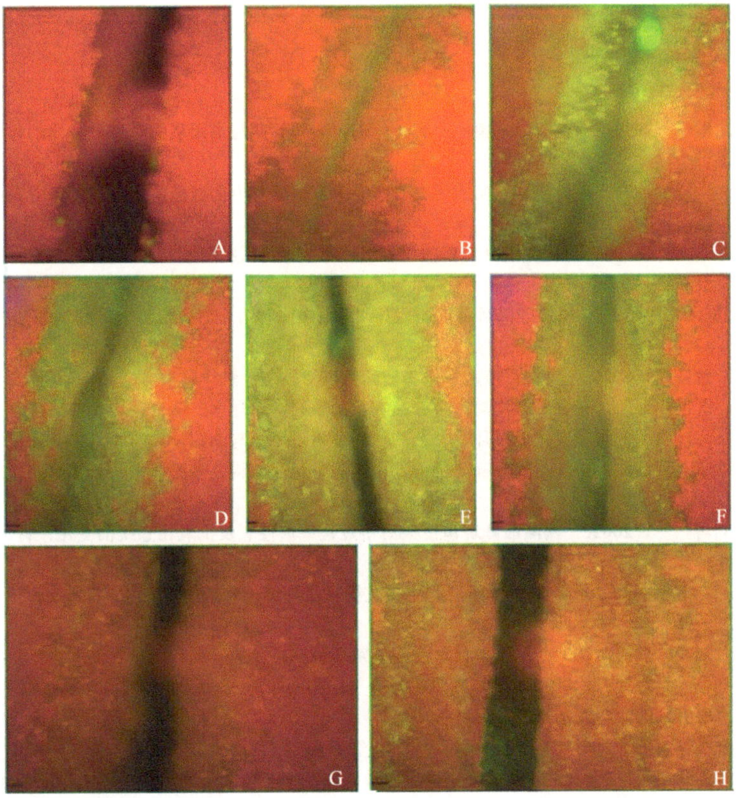

图 2-17-14　海带受病原菌侵染后 caspase-3 活力检测

A. 空白对照组；B～F. 病原菌侵染 5 min、10 min、20 min、30 min、45 min 后，海带组织 caspase-3 活力情况；G～H. 加入半胱氨酸特异性抑制剂 20 min、60 min，caspase-3 活力降低。比例尺：A. 2.5 μm；B～C、G～H. 2.0 μm；D. 1.5 μm；E. 1.0 μm；F. 0.5 μm

第五节　海带苗期及养成期病害预防和措施、对策

近年来，随着海带组学研究的不断深入，特别是对海带病害发生机制的研究不断加强，育苗及养殖生产技术不断完善，人们采取了更有效的措施，来减少和预防海带育苗及养殖过程中病害的发生，减少生产损失，保证海带养殖产量和质量。人们相信，对海带致病菌、致病因子，特别是致病机制的研究将会不断深入，相关研究成果的取得必将为抗病海带新品系的研发提供重要的理论依据。

作者总结了海带育苗及养殖过程主要病害种类、海带自身防御反应机制及应对策略，期望为海带育苗和养殖单位提供对策和参考。未来海带病害研究将聚焦以下几个问题。

①海带细菌性致病菌及致病因子是什么？根据细菌标准命名法确定致病菌，而不是根据是否具有降解褐藻酸的能力来命名。②海带组织先天抗病应激机制中，宿主是如何受病原菌侵染的，其防御机制是什么（包括 PAMP 或者 PIMP 的受体及信号转导途径）？③监测或检测海带育苗及养殖海区环境因子的变化，将对苗期、养成期病害的发生起预防作用。另外，环境因子[水文因素、营养盐（NO_3^-、NO_2^-、NH_4^+）等]的变化与海带病害发生的关联度如何。④研究出快速、有效的海带育苗、养成期病害发生诊断技术，将为防止海带大规模病害的暴发提供对策。

参考文献

陈騳，林光恒，沈世泽．1979．褐藻酸降解菌的研究Ⅰ．褐藻酸降解菌与褐藻酸酶对海带藻体的作用．海洋与湖沼，04：329-333．

陈騳，林光恒，沈世泽．1981．褐藻酸降解菌的研究Ⅱ．海带夏苗培育中褐藻酸降解菌与烂苗的关系．海洋与湖沼，02：133-137．

陈騳，刘秀云，刘秀珍，等．1984．褐藻酸降解菌的研究Ⅲ．海带育苗系统中脱苗和烂苗原因分析及其预防措施．海洋与湖沼，06：581-589．

陈騳，刘秀云，刘秀珍，等．1986．褐藻酸降解菌的研究Ⅳ．褐藻酸降解菌在海带栽培区中的生态分布及其重要性．海洋与湖沼，02：137-143．

丁美丽，蒋本禹，费修绠．1990a．海带育苗水系微生物的监测与控制．海洋科学，1：29-34．

方建光，孙慧玲，匡世焕，等．1996．桑沟湾海带养殖容量的研究．海洋水产研究，17（2）：7-17．

管秉贤．1963．黄海冷水团的水温变化以及环流特征的初步分析．海洋与湖沼，5（4）：255-284．

黄键，唐学玺，刘涛，等．2002a．褐藻酸降解菌侵染过程中海带超微结构及多酚和多酚氧化酶的变化．高技术通讯，9：74-77．

黄键，唐学玺，刘涛，等．2002c．褐藻酸降解菌侵染海带过程中活性氧及抗氧化系统的变化．青岛海洋大学学报，32（4）：574-578．

李春雷，唐学玺，张培玉，等．2003．海带多酚的产生与抗褐藻酸降解菌感染的相关性．青岛海洋大学学报，33（6）：925-929．

李大鹏，吴超元，刘晚昌，等．2003．海带单倍体无性繁殖系育苗技术的研究．海洋学报，25（5）：141-146．

林伟，张伟伟，严小军，等．2004．褐藻酸降解菌在海带（*Laminaria japonica*）幼苗藻体表面数量分布特点及其对海带回染的初步研究．海洋与湖沼，06：562-567．

林伟，张伟伟，严小军，等．2004．褐藻酸降解菌在海带幼苗藻体表面数量分布特点．海洋与湖沼，43（12）：13．

刘成圣，王丽丽，王蒙，等．2002a．褐藻酸降解菌对海带感染能力差异性分析．海洋科学，06：44-47．

刘成圣，杨震，唐学玺．2002b．海带对褐藻酸降解菌的抗性与其 SOD 活性的相关性．海洋科学，02：1-2．

卢振彬，方民杰，杜琦．2007．厦门大嶝岛海域紫菜、海带养殖容量研究．南方水产，4：52-59．

缪国荣，丛季珠．1979．海带养殖学．北京：农业出版社．

逄少军，吴超元．1994．我国裙带菜人工育苗技术的现状和展望．海洋科学，06：25-27．

山东省海水养殖研究所．1964．海带夏苗培育总结．1964 年全国海带夏苗技术经验交流座谈会会议汇编．

山东省海水养殖研究所．1965．改进海带夏苗培育技术，提高产量，为发展生产服务．山东水产学会会刊，1：102．

唐学玺，王艳玲，李貟然，等．2002．海带对褐藻酸降解菌的抗性与其抗氧化能力的相关性分析．中国水产科学，01：14-17．

唐学玺，王悠，黄健，等．2001b．活性氧在海带抗褐藻酸降解菌感染中的作用．植物学报，43（12）：1303-1306．

唐学玺，杨震，黄健，等．2001a．褐藻酸降解菌感染对海带抗氧化酶活性的影响．水产学报，25（5）：424-427．

王春忠，苏永全．2007．鲍藻混养模式的构建及其效益分析．海洋科学，31（2）：27-30．

王高歌，刘晓云，林伟，等．2003．褐藻酸降解菌侵染海带细胞内 Ca^{2+} 的时空变化．海洋与湖沼（973 专辑）：36-42．

王高歌，王秀良，林伟，等．2004．藻类病原体侵染及其防御反应研究进展．海洋科学，10：60-62．

王丽丽，唐学玺，王蒙，等．2003．褐藻酸降解菌在海带绿烂病发生中的作用．青岛海洋大学学报，33（2）：245-248．

王莎莎，魏晓娇，路博钧，等．2012．Flg22 诱导的海带孢子体防御反应初步研究．水产学报，12：1834-1841．

王艳玲，唐学玺，杨震，等．2003．褐藻酸降解菌的筛选及其生长条件．中国水产科学，10（1）：50-54．

翁学传，张以恳，王从敏，等．1988．黄海冷水团的变化特征．海洋与湖沼，19（4）：368-379．

相建海．2001．海水养殖生物病害发生与控制．北京：海洋出版社，1：65-69．

杨震，唐学玺，宫相忠，等．2000．褐藻酸降解菌引起海带病烂的组织学研究．海洋科学，24（12）：1-3．

杨震，王艳玲，唐学玺，等．2001．褐藻酸降解菌引起海带内皮层细胞储藏颗粒变化的初步研究．海洋水产研究，22（3）：55-58．

曾呈奎，孙国玉，吴超元．1955．海带的幼苗低温渡夏养殖试验报告．植物学报，4（3）：255-264．

曾呈奎，吴超元．1962．海带养殖学．北京：科学出版社．

张定民，缪国荣，侍茂崇，等．1986a．石臼所湾的近岸流及其对海带养殖的关系．山东海洋学院学报，16（4）：154-160．

张定民，缪国荣，杨清明．1986b．沿岸流与海带养殖关系的研究 Ⅱ：流速对海带生长的影响．山东海洋学院学报，16（4）：180-186．

张培玉，唐学玺，王丽丽，等．2004．活性氧在海带抗褐藻酸降解菌感染中不同时期的抗氧化能力．中国水产科学，05：467-472．

张培玉，张全胜，唐学玺，等. 2005. 海带配子体克隆育苗生产中幼苗培育技术的研究. 应用与环境生物学报，11（5）：545-548.

Bouarab K. 2000. Bases biochimiquès et cellulaires des interactions plantepathogène dans le système *Chondrus crispus-Acrochaete operculata*. Doctorat Ocèanologie Biologique et Environnement Marin，Paris：Universitè de Paris Ⅵ.

Cosse A，Leblanc C，Potin P. 2007. Dynamic defense of marine macroalgae against pathogens：from early activated to gene-regulated responses. Adv Bot Res，46：221-266.

Gachon C M M，Sime-Ngando T L，Strittmatter M，et al. 2010. Algal diseases：spotlight on a black box. Trends Plant Sci，15（11）：633-640.

Krkošek M. 2010. Host density thresholds and disease control for fisheries and aquaculture. Aquacult Environ Interact，1：21-32.

Küpper F C，Gaquerel E，Boneberg E M，et al. 2006. Early events in the perception of lipopolysaccharides in the brown alga *Laminaria digitata* include an oxidative burst and activation of fatty acid oxidation cascades. J Exp Bot，57：1991-1999.

Liu H L，Shuai L，Duan D L，et al. 2002. Axenic culture of free-living conchocelis for *Porphyra yezoensis* and *Porphyra haitanesis*. Chin J Oceanol Liminol，20（1）：62-66.

Menéndez-Benavente L，Teixeira F K，Kamei C L A，et al. 2004. Salt stress induces expression of genes encoding antioxidant enzymes in seedlings of a Brazilian indica rice（*Oryza sativa* L.）. Plant Sci，166：323-331.

Mittler R，Lam E. 1996. Sacrifice in the face of foes：pathogen-induced programmed cell death in plants. Trends Microbiol，4（1）：10-15.

Mittler R，Simon L，Lam E. 1997. Pathogen-induced programmed cell death in tobacco. J Cell Sci，110：1333-1344.

Nurnberger T，Scheel D. 2001. Signal transmission in the plant immune response. Trends Plant Sci，6：372-379.

Sánchez-Morenoa C，Larraurib J A，Saura-Calixtoa F. 1999. Free radical scavenging capacity and inhibition of lipid oxidation of wines，grape juices and related polyphenolic constituents. Food Res Int，32（6）：407-412.

Sugihara N，Arakawa T，Ohnishi M，et al. 1999. Anti and pro-oxidative effects of flavonoids on metal induced lipid hydroperoxide-dependent lipid peroxidation in cultured hepatocytes located with α-linolenic acid. Free Radic Biol Med，27：1313-1323.

Tseng C K. 1994. Selection works of C. K. Tseng. Beijing：Ocean Press.

van Breusegem F，Dat J F. 2006. Reactive oxygen species in plant cell death. Plant Physiol，141（2）：384-390.

Wang G G，Lin W，Yan X J，et al. 2005. Detection of activated caspase-3 in the infected *Laminaria japonica*（Phaeophyta）sporophytic tissues. High Technol Lett，11（1）：80-84.

Wang G G，Lin W，Zhang L J，et al. 2004a. Study on programmed cell death in *Laminaria japonica*（Phaeophyta）tissues infected with alginic acid degradating bacteria. Progress in Natural Sciences，14（2）：1064-1068.

Wang G G，Lin W，Zhang L J，et al. 2004b. Programmed cell death in *Laminaria japonica*（Phaeophyta）tissues infected with alginic acid decomposing bacterium. Prog Nat Sci，14（12）：1064-1068.

Wang G G，Shuai L，Li Y，et al. 2008. Phylogenetic analysis of epiphytic marine bacteria on the hole-rotten diseased sporophytes of *Laminaria japonica*. J Appl Phycol，20：403-409.

Wang K，Huang Z. 1980. Studies on the frond twist disease of the *haidai*（*Laminaria japonica* Aresch.）II. Influence of tetracyclines on the disease development. Acta Microbia Sinica，20：216-218.

Wang S S，Zhao F Y，Wei X J，et al. 2012. Preliminary study on flg22-induced defense response in female gametophytes in *Saccharina japonica*（Phaeophyta）. J Appl Phycol，DOI 10.1007/s10811-012-9911-4.

Weinberger F，Leonardi P，Miravalles A，et al. 2005b. Dissection of two distinct defense-related responses to agar oligosaccharides in *Gracilaria chilensis*（Rhodophyta）and *Gracilaria conferta*（Rhodophyta）. J Phycol，41：863-873.

Weinberger F，Pohnert G，Berndt M L，et al. 2005a. Apoplastic oxidation of L-asparagine is involved in the control of the green algal endophyte *Acrochaete operculata* Correa & Nielsen by the red seaweed *Chondrus crispus* Stackhouse. J Exp Bot，56：1317-1326.

Weinberger F. 2007. Pathogen-induced defense and innate immunity in macroalgae. The Biological Bulletin，213（3）：290-302.

Wu C Y. 1990. Cultivation of temperate seaweeds in the Asia Pacific region. InRegional workshop on the culture and utilization of seaweeds，Technical resource papers，2：27-32.

第三篇　海带食品加工

第十八章　海带化学组分

海带是我国民间喜食的一种海藻，新中国成立前海带均需从日本和韩国进口。根据文献记载，约1500年前，远在南齐和唐朝时代就有从朝鲜进口海带的记载。我国最早汉末《名医别录》中有关昆布（海带）就有“味咸，寒，无毒。主治十二种水肿，瘿瘤聚结气，疮。生东海”的记载。梁朝陶弘景在《本草经集注》中也记载了海带的功效。明代李时珍在《本草纲目》中也记载了海带的药用价值。现代医学证明，甲状腺肿大是由于身体内部缺乏碘而引起的，因此，食用海带和其他含碘量较高的食物可减少该疾病发生的概率。我国养殖的海带含碘量一般在3‰左右，多的可达7‰。海带不仅是一种药源，也是一种味美、价廉的海洋蔬菜，特别是在许多冬季缺少青菜的地区，深受消费者的喜爱和欢迎。

一、海带化学组分种类及含量

海带是一种营养丰富的褐藻，具有很高的食用价值和经济价值。海带中含有丰富的糖类（如褐藻胶、褐藻糖胶和褐藻淀粉等）、甘露醇、蛋白质、各种氨基酸和矿物质及一般食品所缺乏的碘。每100 g海带中含有碳水化合物56.2 g、蛋白质8.2 g、钙1.14 g、碘0.24 g。一个成年人每天只要摄入0.1 g海带即可满足机体对碘的需要，能有效预防和治疗甲状腺肿大。海带中甘露醇含量为3%～7%，能有效治疗肾衰、脑肿胀和乙型脑炎等。海带中含有的大量烟酸能促进新陈代谢，抑制血清中的胆固醇，防止血管硬化。此外，海带中还含有胡萝卜素、核黄素、硫胺素、维生素A、维生素E等几十种营养成分，其具有高矿物质、中蛋白、低热量等特点，能促进消化、防止肥胖。海带中膳食纤维能促进肠道代谢物的排泄，可起“排毒”作用，因此，海带是一种天然的健康食品。

海带中氨基酸组成及含量也较合理，约占1%，主要有：精氨酸0.30～0.66 mg/100mg、组氨酸0.06～0.07 mg/100mg、蛋氨酸0.20～0.40 mg/100mg、酪氨酸0.16～0.30 mg/100mg、天冬氨酸0.74～1.01 mg/100mg、异亮氨酸0.29～0.32 mg/100mg、苯丙氨酸0.29～0.43 mg/100mg、缬氨酸0.36～0.63 mg/100mg、谷氨酸1.94～2.61 mg/100mg、亮氨酸0.48～0.68 mg/100mg、脯氨酸0.25～0.43 mg/100mg、丝氨酸0.25～0.45 mg/100mg、甘氨酸0.32～0.53 mg/100mg、赖氨酸0.23～0.31 mg/100mg、苏氨酸0.23～0.31 mg/100mg、丙氨酸0.55～0.93 mg/100mg。

海带中脂肪酸主要是十二碳五烯酸，约占总脂肪酸量的30%，是不饱和脂肪酸。

海带中糖类有3种：其一是形成细胞壁外层骨架的多糖，有纤维素、甘露聚糖；其二是细胞间存在的岩藻聚糖；其三是作为贮存物的氨基酸、核苷酸、有机酸、多元醇等。

海带中游离氨基酸的种类较多，主要有丙氨酸、谷氨酸、天冬氨酸、甘氨酸、脯氨酸等，其含量有数百毫克至数千毫克（每100 g干物质）不等，如谷氨酸含量可达4000 mg/100 g。核苷酸中的鸟苷酸和肌苷酸的含量在10 mg/100 g左右，其对谷氨酸的合成起重要作用，也是海带的主要呈味物质。海带含有叶绿素 a 和叶绿素 c，叶绿素 a/叶绿素 c 为 1.2～5.5。另外，海带中还有各种酸、醛、醇和萜类等挥发性成分。

海带是褐藻胶行业（褐藻酸、甘露醇等）制备的主要原料。根据高桥武雄分析，每 100 g 干海带含有：褐藻酸 19.8 g、粗纤维 7.6 g、碘 0.25 g、甘露醇 23.9 g、粗脂肪 1.0 g、钾 7.8 g、褐藻淀粉 1.0 g、灰分 25.9 g、粗蛋白 9.6 g、溴 0.13 g。另外，纪明侯对我国养殖海带进行了化学分析检测，得出每 100 g 干海带中含有：褐藻酸 17.1～32.0 g、灰分 19.35～45.29 g、甘露醇 8.46～28.48 g、碘 0.13～0.69 g、粗蛋白 5.97～18.99 g、钾 4.36～12.65 g。

二、海带中的碘

纪明侯等（1997）报道，海带灰分主要有 Na、K、Ca、Fe、S、I 等元素。其中 I 含量与海带养殖环境、海带个体差异等密切相关。纪明侯等（1960）测定了几种褐藻中 I 的含量，证明海带中最高，高达 0.488%；其次是昆布（*Ecklonia kurome*），为 0.2%；马尾藻中碘含量则较少（表 3-18-1）。海带叶片、假根部中 I 的含量都较高。

表 3-18-1　海带及其他几种褐藻含碘量的对比检测结果（1953～1955 年）（纪明侯等，1960）

海藻名称	采集时间	采集地点	占烘干海藻的百分比/%
S. japonica（叶）	1954 年 6 月 7 日	青岛贵州路前	0.322
S. japonica（叶）	1954 年 6 月 7 日	青岛贵州路前	0.488
S. japonica（叶）	1954 年 7 月～8 日	青岛贵州路前	0.390
S. japonica（假根部）	1955 年 6 月 28 日	青岛贵州路前	0.433
S. japonica（假根部）	1955 年 6 月 28 日	青岛贵州路前	0.433
U. pinnatifida	1955 年	青岛贵州路前	0.022
S. pallidun	1954 年 9 月 15 日	青岛大麦岛	0.024
S. muticum	1953 年 6 月 27 日	青岛大麦岛	0.012

三、海带成体化学成分

褐藻淀粉和甘露醇是海带成体的主要代谢积累物质。Percival 和 McDowell（1967）报道，海带在低温、弱光、营养不足等条件下生长缓慢，甘露醇含量减少，而褐藻淀粉含量增加。糖海带体内甘露醇含量随生长深度增加而增加，在 6～10 m 内达到最高，再深则降低。甘露醇与褐藻淀粉的含量与海带叶状体不同部位也有关。Black（1954）发现，在成熟的糖海带体内，靠近柄部的分生组织处，甘露醇约占鲜重的 3%，距柄部 1/3 处，甘露醇最多，约为 6%，而距顶部 1/3 处，甘露醇仅为 2%。纪明侯（1997）通过分析，发现我国海带褐藻酸和甘露醇的总含量在 3 月为 27.8%、4 月为 32.8%、5 月为 40.6%、6 月为 46.8%，表明在海带快速生长后期和营养物质累积时期，有大量碳水化合物在叶片中累积。而灰分含量则是随着该期间的推移，越晚则越少。中国科学院海洋研究所研究证实，5 月初以后，海带叶片开始积累大量甘露醇、褐藻淀粉等物质。

褐藻淀粉和甘露醇成分的季节变化可归纳为以下几点。

（1）光合作用时，海带组织中甘露醇、褐藻酸和褐藻多糖含量增加。在夏末甘露醇和褐藻多糖含量最高，但褐藻酸、纤维素和蛋白质含量最低。

（2）褐藻多糖由甘露醇转化而来，在生长活跃期，甘露醇合成的速度快于其转化为褐藻多糖的速度，因此，这两种物质的总量都会增加；当藻体因营养缺乏、光照不足或低温而生长缓慢或停止时，褐藻多糖含量增加，而甘露醇含量减少。

（3）在游孢子形成期及呼吸作用大于光合作用时，褐藻多糖和甘露醇均被耗尽。由于内含物含量变化不大，褐藻酸、纤维素和蛋白质的干重比例会增加。

第十九章 海带食品加工

海带食品加工主要分为 3 类：初加工产品、精加工产品和深加工产品。国内外已有 200 多种海带加工食品，国内新型海带食品主要有：汤料、饮料、调味料、茶、小零食、点心、生发营养补剂及各种半成品和加工制品。海带初级加工以淡干海带为主，其次是盐干海带、盐渍海带和少量的海带丝。

第一节 干 海 带

海带干制品一般以晒干、煮干等去除水分，通过防霉、防腐和防变质，延长其保存期。干海带包括淡干海带和盐干海带，淡干海带是指鲜海带不经盐渍、调味或煮熟处理而直接干燥的制品。淡干海带的优点有：①在良好的干燥条件下，原料组成、结构性质变化较少，复水性好；②海带中的水溶性营养物质流失少，基本上能保持原有的风味并有较好的色泽。盐干海带是用盐处理进行脱水，经过日晒干制所得，盐干品含水量低，含盐量高。盐干海带把腌制和干制结合起来，用食盐和干燥的防腐作用以防止制品在加工贮藏中腐败变质，可在阴雨天或干燥条件下，先进性腌制贮藏，天晴时再进行晒干。盐干海带的优点是适合高温和阴雨季节加工，不受天气的限制，制品的贮藏期限较长，但食用前要进行漂洗处理。淡干海带和盐干海带加工工艺流程如下。

鲜海带 → 晒干 —— 出潮 —— 淡干海带

鲜海带 → 腌制 —— 晒干 —— 出潮 —— 盐干海带

一、淡干海带加工工艺

1. 海带收割

根据海带成熟和天气情况及时收割，收割海带时，需在海区荡洗一次，除去杂质，杂质附着严重的分开存放，在海水中洗净，收割洗净后的海带运至晒场。

2. 晾晒

从海里收获的新鲜海带，应选择晴天随收随晒，以当天晒干最佳（图 3-19-1）。晒场要选择石地、水泥或砂砾地，晒场条件差的地区可以进行搭架挂晒或铺筛，也可选择机器烘干。直接晒干多采用海面悬挂晾晒的方式，能减少海带表面附着杂质，海带表面特别黏滑，两片海带粘连在一起会影响干燥的时间和海带的外观，所以晾晒时叶片避免重叠，注意及时翻动，使其干燥均匀。天然晾晒方式除受天气的约束外，还需要大面积的晾晒场地和大量的人力。

图 3-19-1　陆地与海上晒海带

3. 清除杂质

海带晒干后暂时密封于仓库，待叶体吸潮回软后清除杂质，可避免叶片折断。除杂方式是将海带平铺在木板上，用刷子把叶体刷干净。

4. 分等级

按照国家等级规格质量标准分出一至三级品，同级海带中，每 10～12 棵基部扎成一小捆，便于复晒（图 3-19-2）。

图 3-19-2　包装成捆的干海带

5. 复晒

包装后的晒干海带，如干度不够，可进行复晒，达到要求干度。

6. 称重包装

按照产品规格进行称重包装。

二、盐干海带加工工艺

1. 海带收割

同淡干海带。

2. 腌制

采用鱼池或选择地势高不易积水的地方或砖石、水泥地，底部要有垫物，腌制场所要干净，采用露天场地，要搭棚盖，防雨漏变质。用盐量控制在25%以下，撒盐要均匀，天晴应立即出晒，以保证产品质量。

3. 晾晒

晒前抖去盐，出晒时，注意不附泥沙，晒场选择，晾晒方法等同淡干海带。

理菜、分等级、复晒等同淡干海带。

农业部渔业局关于淡干、盐干海带的质量标准的规定见表 3-19-1～表 3-19-3。

表 3-19-1　淡干、盐干海带感官指标

	一级品	二级品	三级品
外观	叶体清洁，两颗间无粘贴；平直部为深褐色至浅褐色；无花斑	叶体清洁，两颗间无粘贴；平直部为褐色至黄褐色；允许有花斑，其面积之和不超过液体面积的 5%	叶体清洁，两颗间无粘贴；平直部为浅褐色至绿褐色；允许有花斑，其面积之和不超过液体面积的 8%
叶体长	100 cm 以上（包括从叶部基部起，够 70 cm 无黄白边的折断海带）	80 cm 以上（包括从叶部基部起，够 50 cm 无黄白边的折断海带）	60 cm 以上（包括从叶部基部起，够 40 cm 无黄白边的折断海带）
北方叶体最大宽度 南方叶体最大宽度	13 cm 以上 10 cm 以上	10 cm 以上 7 cm 以上	7 cm 以上 5 cm 以上
黄白边	无	允许叶体一侧或两侧长度之和不超过 10 cm	允许叶体一侧或两侧长度之和不超过 15 cm
黄白梢	无	无	允许有 10 cm 长度（但不计算在叶体长度内）

注：北方包括辽宁、山东；南方包括江苏、浙江、福建

表 3-19-2　淡干盐干海带理化指标

指标名称	淡干一、二、三级品	盐干一、二、三级品
水分/% ≤	20	30
杂质/% ≤	2	3

表 3-19-3　淡干盐干海带卫生指标

指标名称	淡干一、二、三级品，盐干一、二、三级品
汞/（mg/kg）≤	0.3
六六六/（mg/kg）≤	2
滴滴涕/（mg/kg）≤	1

第二节　盐 渍 海 带

一、盐渍海带加工工艺

将鲜海带用盐脱水，置于池或其他容器贮存或商品出售的为盐藏品、盐渍品，其含水量高、含盐量低。盐渍海带加工是我国海带食品加工的主要产品，每年产量可达 42 万 t，年产值超过 12 亿元，主要在山东、福建、辽宁等沿海地带。将收获后的新鲜海带经短暂的热水漂烫，拌盐脱水即得到盐渍海带粗品。盐渍海带产品颜色深绿、外形美观、口感良好、易于烹调，保持了新鲜海带的营养成分。盐渍海带加工工艺流程如下。

1. 鲜海带采集

2～5 月均可采集加工，选择海水畅通海区脆嫩期的海带，运输时要防污染、防日晒。

2. 水洗

采取流动的自来水浸洗，去除海带中的杂藻、杂草等杂质，为了保留海带中 0.3%～0.5%的碘、10%～12%的甘露醇，清洗时间不宜过长，操作过程不能产生外源杂质。

通过滚筒清洗、气沸清洗、水槽漂洗的工序对原料进行细致的清洗（图3-19-3）。通过滚筒清洗机将原料进行淡水清洗，按每小时300 kg 原料投入量进行清洗，可根据现场水温、生产量等具体情况增减投入量，清洗水温为10～20℃，注意观察水槽内水的浑浊度，随时换水，保证清洗干净。通过气沸清洗机将原料进行淡水清洗，原料投入量为每分钟投50 kg，可根据现场水温、生产量等具体情况增减投入量。注意水槽内水的浑浊度，随时换水，保证清洗干净，清洗水温为10～20℃。汽沸清洗机清洗后的原料，在水槽中用淡水进行漂洗，由水槽两侧人工手洗配合，并分拣出厚叶、老叶、黄红叶、斑点叶及其他异物、砂石。进一步洗掉海带表面黏液及其他附着物，清洗水温为10～20℃。3种清洗方式的联用，使得海带得以清洗和分选。图3-19-4展示了食品加工用海带清洗机。

3. 漂烫

采用海水或淡水加盐，烫后海带叶体鲜亮翠绿，水与海带的比例为 5∶1，控制好漂烫的时间与温度是漂烫技术的关键，需根据藻体的鲜嫩程度灵活掌握。漂烫过度会导致叶质软化，贮藏中易褪色和变质，漂烫过轻则海带中肋有褐心，色泽不均匀。水温太低，海带由褐变绿困难，水温太高，会导致色素流失。因此，要严格控制水温，及时补充热水。一般鲜嫩海带采用 80～85℃的水温，漂烫 15～30 s；稍微老一点的海带采用 85～90℃的水温，

图 3-19-3 海带清洗机

图 3-19-4 食品加工用海带清洗机

漂烫 30 s 左右；老一点的海带，则用 90～95℃的水温，漂烫 30 s 左右。漂烫温度要稳定，漂烫用水要经常换。如果海带边缘烫软了，可加氯化钙或氢氧化钙处理。海带漂烫机的原料投入量，可根据海带鲜嫩程度、漂烫水温等灵活调控（图 3-19-5，图 3-19-6）。

图 3-19-5 山东某企业海带漂烫设备

图 3-19-6　福建某企业海带漂烫生产过程

4. 冷却

将漂烫好的海带，放入 5 倍量流动的 20℃以下的冷海水中冷却，直到叶片中间温度接近冷海水温度为止，易于固定好藻体的颜色，保持翠嫩鲜绿的色泽。所用海水应进行灭菌处理。

5. 沥水

冷却海带装入编织袋中，堆垛起来，靠自身重力作用进行沥水，4 h 后藻体附着的水分基本沥尽。或采用滚筒式离心机进行沥水。

6. 拌盐

在海带中加入相当于菜重 30%～35%的精盐，再加入 0.05%的防腐剂（山梨酸、山梨酸钾、苯甲酸、苯甲酸钠中的一种），搅拌均匀，这样能保证海带 3～4 个月不腐烂（图 3-19-7）。

7. 盐渍

将拌好盐的海带倒入大缸或水泥池中，加压重物盖顶，进行盐渍（图 3-19-8），上面盖上白布避光和防止杂质融入池中。盐渍过程中定时用比重计测定浸出液的卤度，如果低于饱和卤度则需加盐，加盐量根据卤水的浓度和水量粗略计算。在饱和盐水中盐渍 24 h 即可。

8. 脱水

将盐渍完毕的海带捞出，堆垛高 1 m 左右，上面加压重物，自压脱水 4 昼夜，到含

图 3-19-7 海带拌盐

图 3-19-8 拌盐后的海带投入盐渍池

水量降至65%以下时为止，盐渍海带变柔后，方可切菜。

9. 剪切整形

将带有黄梢、虫蛀、碎裂的海带剔除，把海带按基部、中部、梢部分别加工，切成海带片、海带丝，手工打成海带结或折叠之后用竹签串起。

10. 检验包装

将藻体深绿色、有弹性、不发黏、不乏盐、无杂质、无异味的海带，按产品规格包装。运输包装：内包装用食品用塑料袋，外包装用钙塑箱或瓦楞纸箱。销售包装：聚酯复合袋，聚乙烯、聚丙烯等食品用包装袋。运输包装应用瓦楞纸箱等定量包装，箱内装数准确，纸箱容量适当，箱面平整；箱内放有一张“产品合格证”，其上需标明的内容为：产品名称、规格、数量、批号、生产日期、检验合格记录、生产班组和质检者代号、企业名称等。

11. 运输

运输过程中用保温车（船）为好，如无保温车（船），应做到快装、快运，使产品温度保持在0℃左右；运输工具应清洁、防晒、防潮，不得与有毒、有味的物品混装。

12. 贮存

产品应贮存在–10℃冷库中，包装件完好无污损，不得与有异味的物品混放，保质期为一年。

农业部渔业局关于盐渍海带质量标准的规定见表3-19-4～表3-19-6。

表3-19-4　盐渍海带感官指标

项目	一级品	二级品
色泽	均匀，绿色	绿色，褐绿色
组织形态	藻体表面光洁，无黏液，无孢子囊斑，形状整齐，基本一致，口感脆嫩	藻体表面光洁，无黏液，允许带少量孢子囊斑，形状整齐，基本一致，口感脆嫩
气味	具有盐渍海带固有的气味，无异味	具有盐渍海带固有的气味，无异味
杂质	无肉眼可见杂物，咀嚼时无牙碜感	无肉眼可见杂物，咀嚼时无牙碜感

表3-19-5　盐渍海带理化指标

项目	指标/%
水分	≤68
盐分（以NaCl计）	20～24
净重允差	–3
浮盐	≤2

表3-19-6　盐渍海带卫生指标

项目	指标/（mg/kg）
无机砷	≤2.0
六六六	≤2.0
滴滴涕	≤1.0

二、盐渍海带加工综合利用

盐渍海带加工过程中的漂烫过程会产生大量的废水，如不经处理直接排放会导致环境污染，也会导致浪费，因为这些漂烫水中含有碘（400 mg/kg）、岩藻多糖（280 mg/kg）、甘露醇、岩藻黄素等。从盐渍海带漂烫水中同时提取碘和褐藻糖胶的生产工艺为：①冷却海带漂烫废水；②利用海带漂烫废水中固有微生物将硝酸盐氮和亚硝酸盐氮降解；③向脱氮海带漂烫废水中加入烧碱，调节pH至12，温度为30℃，使褐藻糖胶碱化絮凝并漂浮分层，采用板框压滤机将漂浮渣过滤，干燥，得到褐藻糖胶粗品；④将除去褐藻糖胶的海带漂烫废水泵入酸化罐，调节pH至1.5～2.0，然后加入次氯酸钠溶液，搅拌均匀，使含碘溶液呈棕红色，再补充加入亚硝酸钠溶液，使溶液中的碘离子完全氧化成碘，然后用离子交换树脂富集碘；⑤用亚硫酸钠溶液吸附树脂中富集的碘；⑥用氯酸钾氧化剂将解析液中碘离子氧化成碘，结晶析出，离心过滤得粗碘。

第三节　其他初加工海带

一、鲜干海带丝

为改变过去淡干海带的原始粗放加工，人们开发了盐渍和鲜干海带系列产品，并研制了相应加工设备。盐渍海带较干海带具有色泽鲜绿、口感脆嫩、味道鲜美及食用方便等优点，但其具有存放期短和常温不易贮藏的很大缺点。为此，在研究盐渍海带加工的基础上，开发了鲜干海带丝的产品，彻底克服了盐渍产品存在的缺点。该生产工艺流程如下。

1. 原料与初洗

原料选用在盐池内盐渍 36 h 的海带。初洗的目的是洗除海带表面黏液、杂质及多余盐分，并使海带充分伸展，为以后工序提供方便。初洗可利用沉淀海水通过藻类清洗机连续完成。

2. 分级与切丝

根据切丝部位不同，可将海带丝分为甲级丝和乙级丝。将海带边梢、生长部和较平直部与中干部位分离开，将长毛、发黄或腐烂部位切除，然后用辊轧式切丝机（图 3-19-9）将中干部位切成纵向丝，作为甲级丝。丝宽视市场需求或客户要求灵活掌握，一般以 3～5 mm 为宜；用直切丝机将边梢切成横向丝，作为乙级丝，丝宽一般为 4～8 mm。生长部和较平直部可作为优质盐渍鲜品菜直接包装销售。注意：在以后的各工序中，需将以上两种原料海带丝区分清楚，分别对待。

图 3-19-9　海带切丝机

3. 漂洗与分段

用淡水进行漂洗，目的是进一步清除海带表面及切面上的黏液及多余盐分，使烘干后的海带保持鲜绿色泽。漂洗要均匀、透彻，水量以保证烘干后表面没有明显盐分析出为度，一般需原料样的 10 倍左右。乙级丝可用塑料筐盛放，在漂洗槽内自动完成，甲级丝还需结合人力手持进行，并注意不要人为将丝弄短或弄乱；甲级丝漂洗后，还应进行 40～60 m 长的切割分段和直径 4～6 cm 的捆扎。

4. 沥水

将漂洗后的海带丝沥去水分。沥水后的海带丝含水量一般控制在 70%以内，在烘干过程中能节约能量和提高产量。沥水方法有两种：一种是装袋挤压法，另一种是用离心机的离心法。

5. 烘干

烘干是鲜干海带丝生产的关键工序，可利用鲜海带食品烘干机或自制烘洞完成。烘好的海带丝应色泽鲜绿，含水量不超过 15%。在烘干过程中应切实注意以下两点：①根据烘盘大小选择适当的原料载量，并力求将原料摆放均匀有序；各烘车的烘盘载量及各烘盘的原料载量应尽量一致，以确保烘干的均匀性。②原料装载后，烘温应逐渐升高，切记骤然高温 80℃以上，以防局部海带丝表面硬化而芯部水分不易析出。为节约能源，保证产量和质量，正常烘温应控制在 40～70℃，排湿口温度应控制在 40℃左右。

6. 包装

将烘好的鲜干海带丝分级包装。鲜干海带丝产品除保留了盐渍海带的优点外，还具有存放期长、存放条件宽松和产品更精致的优点，为贮、运、消、食均带来了极大方便，可广泛用作即食菜肴。

二、淡（盐）干海带丝

选用淡干和盐干海带为原料，采用切丝机将干海带切为宽度为 1～3 mm 的海带丝，即得淡（盐）干海带丝。每小时投入海带原料 200 g，可连续工作，加工完的淡（盐）干海带丝称重包装。

三、脱水海带丝

脱水海带丝是以新鲜海带为原料，经过洗涤、热烫、切丝、干燥等工艺处理精制而成的海带小包装产品。该产品卫生干净，保持了海带丰富的营养成分，外观呈绿色，产品水分含量低，易于运输和保藏，经水发后可作为菜肴的主料及多种佳肴的辅料，受到广大消费者的欢迎。工艺流程如下。

1. 原料

选择的鲜海带应品质优良，成熟度适宜，鲜嫩，且大小均匀。所选原料应未含孢子体或少含孢子体，体表呈棕褐色，无病虫害，要求鲜海带收割与生产加工密切衔接，及时运输，轻装轻卸，避免重叠受压，保证原料完好无损。如发现已受损或已腐烂的海带应剔除。

2. 海水洗涤

用清洁海水清洗海带，洗掉海带表面黏附的泥土、沙石污物、杂质等。由于该产品食用时仅水发即可，不再洗涤，因此必须洗净，不得含沙。连续生产应采用流水洗涤。

3. 热烫

把洗净的海带放入沸水池里（95～100℃），热烫 1～2 min 使海带呈绿色，要求放入池中的速度要快，并使海带全部浸入水中，热烫均匀。

4. 冷却

将热烫后的海带迅速浸入冷却池中，冷却速度越快越好，连续生产时，随时注意冷却水的温度，不能过高。

5. 半干燥

将冷却后的海带及时干燥，可将海带吊晒在向阳通风处晒至半干，或用烘道烘至半干，感官检验以不黏手为宜。

6. 切丝

半干海带除去黄白边、梢、柄部后，用切菜机或手工按需要切成 3～5 mm 宽的海带丝。切丝时，要注意投料均匀，刀具锋利，提高原料的利用率。

7. 干燥

把半干海带丝放入烘道中干燥，没有烘道的企业可用日光干燥，但要求干燥速度较快，防止氧化作用破坏色素。

8. 挑选

产品要求外观颜色呈深绿色，剔除具杂质、焦褐变色及黄白边梢的海带丝。

9. 称量包装

按产品净重要求进行称量，采用复合食品袋包装，包装过程严防吸潮，严防杂质混入，一定数量的小包装海带丝再用单瓦楞纸箱包装。

10. 检验、出厂

产品装箱后，按规定进行抽样检查，检验合格后发放合格证才能出厂。

四、无色海带食品

一般干海带为棕褐色，传统的海带食品也为棕黄色。用乙酸酐与过氧化氢混合液浸渍海带，使海带脱色变成透明的无色海带，而且除颜色外，海带的形状、硬度等均不受损害。调味后，可制成一种形式新颖的无色海带食品。原料采用干海带，工艺为：海带→脱色→后处理→调味→成品。

1. 脱色

干海带切成 5 cm 长的小块，常温下在脱色液中浸渍 1 h，注意搅拌。脱色液采用乙酸酐（1%～2%）与过氧化氢（1%）混合水溶液，再加入适量的乙酸、冰醋酸，提高对海带的处理效果。

在碱性或中性条件下，脱色需 1～2 周的时间，而在有乙酸酐存在的条件下使用过氧化氢，则海带脱色迅速，仅需几小时。乙酸酐与过氧化氢混合后很稳定，加入水也不会变为乙酸，所以在调节处理液时仅加入为总量 1%～2%的乙酸酐，即可达到目的。处理液中过氧化氢浓度为 1%时效果较好。可将市售的 35%过氧化氢加以稀释后使用。在阳光下使用这种溶液，可使海带的脱色速度加快，使用后的溶液再适量追加乙酸酐和过氧化氢即可反复使用。

2. 后处理

脱色后的海带切丝、冲洗干净，用含 1%维生素 C 的还原性溶液浸泡 10 min，除去多余的过氧化氢。热风干燥完全得脱水海带。

3. 调味

添加不同的调味料浸渍干海带丝，即可制成无色透明、外观类似于粉丝的调味海带丝。

五、原色软化生海带

一般的海带制品硬度大，食用后不易消化吸收。如用适当的软化液处理后，可使海带质地柔软，有利于其消化吸收。原料选用新鲜、无腐烂变质的海带，工艺流程如下。

1. 预处理

将生海带拌盐防腐，并压上重物脱水 4～5 天，然后置于−5～0℃保存。

2. 切断

将经上述处理的海带，按容器尺寸切断。

3. 清洗、脱盐

用流水洗净，以流动的自来水脱盐，捞出沥水后备用。或采用另一工艺：洗净海带，流水脱盐，沥干水分后切断，于 0～5℃保存最佳。

4. 软化

将切断的生海带浸泡于 20℃的软化液中软化处理 15～60 min。软化液为甘氨酸

（15%～20%）、谷氨酸钠（8%～10%）和食盐（6%～8%）混合水溶液。

利用甘氨酸溶液浸渍海带，可以调节、改善海带的味道，并且在软化处理后可不用清洗。这样不仅防止了海带在水洗时其风味成分的溶解，还可避免在整个水洗后的干燥处理期间，海带发生腐败现象。用这种软化方法处理后的海带，质地柔软，容易消化吸收，味道得到改善，可用来制作各种食品。

海带用这种方法处理，其软化程度主要取决于处理液中甘氨酸的浓度、溶液的温度及溶液中其他溶解物（主要是食盐）的浓度。一般来说，甘氨酸的浓度与溶液的温度越高，海带的软化程度越快，甘氨酸的浓度如小于3%，则软化程度太小；如超过20%，则海带中甘氨酸味道过浓，而且甘氨酸较贵，不经济。处理液中的食盐含量对软化程度有一定的抑制作用。另外，如在软化处理液中加入糖类可抑制软化作用，加入有机酸类可促进软化作用，但与甘氨酸和食盐的作用相比，效果都很小。根据用各种不同浓度的甘氨酸、食盐及不同温度和时间，对海带进行软化处理的实验，海带达到用指甲轻轻地可扎破、手指使劲可按碎的软化程度。

5. 调味

配制调味液，浸泡软化3天以上的海带，可得到软化生海带食品。

第二十章　海带食品质量安全

海带素有“天然微量元素宝库”之称。其富含的活性碘物质、矿物质及碳水化合物、膳食纤维等与人类健康和生命活动密切相关。

第一节　海带重金属元素检测

海带等海藻类中的元素含量极为丰富，几乎海水中所有的无机离子都能在海藻中富集，海藻对微量元素的特异性富集使得海藻产品的食用安全性面临巨大的考验，尤其是一直被视为对人体有害的有毒元素——砷、铅、镉等，导致消费者及管理部门对海带食品的安全性提出质疑。海带细胞壁主要是由多糖、蛋白质和脂肪构成的网状结构，带有一定的负电荷，且有较大的表面积与黏性。此外，细胞膜是具有高度选择性的半透膜，这些结构决定了其可富集金属离子，以及对 Cu、Pb、Cd 的吸附容量。尹平河和赵玲（2000）作了海藻生物吸附水中铅、铜和镉的研究，发现海藻对 Pb^{2+}的最大吸附容量是 1.0～1.6 mmol/g（干重）、对 Cu^{2+}的最大吸附容量是 1.0～1.2 mmol/g（干重）、对 Cd^{2+}的最大吸附容量是 0.8～1.2 mmol/g（干重）。海藻的吸附容量比其他种类大多数生物体的容量都高得多，和离子交换树脂（交换容量一般在 1.0～1.5 mol/g）的交换容量相近。动力学实验研究表明，海藻对水溶液中重金属离子的吸附速率较快，在 10 min 内吸附率可达到 90%。另外，海藻体内不同的部位，含砷量也不同，如海带叶基部含砷量普遍高于顶部叶片，又嫩又小的海带对砷的积累明显低于老海带。

表 3-20-1 列出了几种不同种类的陆生产品中总砷含量，表 3-20-2 列出了我国不同产地海藻中总砷、有机砷、无机砷含量及无机砷在总砷中所占的比例。

表 3-20-1　几类陆生食品中总砷含量（段志敏等，2003）

品种	种数/种	砷含量/（mg/kg）	平均含量/（mg/kg）
根茎类菜	9	0.004～0.035	0.013
叶类菜	23	0.004～0.058	0.022
果实类菜	12	0.007～0.063	0.016
水果	3	0.002～0.038	0.014
乳制品	7	0.001～0.010	0.006
合计	54	0.001～0.063	0.017

从表 3-20-2 中可知，海藻中的砷形态以有机砷为主，且各种海藻中总砷、无机砷含量与海藻的种类、产区都有很大关系。

海水中无机砷 As^{3+}含量约为 0.4 mg/kg，As^{5+}为 1.6 mg/kg，这些无机砷被海带吸收、浓缩、富集后，就在藻体内进行甲基化反应，生成甲基胂有机化合物而大大降低砷的毒性。甲基肿有机物又与磷脂质、糖类结合，形成更为复杂的有机砷化合物，其毒性将进一步降低。有机砷由于C-As键结合牢固，在人体内不能分解又不易积贮，在人体代谢中排泄出去。这也是食用大量海带，而未见砷中毒的原因。

表 3-20-2　我国不同产地海带中砷的含量（陈志远，1983；何敏元，1984）

地区	总砷/（mg/kg）	有机砷/（mg/kg）	无机砷/（mg/kg）	无机砷占总砷比例/%
福建（21个）*	49.2±10.2	48.9±10.2	0.35±0.18	0.71
福建晋江	47.7	47.4	0.31	0.65
福建三沙	55.8	55.6	0.22	0.39
浙江（11个）*	32.7±4.5	32.3±4.7	0.38±0.16	1.16
浙江舟山	35.2	34.8	0.35	0.99
浙江奉化	37.6	37.3	0.30	0.80
江苏连云港	37.3	36.9	0.47	1.26
山东（20个）*	34.7±10.7	34.3±10.7	0.38±0.28	1.10
山东长岛	32.8	32.4	0.33	1.01
辽宁（15个）*	53.1±13.7	52.8±13.8	0.36±0.14	0.68
辽宁大连	51.2	50.9	0.30	0.59
辽宁金县	48.2	47.9	0.32	0.66
平均值	43.1	42.7	0.36	0.88

*为陈志远检测值，括号为样品数量，其余为何敏元检测值

陈志远（1983）对我国沿海4种海带测定的砷含量平均值为（43.0±13.4）mg/kg。安达修一和松江睦子（1978）测定海带叶梢、叶片、根部的含砷量分别为12.8 mg/kg、40.5 mg/kg和57 mg/kg。熊谷昌土和福岛雄二（1981）把海带分成23个部位进行测定，根部为最高，向叶尖逐渐减少，叶片中心比边缘少，表层比内层高。何敏元（1984）对我国干海带的有机砷和无机砷含量比较分析表明，我国海带有机砷含量占总砷量的98%以上，无机砷低于2%（表3-20-2）。

尽管海藻的富集特性，使得海藻中砷含量较高，但是全球范围内因食用海藻食品造成砷中毒及其他重金属等污染物中毒的现象尚未见报道，海藻中砷的存在形式及其对动物的毒性尚需进行进一步的研究。

第二节　国际上对海藻中污染物限量法规规定

当前我国及国外对海藻中重金属污染物的规定见表3-20-3。从世界范围看，食用海藻的国家主要集中在亚洲，其中以日本、韩国为最多，我国及东南亚国家次之。当前国际食品法典标准、日本、韩国及美国等均未对藻类产品中的砷、无机砷及其他重金属指标进行限量规定，日本等国在进口我国海藻产品时也仅要求对鲜藻进行无机砷的检验。

2008年欧盟修订（EC）No 1881/2006污染法规时，认为新的研究数据表明，即使按照农业和渔业良好操作规范，某些水产品及真菌中的重金属限量也达不到（EC）No1881/2006的要求；而且藻类对重金属镉的富集能力比其他物种要高很多。因此，2008年7月2日欧盟发布委员会法规（EC）No 629/2008修订（EC）No 1881/2006。在（EC）

表 3-20-3 我国及国外标准对海藻中污染物的限量的规定

法规标准	铅	无机砷	镉
国际食品法典	无规定	无规定	无规定
澳大利亚和新西兰法规	无规定	1.0 mg/kg 以水分含量为85%的新鲜藻类计	无规定
欧盟委员会法规(EC)No 629/2008	无规定	无规定	≤3.0 mg/kg 由海藻或从海藻中提取的物质构成的膳食补充剂
中国 GB 2762—2012《食品安全国家标准 食品中污染物限量》	≤1.0 mg/kg(以干重计)藻类及其制品	无规定	无规定

No 629/2008 中增加了对海藻或主要成分为干海藻、海藻提取物的食品增补剂的镉限量为 3.0 mg/kg。澳大利亚和新西兰规定，在水分含量为 85%的新鲜藻类中，无机砷含量低于 1.0 mg/kg。

在我国，食品安全国家标准（即原食品卫生标准）中对食品中污染限量进行了规定，其中对海藻中污染物限量的规定的历史演变情况见表 3-20-4。

表 3-20-4 我国对海藻中污染物限量规定的演变

标准	无机砷	铅	甲基汞	多氯联苯
GB 4810—1994《食品安全国家标准 食品中砷限量卫生标准》	≤2.0mg/kg(以干重计)	未规定	未规定	未规定
GB 2762—2005《食品安全国家标准 食品中污染物限量》	≤1.5mg/kg(以干重计)	未规定	未规定	未规定
GB 19643-2005《食品安全国家标准 藻类制品卫生标准》	≤1.5 mg/kg	≤1.0 mg/kg	≤0.5 mg/kg	≤2.0 mg/kg
GB 2762—2012《食品安全国家标准 食品中污染物限量》	未规定	≤1.0 mg/kg (以干重计)	未规定	未规定

自 2005 年以来，有关海藻中无机砷含量超标的报道屡见不鲜，主要源于各地主管部门在质量抽查中，发现海带、紫菜等海藻中无机砷含量超过当时我国强制性标准规定的低于 1.5 mg/kg 的限量要求（GB 2762—2005《食品安全国家标准 食品中污染物限量》和 GB 19643—2005《食品安全国家标准 藻类制品卫生标准》)，导致大量海藻食品下架，对海藻养殖和加工企业造成巨大的经济损失。

为此中国水产科学研究院黄海水产研究所、中国国家水产品质量监督检验中心、中国福建省海洋水产研究所等各地科研、质检部门，通过调研发现，日本和韩国等国家均未制定针对海藻的无机砷限量标准。通过检验验证分析发现，我国 GB/T 5009.11—2003《食品中总砷及无机砷的测定》标准方法存在严重问题，其将海藻中的总砷误检为无机砷。

另外，有研究表明，通过小鼠生长状态的观察，发现短期内低剂量的砷摄入，不仅不会对动物体造成损害，反而有利于动物的生长；通过检测小鼠尿液和粪便中的总砷和无机砷含量，发现当动物体摄入砷量达到一定程度时，海带具有较明显的排砷作用，通过对加海带组和不加海带组小鼠尿液和粪便中无机砷含量的检测，再与其总砷含量进行比较，可以发现，海藻对无机砷具有一定的解毒作用。

第三节　国际上对海藻中污染物的评估

流行病学研究表明，长期低剂量摄入砷化物达一定程度，会导致慢性砷中毒，引起神经衰弱症候群等。长期接触砷与皮肤癌、膀胱癌、肺癌的发生有明确的因果关系，并与肝癌、肾癌、前列腺癌等的发生密切相关。若大量意外地接触砷，可能会导致急性砷中毒，主要损害胃肠道系统、呼吸系统、皮肤和神经系统。为保障人体的健康，联合国粮食及农业组织和世界卫生组织下的食品添加剂联合专家委员会（Joint FAO/WHO Expert Committee on Food Additives，JECFA）2010 年 72 次会议暂定 15 μg/（kg bw）为无机砷每周耐受摄入量（provisional tolerable weekly intake，PTWI），将其作为人体砷摄入量的安全评价依据。

根据 2010 年 JECFA 提出的无机砷暴露评估结果，对于以稻米为主食的国家，稻米和水是无机砷膳食暴露的主要来源，小麦和蔬菜次之。JECFA 还指出，也有例外情况，对于某些国家（如日本）的特殊人群喜食大量海藻或其他可食用藻类，这些藻类中无机砷含量较高，若经常食用藻类会导致无机砷的高膳食暴露量。但海带产品中无机砷含量较低，由于对海带的消费量很少，因此，食用海带对无机砷膳食暴露量的贡献率较低。

在 2010 年 JECFA 开展的风险评估中，某些国家和地区报道了对镉暴露贡献率大的食品类别，主要包括谷物、蔬菜、鱼和贝类等。在韩国，食物中镉的主要来源是水稻、蔬菜、海藻和海产品，然而对于蔬菜和海藻，韩国未提供其各自的贡献率。

慢性铅暴露通常会影响血液系统，如造成贫血或神经系统紊乱，在 JECFA 开展的风险评估中，某些国家报道了对总的铅膳食暴露贡献率大的食品，其中蔬菜、谷物被认为是重要的贡献者，海藻产品不在其列。虽然现行的国际食品法典标准《法典食品和饲料中污染物和毒素通用标准》（GSCTFF）中未具体规定海藻产品的限量值或基准值，但三聚氰胺的限量值和放射性核素、丙烯腈和氯乙烯单体的基准值适用于所有食品，也包括海藻产品。

国际食品法典标准的程序手册规定了对某种污染物膳食暴露总量影响显著的食品或食品组的挑选标准：①污染物暴露量占全球环境监测系统（GEMS）/食品消费群膳食中一种膳食耐受摄入量约大于或等于 10%的食品或食品组；②污染物暴露量占 GEMS/食品消费群膳食中两种或两种以上膳食耐受摄入量约大于或等于 5%的食品或食品组；③尽管污染物暴露量占 GEMS/食品消费群膳食中任意一种膳食耐受摄入量的比例低于 5%，但可能对特定消费者群体的暴露水平产生显著影响的食品或食品组。

根据现有的砷、镉和铅的有限数据对普通消费者进行初步暴露评估结果，仅设立了镉的耐受摄入量，但海藻食品不符合标准中无机砷、镉和铅的限量规定。JECFA 也没有将海藻列为污染物总膳食暴露的重要贡献者。韩国将蔬菜、海藻作为镉暴露的主要贡献者之一，但蔬菜和海藻各自的贡献率未知。因此 JECFA 认为暂时没有必要规定海藻中砷、镉或铅的限量值或基准值或其他风险管理措施。

参考文献

陈志远. 1983. 海带含砷量的研究. 卫生研究, 3: 137-141.

段志敏, 白斌, 鲁寿芳. 2003. 部分蔬菜水果及乳制品中砷含量调查. 预防医学情报杂志, 19(3): 258-259.

何敏元. 1984. 关于海带中砷的研究. 舟山水产, 1(2): 23-29.

纪明侯, 史昇耀, 曾呈奎. 1960. 我国几种经济褐藻的含碘量测定. 海洋与湖沼, 3(3): 205-213.

纪明侯. 1997. 海藻化学. 北京: 科学出版社.

孙建璋, 孙庆海. 2004. 海带(*Laminaria japonica* Aresch)含砷问题的探讨. 现代渔业信息, 19(12): 25-27.

尹平河, 赵玲. 2000. 海藻生物吸附废水中铅、铜和镉的研究. 海洋环境科学, 19(3): 11-15.

朱亚尔, 李俊, 李士敏. 2005. 不同产地的几种海藻中砷的形态和含量分析. 环境化学, 24(4): 478-480.

安达修一, 松江睦子. 1978. 日本食卫志. 19(5): 491.

高桥武雄. 1951. 海藻工业. 东京: 产业图书株式会社.

熊谷昌士, 福岛雄二. 1981. Distribution of arsenic in the frond of some konbu Laminariacea-algae. Bulletin of the Japanese Society Scientific Fisheries, 47(2): 251-254.

Black W A P. 1954. Concentration gradients and their significance in *Laminaria saccharina*(L.)Lamour. J Mar Biol Assoc UK, 33: 49-60.

Percival E, McDowell R H. 1967. Chemistry and enzymology of marine algal polysaccharides. London: Academic Press.

后　　记

我国从新中国成立前从日本、韩国进口海带，到现在变成世界第一海带养殖生产国，是政府的大力支持和我国海藻科研工作者共同努力的结果。以著名海藻学家曾呈奎院士为代表的前辈们，为我国的海带养殖产业倾注了大量心血，取得了一批举世瞩目的成果，这些成果集中体现在1962年由科学出版社出版的《海带养殖学》一书中。

历经60多年，此书始终未能再版，令人遗憾。近年来，随着海带产业化水平的不断提高，许多研究进展和新技术得以体现，需要充实。本着继承与发展的原则，我们编写了此书，同时倍感责任重大。本书的编写，引用了前辈们的诸多成果，也参考了国内外诸多最新研究成果，在此由衷表示感谢。

感谢刘吉东工程师、张杰、李秋莹、张鹏艳的大力支持和帮助；感谢科学出版社岳漫宇编辑为本书的出版做了大量工作；感谢山东海之宝海洋科技有限公司对本书出版的大力支持。

本书的出版得到了国家海洋局海洋公益性行业科研专项（201405040）和山东省海洋经济创新发展区域示范项目（海藻多糖及海带功能性制品综合开发）及中国科学院海洋研究所专著出版基金的资助，在此一并致谢。

编著者

2014年夏